中国社会科学院文库
经济研究系列
The Selected Works of CASS
Economics

 中国社会科学院创新工程学术出版资助项目

中国社会科学院文库·经济研究系列
The Selected Works of CASS · Economics

实现节能减排目标的经济分析与政策选择

Economic Analysis and Policy Option for Achieving Energy Conservation and Emission Reduction Targets

郑玉歆　齐建国　等 / 著

社会科学文献出版社
SOCIAL SCIENCES ACADEMIC PRESS (CHINA)

《中国社会科学院文库》
出版说明

　　《中国社会科学院文库》（全称为《中国社会科学院重点研究课题成果文库》）是中国社会科学院组织出版的系列学术丛书。组织出版《中国社会科学院文库》，是我院进一步加强课题成果管理和学术成果出版的规范化、制度化建设的重要举措。

　　建院以来，我院广大科研人员坚持以马克思主义为指导，在中国特色社会主义理论和实践的双重探索中做出了重要贡献，在推进马克思主义理论创新、为建设中国特色社会主义提供智力支持和各学科基础建设方面，推出了大量的研究成果，其中每年完成的专著类成果就有三四百种之多。从现在起，我们经过一定的鉴定、结项、评审程序，逐年从中选出一批通过各类别课题研究工作而完成的具有较高学术水平和一定代表性的著作，编入《中国社会科学院文库》集中出版。我们希望这能够从一个侧面展示我院整体科研状况和学术成就，同时为优秀学术成果的面世创造更好的条件。

　　《中国社会科学院文库》分设马克思主义研究、文学语言研究、历史考古研究、哲学宗教研究、经济研究、法学社会学研究、国际问题研究七个系列，选收范围包括专著、研究报告集、学术资料、古籍整理、译著、工具书等。

中国社会科学院科研局

2006 年 11 月

作者简介

郑玉歆（概论、第十章），中国社会科学院数量经济与技术经济研究所研究员，原党委书记、原副所长（zhengyuxin@ cass. org. cn）。

齐建国（第九章），中国社会科学院数量经济与技术经济研究所研究员，副所长（jgq222@ 163. com，jgqi@ cass. org. cn）。

杨敏英（第三章），中国社会科学院数量经济与技术经济研究所研究员，资源技术经济研究室原主任（ymy@ cass. org. cn）。

沈利生（第五章），中国社会科学院数量经济与技术经济研究所研究员，经济模型研究室原主任（shenls@ cass. org. cn）。

刘满强（第八章），中国社会科学院数量经济与技术经济研究所研究员，技术经济理论研究室原主任（mqliu@ cass. org. cn）。

张涛（第一章），中国社会科学院数量经济与技术经济研究所研究员，经济模型研究室主任（zhangtao@ cass. org. cn）。

张友国（概论、第二章、第四章），中国社会科学院数量经济与技术经济研究所副研究员，环境技术经济研究室副主任（zhyouguo @ cass. org. cn）。

樊明太（第六章），中国社会科学院数量经济与技术经济研究所研究员，数量金融研究室主任（mtfan@ mx. cei. gov. cn，fanmt@ cass. org. cn）。

刘建翠（第八章），中国社会科学院数量经济与技术经济研究所助理研究员（liujc@ cass. org. cn）。

刘小敏（第七章），北京社会科学院市情调查研究中心助理研究员（xmliuchina@ 163. com）。

前　言

本书是中国社会科学院重大课题"实现节能减排目标的经济分析与政策选择"的研究成果。

面对全球气候变暖和资源环境的严峻挑战，我国《"十一五"规划纲要》首次设立了节能减排的约束性指标，规定到 2010 年实现单位 GDP 能耗比 2005 年降低 20% 左右，主要污染物排放总量比 2005 年减少 10% 左右。毫无疑问，这是落实科学发展观、实现可持续发展的重大举措，对促进我国经济发展方式的转变具有重大的意义。

然而，在"十一五"开局之年的 2006 年没能完成既定的目标。2006 年全国单位 GDP 能耗仅下降了 1.2%，没有实现年初确定的降低 4% 左右的目标；2006 年全国主要污染物排放总量增幅虽然有所减缓（其中化学需氧量、二氧化硫排放量由 2005 年分别增长 5.6% 和 13.1%，减为分别增长 1.2% 和 1.8%），但同样没有实现年初确定的主要污染物排放总量减少 2% 的目标。一时间，"十一五"规划提出的节能减排目标能否如期实现、如何才能实现，以及是否会对经济增长产生影响等问题，引起了全社会的高度关注。

本课题正是在这样的背景下提出的。从总体上看，研究能源问题、环境问题以及经济增长问题的成果相当丰富，但针对"十一五"规划节能减排目标的研究不多，特别是关于能源消耗和污染物排放的变动规律、经济增长与节能减排目标之间的协调关系的研究，淘汰落后产能机制及其对节能减排、经济增长和就业、结构调整、物价变动影响的研究，节能减排目标对经济影响的研究，以及对"十一五"节能减排的论证显得不是很充分。

本课题立项的初衷旨在围绕三方面内容展开研究：一是对经济增长与节能减排的关系、实现经济增长与节能减排双重目标的可行途径、节能减排目标的经济影响等一些具有规律性的问题进行理论结合实际的探讨；二是对"十一五"期间节能减排问题进行追踪研究，通过对节能减排形势的现状、问题、原因的分析，通过归纳总结，得出有益的政策启示；三是对"十一五"期间节能减排的政策工具，比如淘汰落后产能的经济影响进行实验性模拟和分析，在成本有效性框架内评估其节能减排绩效和经济发展影响。

通过对经济增长与节能减排的关系的探讨，我们发现了一些有规律的东西，并得出了一些有应用意义和对决策有参考价值的结论。

——对中国的能源消耗存在明显的区域特征的分析，说明能源效率的改善与经济发展水平密切相关，提高能源效率、实现节能减排根本上是发展问题。

——对最终需求结构对能源消耗强度和污染排放强度影响显著的分析，说明未来中国的节能减排在继续加快技术进步、努力提高能源效率的同时，应注意通过税收等灵活有效的激励措施进一步推动需求管理，全面推进节能减排。

——对产业结构是能源消耗强度的主要决定因素的分析，说明处于工业化、城市化加速发展的阶段决定了中国当前高耗能、高污染行业偏重的产业结构，且这样的结构颇为稳定，短期内难以改变。高能源消耗强度的发展阶段难以超越。

——对能源消费同经济增长之间的短期关系是模糊的、不确定的分析，说明从宏观上应尽量避免制定具有约束性的短期节能目标，而在制定长期节能减排目标时，应对短期波动给予充分考虑，并留有充分余地。

——对实现节能减排目标的政策工具，比如淘汰落后产能的规划、实施绩效及其对经济发展的影响和相应的成本进行了机制研究和实验性模拟，分析表明虽然淘汰落后产能等行政规制性政策工具可以有效推动节能减排和结构调整，但要承担一定的经济增长放缓、就业率下降、通货膨胀的压力。因此，应考虑更具市场性的政策工具，比如提高落后产能的折旧率方式推进节能减排。

——对降低能源消耗强度和碳排放强度难以超越发展阶段的分析，说明中国的低能源消耗强度只能在高能源消耗强度的经济得到充分发展后才能实现，低碳经济发展离不开来自高碳经济的积累和补贴。因而目前不宜过度追求能源消耗强度和碳排放强度的大幅度下降。

——对把能源消耗强度作为节能指标存在明显局限性的分析，指出能源消耗强度仅反映经济活动对当期能源消耗的依靠程度，不是能源效率指标，说明目前在中国流行的把能源消耗强度作为能源效率指标使用的做法会导致不利于资源配置以及对中国长期发展的误解和误判。

在跟踪中国实现"十一五"节能减排目标的实践中，我们看到，在中国政府的大力推进下，中国的节能减排工作成绩斐然。在落实"十一五"各项节能减排举措的过程中，各级政府在监管制度建设以及监管的物质手段建设方面取得了显著进展，尽管困难重重，节能减排目标仍基本完成。

但同时我们也看到，节能减排工作尚存在着不少不尽如人意的情况，有诸多值得思考和有待改进的地方。比如，管理方式仍属粗放式；指标分解不尽合理；各地发展不平衡；一些举措缺乏科学论证，影响到了正常的生产和生活，且成本较高；约束性指标外的指标达标情况显得不太理想；等等。

本课题对"十一五"期间节能减排目标的实施进行了较为全面、深入的追踪性研究，对采取的举措、实施效果、存在问题进行了理论与实际相结合的分析，并在此基础上提出了包括正确处理"扩大消费"与"节约能源"的关系进而引导节约型的消费结构、实施全方位节能战略、重构社会价格体系、采用更具市场性的政策工具淘汰落后产能、继续加大调整产业组织结构和推进技术创新的力度、建立有效的节能减排技术推广服务和监管体系、加强节能的技术经济分析、减排温室气体以促进节能、健全节能的统计与监管，以及逐步建立节能的长效机制在内的一系列政策建议。这些建议包含着笔者长期的研究积累和深入的思考，具有针对性和应用价值。

特别应该指出的是，从总体上讲中国的节能减排努力尚没有脱离发达国家曾经走过的老路。中国的节能减排努力主要集中在生产领域。中国一方面在生产领域采取了相当严厉的节能减排措施，另一方面在消费领域全面模仿发达国家的生活方式和消费方式。在奢华方面比发达国家有过之而无不及。中国的节能减排亟待向消费领域拓展，使其成为节能减排的一个重要领域。

2009 年中国政府引人注目地主动做出"到 2020 年碳排放强度降低40%～45%"的国际承诺。在 2011 年开始的"十二五"规划中，大幅度降低碳排放强度（5 年降低 17%）被作为约束性指标列入，能源消耗强度的大幅度下降（16%）继续作为约束性指标。毫无疑问，约束性"节能减排"指标的设置显示出中国实施可持续发展战略的决心。在世界主要国家中，中国对节能减排的积极态度令世人瞩目。

本课题并非对"十一五"的节能减排进行严格意义上的、系统的后评估，而是带有一定探索性的研究。为了实现 2020 年的国际承诺以及"十二五"规划的目标，进一步做好节能减排工作，积极探索经济发展过程中能源消耗和污染排放的变动规律，认真汲取和总结实现"十一五"节能减排目标过程的种种经验和教训，不论从学术研究角度还是从对策研究角度都具有重要的现实意义。

本课题的一个特点是运用大量的定量分析工具对节能减排举措的有效性、节能减排目标的可行性，以及对相应政策工具的节能减排绩效和经济影响的模拟和评估等进行多视角的研究。比如，我们采用计量经济方法验证了中国能源 Kuznets 曲线的存在性，综合运用单位根检验、Johansen 协整检验、Granger 因果检验、VAR 模型、误差修正模型脉冲响应以及方差分解等方法对总需求结构与能源消费的关系进行了系统分析，利用聚类方法分析不同地区之间的能源消费程度，采用对数平均迪式指数分解方法（LMDI）和投入产出结构分解方法（Structural Decomposition Analysis，SDA）分析各种因素对经济、能源和环境等变量的影响以及对中国的能源消耗和污染排放进行了实证分析。再如，我们还利用投入产出结构分解方法（SDA）对 1992～2005 年二氧化硫和化学需氧量的排放变化进行了实证分析，基于投入产出模型对实现"十一五"的节能减排目标的结构节能和技术节能的潜力进行了模拟分析。另外，我们还通过构建混合互补（MCP）可计算一般均衡（CGE）模型对重点行业"上大压小"的节能效果进行了估计，通过引入折旧率等值应用中国动态 CGE 模型对"淘汰落后产能"的节能减排效果、经济结构调整和经济发展压力进行了实验性模拟和评估。所使用的这些定量分析工具中，有的是国内的首次尝试，有的定量分析虽然方法并非是新的，但被用于分析节能减排的经济影响具有探索性质。这些定量研究有益于对问题的理解和研究的深入。

本课题由中国社会科学院数量经济与技术经济研究所承担，2011 年 10 月结题，2012 年 3 月通过专家鉴定（等级优秀）。原所长汪同三参加了课题框架的设计和多次讨论。郑玉歆负责项目的组织与协调工作，并与张友国一起承担了总报告的撰写和研究报告的统稿工作。课题组其他成员还有齐建国、张涛、杨敏英、沈利生、刘满强、樊明太、刘建翠，以及北京社会科学院的刘小敏。

本书基于课题的研究报告进行了适当的删节和补充。本书概论基于课题研究报告的总报告，其余各章基于各分报告。为了使全书更加简练、重点突出，对于那些篇幅较长以及公式较多的分报告做了较多的删节。本书各部分作者如下。

概论——郑玉歆、张友国，第一章——张涛，第二章——张友国，第三章——杨敏英，第四章——张友国，第五章——沈利生，第六章——樊明太，第七章——刘小敏，第八章——刘满强、刘建翠，第九章——齐建国，第十章——郑玉歆。

　　节能减排是一个复杂的系统工程。相对于问题的复杂性和实践提出的要求，我们研究的深度和广度还很不够。本研究中相当多的内容仍属于探索性的，其中肯定有不少不够完善或不够妥当之处。期待着本研究的成果能引起更多的关注和引发更多的讨论和争论。同时也期待本研究所进行的探索和分析以及得出的一些有建设性的结论和政策启示，能够对中国节能减排工作的健康、有效开展，以及对中国实现全面、协调、可持续发展产生积极的影响。

郑玉歆　张友国
2012 年 3 月

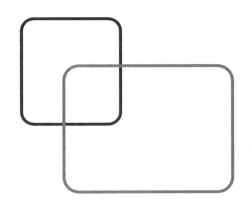

目 录

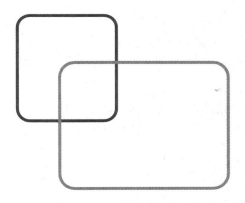

Contents

概　论

　　全球变暖和能源安全是目前人类共同面临的严峻挑战。这是全球资源和环境容量的有限性与人类对物质财富的无限追求之间矛盾发展的必然结果。近年来，随着"石油见顶"与全球气候变暖逐渐成为国际主流社会的共识，节能减排正在成为世界上越来越多的国家应对能源供应趋紧和全球气候变暖的重要举措，协调好经济增长、节能减排和新能源发展的关系则是各国政府必须面临的重大课题。

　　改革开放以来，中国经济发展取得了令世人瞩目的伟大成就。在短短的30余年（1978～2010年）里，中国经济总量增长了19.6倍，由1978年世界排名第15位，跃居现在仅次于美国的第2位。这种前所未有的持续快速增长使得自然资源相对贫乏、生态环境相对脆弱的中国正承载着空前规模的资源消耗和经济活动，面临着历史上前所未有的资源环境的挑战。

　　面对着全球气候变暖及巨大的资源环境的压力，中国在节能和环境保护方面进行了不懈的努力，政策法规逐步完善，规制力度不断加大。为了进一步贯彻科学发展观，节能减排在"十一五"规划中被首次作为约束性目标。这是中国转变发展方式的一个标志性事件，有着深刻的国内国际背景。这一目标的提出，一方面是因为经过30多年的快速增长，中国经济在取得巨大成就的同时，与（以能源为代表的）资源的稀缺性和（以二氧化硫和化学需氧量为代表的）污染排放的危害之间的矛盾日益突出；另一方面则是因为（以气候保护为代表的）全球性环境保护运动，已经使与能源相关的碳排放问题成为一个全球瞩目的国际政治经济问题。显然，为了应对国内外巨大的资源环境压力、实施国家可持续发展战略，采取一些强制性措施是必要的。

由于能源消耗和污染排放的根源在于生产、运输、消费等一系列人类经济活动，因而经济活动的整体规模、经济结构、生产技术水平以及相关的政策法规都是它们的重要影响因素。在保证经济发展的前提下，要实现节能减排，根本途径在于优化经济结构和能源结构、加快技术进步和提高能源效率、倡导健康合理的生活方式和消费方式、建立完善科学的管理体系、实现经济发展方式的转变。本书本着理论与实际相结合、宏观与微观相结合、定性与定量分析相结合、技术与经济相结合的原则，围绕实现"十一五"节能减排目标的实践进行了多方面的研究和探索，并有所发现，得到一些有益的启示。

一 提高对节能减排必要性和迫切性的认识

实行节能减排是中国面对来自国内外资源环境压力的必然选择。

（一） 国内的压力主要包括两方面

一是伴随经济持续快速增长而来的能源消费规模大幅度增加以及巨大的潜在需求。改革开放以来，中国开始进入以市场需求为导向的工业化阶段，经济的快速增长带来能源消费总量大幅度提高。特别是进入 21 世纪以来，中国迈入工业化和城市化加快发展的阶段。随着城市化进程的加快，公路、铁路、机场、电站等基础设施以及汽车、房地产业等建设规模的迅速扩大，极大地刺激了水泥、钢铁、有色金属等原材料工业以及机械设备、重化工等能源密集行业的发展，从而进入能源消费高增长时期。能源对经济发展的制约作用日趋明显。按照国际能源署（IEA）发布的《世界能源展望2010》，中国 2009 年消费 22.65 亿吨标准油①，超越美国的 21.7 亿吨成为全球第一大能源消费国。尽管中国国家能源局和统计局发表联合声明称，按照国际方法折算，2009 年中国能源消费折合成标准油为 21.46 亿吨，少于当年美国能源消费总量 23.82 亿吨，但作为一个能源消费快速增长的大国，即使中国不是在 2009 年超过美国，实现这一超越也只是一两年的事情。与此同时，由于一些发达国家的经济

---

① 1 吨标准油 = 1.43 吨标准煤。

发展已进入后工业化阶段，经济向低能耗、高产出的产业结构发展，并将高能耗的制造业、原材料初加工业逐步向以中国为主要对象的发展中国家转移，成为推动中国重化工业爆发性外延式增长的重要因素之一。2003～2005 年，中国连续 3 年单位 GDP 能耗分别上升了 4.9%、5.5% 和 0.2%。由于工业化和城镇化的不断快速推进，中国能源消费呈持续上升态势。作为中国经济发展所依赖的最主要能源，2009 年中国的煤炭消费量占全球消费总量的 46% 以上，石油消费量居世界第 2 位[①]，而且增势不减。2010 年中国消费了 7.7 亿吨钢材、18.6 亿吨水泥，能源消费总量高达 32.5 亿吨标准煤，能源压力与日俱增。

同时，我们应该清醒地看到，尽管中国经济总量居世界第 2 位，能源消费总量很快会超过美国，但目前中国人均 GDP 尚不到美国的 1/10[②]，人均能源消费只有美国的 1/5 左右。随着中国人均收入的提高，能源消费量尚有很大的上升空间。特别是到目前为止，中国尚有相当数量的农民没有得到良好的能源服务，他们仍依赖当地的农业废弃物（秸秆、柴草等）作为主要能源，有些地方甚至仍在依靠砍伐森林、破坏生态获取能源。此外，中国城镇化率以每年 1% 的速度在增长，每年有将近一千万人口进入新的城镇。每个城镇居民人均所消耗的能源是农村人均的 3.5 倍。对于由此给能源带来的巨大潜在需求应有充分的估计。

中国的资源状况决定了靠自给自足难以满足如此巨大的需求。中国是一个缺油少气的国家。中国石油探明储量只够满足 11.3 年的需要，离全球石油储采比 42 年有很大差距[③]。自 1993 年中国成为石油净进口国以来，经济的快速增长使得中国对石油进口的依赖越发严重。2010 年中国对进口石油的依赖度达到 55.2%，超过了美国的 53.5%[④]。然而，中国的汽车拥有率仅仅约为千人 50 辆，不足美国的 1/15，欧盟、日本的 1/10。中国煤炭相对较为丰富，但储采比仅 41 年，只有全球储采比 122 年的 1/3。中国能源消费以煤炭和石油为主的状况短期内难以改变[⑤]。中国人口众多，经济规模迅速

---

① 资料来源：《世界能源统计年鉴 2010》。
② 2010 年美国和中国的人均 GDP 分别为 47284 美元和 4382 美元，世界排名分别为第 9 位和第 95 位（IMF 数据），美国是中国的 10.79 倍。
③ BP, *Energy Statistics British Petroleum*, London, 2010.
④ 资料来源：工信部。
⑤ 2010 年能源消费中煤炭和石油分别占 70.9% 和 16.5%。

扩大，巨大的能源需求过度依赖世界市场，显然不论从能源安全，还是从国家安全角度，均存在巨大风险。

二是日益严峻的环境污染。改革开放以来中国的经济增长十分迅速，大大提升了中国的综合国力和人民的生活水平，但随之而来的环境污染却为这些成就蒙上了浓厚的阴影。由于中国经济在短短的30余年里走过了发达国家100~200年走过的工业化道路，这使得发达国家100~200年曾经出现的环境污染问题在中国几十年内集中出现，因而中国的环境污染有着被高度压缩的特点，不少地方的污染严重到让人难以想象的程度。党中央、国务院高度重视环境保护，特别是近年来，将改善环境质量作为落实科学发展观、构建社会主义和谐社会的重要内容，把环境保护作为宏观经济调控的重要手段，采取了一系列重大政策措施，部分主要污染物排放总量有所减少，环境污染和生态破坏加剧的趋势减缓，局部地区有明显改善。但是，中国的环境形势总体上依然严峻。"十五"期间力图解决的一些深层次环境问题没有取得突破性进展，产业结构不合理、经济增长方式粗放的状况没有根本转变，环境保护滞后于经济发展的局面没有改变，体制不顺、机制不活、投入不足、能力不强的问题仍然突出，有法不依、违法难究、执法不严、监管不力的现象比较普遍。"十五"期间环境保护计划指标没有全部实现，二氧化硫排放量比2000年增加了27.8%，化学需氧量排放量仅减少2.1%，未完成削减10%的控制目标。主要污染物排放量远远超过环境容量，环境污染严重（见第四章）。以煤为主的能源结构是中国环境问题格外突出的重要原因之一。环境污染物质中主要是二氧化硫、氮氧化物、可吸入颗粒物、汞、粉尘和固体颗粒物，这些污染物的80%是由于化石能源的应用，尤其是煤的直接燃烧所引起。而这样的能源结构短期内很难改变。近年来，中国大气污染已相当于发达国家20世纪50~60年代污染最严重时期的程度。中国是世界上水污染最严重的国家之一，各种污染事故频发。治理传统污染物带来的污染在中国具有现实的紧迫性。尽管中国在节能减排的目标中加入了碳排放强度的指标，且碳减排与污染物减排具有相关性，然而，按照中国的法律法规，二氧化碳在中国尚未被归入有害气体的范围，而污染物的排放正在时时刻刻地侵蚀着我们的家园，威胁着人民的健康。因而，中国节能减排仍应依法把传统污染物的减排放在优先位置。

（二） 国际方面的压力则来自全球气候变化

中国是世界上最大的发展中国家，正处于资本原始积累的经济快速发展阶段。这个阶段的特点就是能源密集、碳排放密集。与中国经济持续快速增长相伴随的是能源消费和碳排放的大幅度增长。目前，中国的碳排放已居世界前列①。尽管中国的人均能源消费和碳排放仍然远低于发达国家，但中国能源消费和二氧化碳排放的快速增长，使中国成为世界温室气体增量的主要"贡献者"之一。从科学的角度，全球气候变暖尚是一个相当不确定的问题，有待于进行更加深入的研究。然而，从国际政治角度，全球气候变暖却是已有定论，实行温室气体减排的必要性和迫切性已在由发达国家主导的国际社会形成高度共识。

按照 1992 年巴西里约热内卢联合国环境与发展大会通过的《联合国气候变化框架公约》（以下简称《公约》）和 1997 年在日本京都召开的《公约》缔约方会议第三次会议上签订的《京都议定书》，发达国家要承担温室气体排放的历史责任，应实行强制减排，发展中国家承担"共同但有区别的责任"，暂时不承担温室气体减排的义务。为了接替将于 2012 年失效的《京都议定书》，《公约》缔约方于 2009 年 12 月在丹麦哥本哈根召开会议，希望继续制定具有法律约束力的温室气体减排的中长期目标。但是，以美国为首的发达国家，企图改变"共同但有区别的责任"原则，最终使哥本哈根会议没有成功。

西方一些发达国家出于自身政治和经济利益以及抑制发展中国家特别是中国崛起的进程的战略意图，极力逃避自己的历史责任，夸大中国对温室气体增量贡献的影响，渲染"中国环境威胁论""中国责任论"。一些岛国（如菲律宾、印度尼西亚等）出于对自身安全的担忧，要求各国减排温室气体的呼声极为强烈。发达国家和这些岛国的舆论形成了中国节能减排的国际压力。特别是，近年来美国等发达国家遭遇金融危机，经济萧条，能源消费和温室气体连续负增长，而中国经济仍然保持高速增长，每年新增温室气体排放占全球新增总量的 40% 左右，温室气体排放第一的位置格外引人注意。中国巨大的经济成就也使得全球对中国减排的期望不断扩大。可以预见，碳排放将会成为国际经济政治的一个新规则，并成为未来国际政治外交的焦点

---

① 按照国际能源署（IEA）的估计，中国的二氧化碳排放量在 2009 年超过美国，居世界首位。

问题[①]。作为最大的发展中国家、一个负责任的大国，中国必将在未来的某个时候要承担一定程度甚至较大幅度温室气体的绝对量的减排责任。中国必须从战略高度，认真考虑中国二氧化碳如何分阶段减排的有关战略、技术和政策问题，以避免在未来为此付出更大的代价。

在中国，人们对温室气体减排普遍心存疑虑，显然这是正常现象。不可否认，发达国家在温室气体减排上有着自己的战略意图：在全球资源有限的情况下，力图通过遏制发展中国家发展，维持自己的高消费；同时，利用其在资金、新能源技术上的优势以及限制碳排放的规则，巩固自己在世界的主导地位。

对中国来讲，要在资源环境特别是能源约束下顺利实现工业化，一方面有待于全球新能源开发出现突破性的进展，另一方面则需要在节能减排上取得显著的成绩。中国实行节能减排、积极发展低碳经济，虽然有国际上的减排压力，但根本上是解决中国自己长远发展问题的内在需求。中国应该抓住全球以新能源为主导的产业结构调整的机遇，发挥中国的制度优势和后发优势，积极开展国际合作，加快技术进步和产业升级，大力推动发展方式的转变和可持续发展战略的实施。

当前，中国能源突出的问题是能源结构中煤炭比重过高以及对进口石油的依赖。前者是中国污染严重的重要原因，后者关系到国家的能源安全问题。实行严格的节能减排、发展低碳经济，必将有效推动化石能源消耗的减少、绿色技术的使用以及可再生能源等替代能源的开发和使用，有利于中国向减少对进口石油的依赖、能源供给绿色化的战略目标迈进。

二　加深对经济增长过程中能源消费和污染物排放规律性的理解

实行节能减排的核心问题是处理好节能减排与经济发展的关系。为此，厘清经济增长过程中能源消费和污染物排放的变动规律无疑是必要的。本研究对节能减排与经济增长的关系进行了定量与定性相结合的内容广泛的探

---

① 可以看到，美国环境署于 2009 年 12 月正式宣布将二氧化碳等 6 种温室气体列入有害气体的名单，从而扩大了美国"洁净空气法"的适用范围。如何以征收"碳关税"的方式向为美国提供进口商品的厂商和国家施加节能减排的压力已是美国公开讨论的问题，国会有几十个这方面的提案。美国能源部长朱棣文也明确提出应对包括中国、印度在内的发展中国家征收碳排放税。

讨，其中包括使用经济计量学的方法对消费结构、总需求结构、产业结构变动等对能源效率影响的实证分析，即通过构建经济－环境的投入产出模型对中国污染物排放总量及强度与经济增长的关系、经济总量构成变化对主要污染物排放的影响、产业结构变化对主要污染物排放的影响、技术变化的减排效应等进行了分析，以及通过引入折旧率等值并应用中国动态 CGE 模型就淘汰落后产能对节能减排、经济结构调整、经济增长和就业、物价变动的影响进行了实验性模拟和分析。以下是通过对经济增长过程中能源消费和污染物排放之间关系的研究得到的一些主要结论和若干值得注意的规律。

（一）能源消费的区域特征说明能源效率的改善与经济发展水平密切相关

利用聚类分析，我们可以按照能源消耗强度把我国 30 个省份大致分为 5 类，分别为特高能耗区（宁夏）、高能耗区（贵州、青海、山西）、中高能耗区（甘肃、河北、内蒙古、新疆、广西）、中低能耗区（河南、黑龙江、湖北、湖南、吉林、辽宁、山东、陕西、四川、云南、重庆）、低能耗区（安徽、北京、福建、广东、海南、江苏、江西、上海、天津、浙江）。很明显，经济发展水平较高的沿海地区被划归为低能耗区，而经济发展水平较为落后的中西部地区 4 个省份被划归为高能耗区或特高能耗区。由此可见，中国能源消费的区域特征与国际能源消费的区域特征具有相似之处，即能源储量较为丰富或经济发展相对落后的地区，其能源消耗强度相对较高，而能源相对贫乏或经济发展水平较高的地区，其能源消耗强度反而较低，能源利用效率较高（见第一章）。

关于能源利用效率的实证研究也表明：1985 年，能源利用效率最高的是上海，其次是浙江，后面依次是广东、福建和江苏，后 5 名依次是辽宁、甘肃、吉林、新疆、山西。1985 年全国平均能源利用效率是 0.0911 万元/吨标准煤，有 12 个地区高于全国平均水平。2007 年，能源利用效率的前 5 名依次是上海、江苏、海南、广东、江西，后 5 名依次是新疆、山西、贵州、青海、宁夏。2007 年全国平均能源利用效率是 0.2707 万元/吨标准煤，有 11 个地区高于全国平均水平，比 2000 年少了 3 个地区。

1986 ~ 2007 年，对全国能源利用效率改善贡献率最大的是江苏，为 11.70%，后面依次是山东、辽宁、上海、广东，5 个地区的贡献率合计 39.59%。贡献率的后 5 名依次是云南、贵州、宁夏、青海、海南。可见，经济发展快、能源利用效率高的地区，对全国能源利用效率提高的贡献就大，而经济发展慢、能源利用效率低的地区，对全国能源利用效率提高的贡献就小（见第八章）。

这样的结果表明能源利用效率的改善与经济发展水平密切相关，也进一步说明，提高能源利用效率、实现节能减排根本上是发展问题。

（二）中国三次产业的能源消耗结构相当稳定，短期内难以改变

从能源消耗强度的角度来看，三次产业的能源消耗强度都大体上呈现逐年下降的趋势。其中，第二产业的能源消耗强度明显高于其他两个产业。第一产业的能源消耗强度一直较为平稳，其能源消费弹性对于其产出变动的反应是不敏感的，即能源消耗强度变动的百分比要小于产出变动的百分比。第二产业的能源消耗强度在进入 21 世纪后，开始变得不敏感。第三产业，除了 1995 年外，其能源消费弹性的波动程度是三次产业中最小的（见第一章）。

对于能源利用效率的实证研究也表明：1987 年，化学工业的能源消耗总量占全国能源消耗总量的比重最大，为 17.10%，其次是金属冶炼及压延加工业，为 14.84%，再次是非金属矿物制品业，为 13.15%，3 个行业合计 45.09%，而这 3 个行业的产值占总产值的比重只有 13.7%（现价）。2006 年，行业能源消耗比重的前 3 名仍然是这 3 个行业，只是金属冶炼及压延加工业的能源消耗比重达到了 23.29%，化学工业和非金属矿物制品业分别降到 13.63% 和 9.03%，3 个行业合计上升到 45.95%，而 3 个行业的产值占总产值的比重只有 16.27%。这与我国近 20 年来交通运输业和建筑业的快速发展是密切相关的，尤其是汽车工业的飞速发展（见第八章）。

以上结果表明，中国正处于工业化中期，重化工业始终是经济增长的主角，也是能源消耗的主角。这样的结构相当稳定，短期内难以改变。

（三）最终需求结构对能源消耗强度和污染排放强度影响显著，节能减排须加强需求侧管理

从产业结构与能源消耗和污染排放密切相关的角度看，最终需求（消费、投资和进出口）的结构无疑对能源消耗强度和污染排放强度有重要影响。消费、投资和出口是经济增长的"三驾马车"。处理好三者之间的比例关系是宏观经济调控的重要内容。

通过运用协整分析的方法对改革开放以来中国的总需求结构对能源消耗

强度的影响所进行的探讨表明，经济在长期的均衡状态下，当其他条件不变时，居民消费水平每增加 1 个百分点，能源消耗强度将减少 0.22 吨标准煤/万元（1978 年价）；投资每上升 1 个百分点，能源消耗强度将增加 0.19 吨标准煤/万元；进口每上升 1 个百分点，能源消耗强度将下降 0.039 吨标准煤/万元；出口每上升 1 个百分点，能源消耗强度将增长 0.016 吨标准煤/万元（见第一章）。

可见，居民消费水平对能源消耗强度的影响最大，且是负向影响。这意味着有效地提高内需水平，有利于大规模地降低能源消耗强度。而投资水平上升会使得能源消耗强度上升，但是其上升的幅度并不是很大。这意味着，一方面，投资特别是基础设施的投资对能源消耗的增长有推动作用；但另一方面，投资中有不少项目引起的 GDP 增长率大于它所引起的能源消耗增长率，这得益于投资带来的工业行业技术水平的提高导致了能源消耗水平的下降；另外，外商投资增加所带来的外溢效应也有利于能源消耗水平的下降，从一定程度上抵消了由于投资水平增加所带来的能源消耗强度的上升，从而导致投资的边际效应降低。

至于能源消耗强度随出口的增加而上升、随进口的增加而下降的结果是很容易理解的。这是因为中国的出口品大都处在国际产品体系的低端，大部分属于高耗能、低附加值的产品。这就意味着中国在通过出口换取 GDP 增长的同时，付出了更大的能源代价。而中国所进口的产品大都是外国的高新技术含量较高的产品和设备，这些产品运用在国民经济运行过程中必然会导致能源利用效率的上升，进而使得能源消耗强度下降。从上述数量关系中可以看出，中国贸易顺差的逐年增大对中国的能源安全是一个现实的威胁。从这个角度来看，当前中国强调扩大内需、减少经济对于外贸部门的依存性是十分正确的。

对中国 1992～2005 年技术变化和需求模式变动对二氧化硫和化学需氧量排放变化的影响分析表明，在报告期，最终需求的完全污染强度发生了极其显著的下降，而这种变化非常有效地减缓了中国的主要污染物排放。不过其中起主要作用的还是各类产品的直接污染强度的下降，而投入结构的变化并不利于减缓污染排放。且 2002 年以来技术变化对二氧化硫排放量的减排效应比前一个时期明显下降。而这一不利影响主要是效率改善速度趋缓以及投入结构向直接污染排放强度较高的部门转变带来的。结果还表明，需求模式变动对污染排放变化的影响相对而言比较有限，且其中经济总量结构变动始终不利于减缓污染排放；近期产业结构变动也只有利于减缓二氧化硫排放，而不利于减缓化学需氧量排放。因而中国的需求模式变动尤其是在2002～2005年整体上不利于节能减排（见第二章）。

因此，未来中国一方面要继续鼓励和支持节能环保技术的开发和引进，挖掘技术进步的节能减排潜力；另一方面则要通过税收等灵活有效的激励措施进一步推动需求管理，从而全面推进节能减排。

（四）产业结构是能源消耗强度的主要决定因素

能源消耗伴随经济增长的变动主要呈现阶段性规律。由于发展水平所决定的需求结构、供给结构（产业结构）、技术水平以及资源禀赋的不同，在不同的发展阶段，一个经济体的能源消耗水平及变动趋势有着不同的特点。

发达国家与发展中国家在单位GDP能耗上的巨大差距主要是由发展阶段不同带来的。不同发展阶段的差异主要表现在收入水平和产业结构上。产业结构的差异是造成能源消耗强度和碳排放强度不同的主要原因。

不同产业所生产的产品以及所使用的技术均存在不同程度的差异，因而它们之间的能源消耗和污染排放的强度会各不相同。即使在同一个产业中，不同的生产过程由于同样的原因，其能源消耗强度也往往各不相同。利用数据很容易说明这样一个规律。一般来讲，通信设备、计算机及其他电子设备制造业的能源消耗强度较低，而采掘业、能源行业、焦炭、化工、建材、黑色金属冶炼的能源消耗强度始终较高。另外，物质生产部门比非物质生产部门能源消耗强度都要大得多。在物质生产部门中，工业部门的能源消耗强度要高于农业部门。显然，这些行业是节能的重点。

这与不同产业的能源消耗强度各不相同有很大关系，如果按三次产业划分，可以看到，第二产业和第三产业之间能源消耗强度差距巨大，2007年前者约是后者的3倍。当然也与技术水平的差距有关，但影响相对较小（见第一章）。毫无疑问，当中国的产业结构提升到发达国家的水平，中国单位GDP能耗也会大幅度降低。然而，要求中国的产业结构短时间内达到发达国家的水平是不现实的。

与不同行业有不同的能源消耗强度类似，不同行业的污染强度存在着差异。一般来讲，高耗能产业常常也是高污染行业，如钢铁、水泥、化工等。产业结构变动对不同污染物的排放常常有着不同的影响。对1992～2005年产业结构变化对主要污染物排放影响的分析表明，2002年之前，产业结构变化导致二氧化硫排放增加，但导致化学需氧量排放减少；2002年之后，产业结构变化使二氧化硫排放减少，却导致化学需氧量排放有所增加。从整个研究阶段来看，产业结构变动起到了积极的减排作用（见第二章）。

影响一个经济体的产业结构有多种因素，如资源禀赋、发展阶段以及所实施的发展战略等。但是，在这些影响因素中，起决定性作用的还是经济社会的发展程度或发展阶段。中国正处于工业化、城市化加速发展的阶段，这决定了中国当前高耗能、高污染行业偏重的产业结构。这样一个发展阶段是无法超越的，而且还将持续较长时间。尽管产业政策和发展战略对产业结构也有一定的影响，但决定一个经济体产业结构的基本因素还是市场需求的结构，而市场需求的结构要受经济发展水平和收入水平的制约。这是产业结构升级难以超越经济发展阶段的基本原因。

（五）推进节能减排，必须兼顾其结构调整和经济发展的压力和成本，更多采用市场性政策工具而非拉闸限电等行政性工具

"十一五"期间，为了抑制产能过剩、促进结构调整和产业升级，为了实现节能减排约束性目标，我国实施了淘汰落后产能机制。淘汰落后产能既是建立和完善落后产能有效退出机制、引导产业结构调整和升级的必然选择和有效措施，也是实施节能减排的内在要求和关键措施。

"十一五"期间，淘汰落后产能逐步成为我国政府综合性节能减排工作中的一个关键性措施。随着实现节能减排约束性目标的逐步强化，我国淘汰落后产能相应的规划及其调整机制逐步深化和完善；淘汰落后产能规划的顶层设计与逐步完善的自上而下的目标任务分解机制相结合，强化了淘汰落后产能规划及节能减排约束性目标的有效性。

淘汰落后产能作为结构性节能减排的关键性措施与其他工程性、结构性、管理性节能减排措施共同发挥作用，推动了淘汰落后产能规划目标及节能减排约束性目标的完成和实现，但截至目前的研究强调了其直接绩效，却对其综合影响和效应，特别是其对经济增长、结构调整、就业和通货膨胀的影响缺乏系统性评估和分析。

我们在动态追踪分析"十一五"期间我国淘汰落后产能规划实施及绩效的基础上，应用包含能源政策工具的中国动态 CGE 模型，就淘汰落后产能隐含的提高折旧率等值的影响进行了动态模拟和分析，通过实验性模拟和分析，综合评估了淘汰落后产能对节能减排、经济增长、结构调整、就业和价格变动的影响和效应。

实验模拟结果及隐含的作用机制表明，"十一五"时期淘汰落后产能规划的实施具有节能减排效应，有利于产业结构调整和升级，使高耗能产业相对于其他产业得到相对抑制；但是，也会引致经济增速放缓，同时抑制部分行业的劳动力就业，加剧成本推动型通货膨胀（见第六章）。

因此，坚持科学发展观，必须统筹协调淘汰落后产能与节能减排、经济增长、产业升级、就业和通货膨胀等的关系，进一步完善政策性组合及约束激励机制，进一步发挥市场机制在引导产业结构调整方面的基础性作用和优胜劣汰功能，同时要结合市场机制进行上下协调的目标分解和问责制。

（六）短期内能源消费同经济增长之间的关系是模糊的、不确定的

传统的理论认为能源消耗强度同经济增长之间存在"倒U"形关系，即存在一个临界点，在这个临界点之前能源消耗强度随着经济增长而上升，但当经济发展水平超越这个临界点后，能源消耗强度会随着经济发展而减弱。

对于这条"倒U"形曲线是否存在，或者说对于哪些国家在哪个发展阶段存在，这是环境经济学一直在讨论的热点问题。从内生增长模型出发可以证明"倒U"形曲线在理论上的存在性。然而，实证研究表明并非所有发达国家的发展过程中都出现"倒U"形的关系。有研究表明，OECD国家的发展进程中呈现了"倒U"形关系，而非OECD国家则没有相应的关系存在。通过对二氧化碳和经济发展之间的研究也可得到上述结论。而另一些学者的研究表明，美国、日本等世界上重要的发达经济体的发展历程并没有呈现"倒U"形曲线。这与各国产业结构、国土大小、交通运输的主要方式、地理环境、商用与家用能源需求的差异与生活方式、气候条件、房屋结构及居住面积、各国的能源生产结构有关的能源转换损失，以及国家发展战略等因素有密切关系。

特别应该注意的是，人们在分析各国在工业化进程中能源消耗强度和经济增长之间不论呈现"倒U"形曲线关系，还是没有呈现"倒U"形曲线关系，都是指长期趋势。而在短期内能源消费同经济增长之间的关系是模糊的[①]。资料表明，各国能源消耗强度不论上升还是下降都是在频繁的波动中进行的，即使在能源消耗强度及能源消费弹性随着工业化进程的推进而出现

---

① 史丹：《中国能源需求的影响因素分析》，华中科技大学博士学位论文，2003。

持续明显下降的过程中，也会在城市化快速发展时期出现阶段性的上升趋势。不论是国际能源消费弹性的数据还是中国的能源消费弹性数据都可以说明这一点。20世纪90年代中期，中国的能源消费弹性系数基本稳定，保持在0.5左右，此后出现了较大幅度的波动，从1999年的0.16猛涨到2004年的1.59，之后又呈下降趋势，2009年有所上涨，数值为0.57（见第一章）。不难理解，一个经济体的能源消耗强度不是外生决定的，而是内生于所处的发展阶段和当前经济运行状况，其变动趋势要服从经济增长的需要及客观经济规律。因而，不应简单地把短期内能源消耗强度的波动都归于不正常或简单据此对整个经济增长质量做出负面的评价。

从总体上看，中国自20世纪70年代后期以来能源消耗强度处于以较大幅度下降的阶段。然而，在21世纪初能源消耗强度出现了明显的回升。此期间中国西部大开发战略全面展开、房改引发的房地产业的大发展、城市化进程加快、"入世"带来的外贸激增、基础设施建设规模迅速加大，推动了重化工业的快速发展。考虑到这些因素，不能简单地认为此期间能源消耗强度没有延续下降趋势而出现了阶段性上升是不正常的。由于能源消耗强度并不存在短期内大幅度单调下降的确定规律，如果一定要熨平可能的波动，采取更为严厉的行政措施，意味着我们将为此付出重大代价。这是需要认真权衡的。

为了克服市场失效、实现节能减排所进行的能耗总量控制，显然不能超越按经济规律办事这样一个基本准则。特别是在短期内不留任何余地地设定一个宏观的能耗水平要求经济活动必须严格服从，似乎并不妥当。"十一五"期间为了完成规划的节能目标，一些地方不惜拉闸限电影响到正常的生产和生活的做法极具典型性。因而，从宏观上我们应尽量避免制定具有约束性的短期节能目标，而在制定长期节能减排目标时，应对短期波动给予充分考虑。

（七）在处于同样发展阶段时，后发国家比先发国家具有技术优势

技术进步是经济增长的重要源泉。而且，其重要性随着经济增长不断提高。对于节能减排来讲也同样如此。前面提到产业结构是对能源消耗强度有重要影响的因素，且产业结构在很大程度上是由发展阶段决定的。一般来讲，发展阶段是难以超越的，而产业结构升级受到发展阶段的制约，尽管技术进步同样受到发展阶段的制约，但制约的刚性明显要小。

通过对技术进步与节能减排的关系进行分析，我们发现，技术进步通过不同的途径对能源消耗和污染物排放产生影响。应该看到,技术进步对能源消耗和污染物排放的影响并非总是积极的。从经济发展史可以很清楚地看到这一点。比如,在英国产业革命之前,能源消费的主要构成是薪柴。英国产业革命之后,以蒸汽机发明为标志的技术进步使煤炭成为工业的主要能源,并使其在能源中的比重不断上升,同时,以煤烟型污染为主的环境问题伴随经济规模的迅速扩大、能源消耗大幅度提升而日益显现。显然,这在经济发展过程中是无法避免的。从节能减排的角度,我们更加关注的是如何通过技术进步实现能源消耗和污染物排放的减少。

研究表明,1981～2002年中国的碳排放增加了202%。其中,人均GDP的增加使中国的碳排放增加了469%;能源效率的改善使中国的碳排放减少了425%;而人口、消费结构和投入结构的变化则分别使中国的碳排放增加了72%、42%和45%。能源效率提高的主要来源是技术进步,而能耗的减少直接减少了污染物和温室气体的排放(见第二章)。

通过对比英国、美国、德国、法国、日本能源消耗强度变化情况可以看到,发达国家能源消耗强度的变化遵循以下规律:①从发生时间上看,各国单位GDP能耗峰值出现的时间与工业化加速发展的先后顺序是基本吻合的。英国单位GDP能耗的峰值出现最早,在1880年前后;美国、联邦德国相对较晚,出现在1920年前后;法国更晚些,日本最晚。②发达国家的经验表明,科技进步对降低能耗的作用是显著的,越晚实现工业化的国家,单位GDP能耗的峰值越低,从英国的1.0吨标准油当量/千美元、美国的0.9吨标准油当量/千美元,依次下降到日本峰值时的0.3吨标准油当量/千美元左右[①]。这样一个现象说明,各个国家在发展过程中所经历的发展阶段、产业结构升级的历程是类似的。在这样一个过程中,当它们处于同样的发展阶段时,后发国家相对于先发国家具有技术优势。这意味着,技术进步可以超越发展阶段。

尽管中国的产业结构在工业化过程中难以超越发达国家经历过的不同阶段,但中国目前的技术水平比当时处于同样发展阶段的工业化国家要高得多。拿节能和环保技术来讲,在当年,发达国家的技术处于世界前沿的时候,它们是以当时全球的能源和环境容量为背景,能源和环境压力远没有现在这样大,节能减排的压力自然也没有现在这样大,因而开发节能和环保技术的动力也要比现在小得多。随着全球能源和环境压力的加大,发达国家在

---

① 白泉:《国外单位GDP能耗演变历史及启示》,《中国能源》2006年第12期。

节能和环保技术的开发上有重大进展，中国从发达国家那里引进了大量节能和清洁的先进技术用于经济生活中。可以预见，中国能源消耗强度和污染强度的峰值均可以而且应该比发达国家当年要低。

（八）降低能源消耗强度和碳排放强度难以超越发展阶段

降低能源消耗强度和碳排放强度从根本上讲是发展问题。发展中国家和发达国家之间能源消耗强度和碳排放强度的差距主要是由发展阶段带来的。发展中国家和发达国家之间的基本差距是在人均资本存量上。例如，中国人均资本存量只有美国的十几分之一。在资本存量中凝结着大量的历史上的能源和其他资源消耗。实际上，不仅仅是在发达国家所拥有的巨大的资本存量中，而且在其拥有的所有现代文明，包括科技优势、较高的教育水平、良好的环境等中都凝结着大量过去的能源消耗。因而，发达国家目前较低的能源消耗强度是以历史上大量能源消耗为基础的。

而能源消耗强度和碳排放强度中的能源消耗和碳排放只是流量部分（当期的能源消耗和碳排放），能源消耗和碳排放的存量部分（累积的能源消耗和碳排放）未被包括在内。这是发展中国家与发达国家的能源消耗强度和碳排放强度之间存在巨大差异的基本原因。中国要完成原始资本积累的任务尚有相当长的路要走。大规模的投资是不可避免的。高能源消耗强度同样不可避免，而且是低能源消耗强度的必要前提（见第十章）。

具体来讲，我们要向低碳经济转型，要节能减排，离不开技术和资金的支持。这显然只能依靠发展来解决。而发展只能在当前的经济技术条件下进行，在处于工业化、城市化阶段的中国，不发展高耗能的重化工业、抛弃化石能源都是不现实的。说到底，化石能源的低成本决定了，中国开发新能源、发展低碳经济的资金只能依靠高碳经济的发展来积累，中国的低能源消耗强度只能在高能源消耗强度的经济得到充分发展后才能实现。

实际上发达国家发展低碳经济也要依靠高碳经济来补贴。例如，德国发展光伏发电采取的就是"交叉补贴"的办法，即用成本较低的煤电收益来补贴太阳能发电。电力公司通过向消费者转嫁成本的方法来发展太阳能发电。中国政府对发展风电和太阳能的补贴也相当可观。例如，光伏发电每瓦补贴20元，每千瓦合2万元。而每千瓦火电装机成本只有6000元。光伏上网电价也大大高于火电，达5倍以上。可见，火电的高度发展是光伏发电发展的前提，没有高碳经济或高碳技术的充分发展，要想在不影响正常经济发展的前提下向低碳经济转型几乎没有可能。

这里涉及降低能源消耗强度的路径选择问题。对于低能源消耗强度的实现，至少可以有如下两种选择：一种选择是，能源消耗强度暂时下降得慢一些，相应的资本积累快一点（中国的高储蓄率为此提供了条件），在投资有效性较高的前提下，原始积累的任务则会较快地完成。这意味着能源消耗强度最终会较快达到发达国家的水平，实现能源消耗强度的大幅度下降。另一种选择是，要求能源消耗强度在短期内出现较大幅度下降。那么，这无疑会影响到中国资本积累的速度，延缓中国能源消耗强度的进一步下降，即延缓最终达到发达国家能源消耗强度水平的时间。中国工业化进程也会因此被拉长。显然，前者是我们愿意看到的。实际上，节能减排是一项需要大量前期投入包括能源投入的任务。缺乏战略思考，盲目采取"急刹车"的方法降低能源消耗强度和碳排放强度而作茧自缚是不可取的。

三 "十一五"节能减排措施硬、力度大，目标基本完成

（一）"十一五"期间中国节能减排政策凸显多管齐下、综合治理的特点

"十一五"期间，中国政府把节能减排作为宏观调控的重点，作为加快调整经济结构和转变经济发展方式的突破口，从行政措施到经济措施，从组织建设到宣传，均达到了前所未有的力度和广度。"十一五"期间中国节能减排政策的突出特点就是多管齐下、综合治理。第三章较完整地回顾了此期间节能的主要政策与措施，并将它们归纳为结构节能、技术节能、制度节能三个方面。

在结构节能方面，中国政府出台了多项政策引导产业结构调整，利用财税政策促进节能产业发展；严格土地审批，加强土地要素市场管理，通过财税、价格政策，遏制重点高耗能产业，加大控制力度；通过制订能耗标准、遏制落后企业、促进技术进步和"上大压小"等主要措施，加快淘汰落后产能。并且采取了加快发展可再生能源、减缓能源资源供应和环境压力、努力实现电源结构多元、优化电力工业结构、加大煤炭转换为电力的比重等一系列措施，提高清洁能源比重，优化能源结构，提高能源供应质量，提高能源效率。为了加快重点行业技术升级，提高能源利用效率，控制高耗能产业

和加快淘汰落后产能是"十一五"期间最强硬的节能政策措施。

在技术节能方面，启动重点节能工程，开展重点企业节能行动。国家大型企业节能重点工程起到了示范性作用，有力地带动了各级地方政府指导的节能重点工程。重点行业主要产品单位能耗均有较大幅度下降。重点节能项目的实施提供了产业节能的经验，这些重点企业的产品能耗标准将成为今后中国产品的市场准入标准。以钢铁企业为重点，积极推行循环经济试点工作，实现余压、余温的充分有效利用。中央政府加大节能投入，有力地带动了地方政府、企业的节能投入。节能资金实行"以奖代补"的投入方式，促进企业有效使用节能资金。

在制度节能方面，及时修订《节约能源法》，建立节能监察机构，成立国家节能中心，加强节能工作的制度与组织建设；明确提出政府强制采购节能产品，鼓励专业化节能公司为中小企业提供节能服务，引进"合同能源管理"模式，促进节能服务产业发展，强化能源需求管理与服务；广泛开展全民节能宣传活动；强化落实节能降耗目标的责任制是促使"十一五"节能目标实现最为突出的落实手段。

"十一五"期间所采取的减排政策措施与节能政策措施类似（见第四章）。减少化学需氧量排放总量的主要针对性工程措施是加快和强化城市污水处理设施建设与运行管理。减少二氧化硫排放总量的主要针对性工程措施是加快和强化现役及新建燃煤电厂脱硫设施建设与运行监管。

综合性的应对措施主要是加大工业污染源治理力度，严格监督执法，实现污染物稳定达标排放。新建、扩建、改建项目要积极采用先进技术，严格执行"三同时"制度（同时设计、同时施工、同时投产使用），根据国家产业政策促进产业结构调整升级，实现增产不增污或增产减污。在电力、冶金、建材、化工、造纸、纺织印染、食品酿造等重点行业大力推行清洁生产，发展循环经济，降耗减污。

经济激励政策措施也得到国家有关部门的重视，如国家发改委、环保部（当时的国家环保总局）制定的《燃煤发电机组脱硫电价及脱硫设施运行管理办法》，国家发改委发布的《关于降低小火电机组上网电价促进小火电机组关停工作的通知》，环保部（当时的国家环保总局）、央行、银监会联合发布的《关于落实环保政策法规防范信贷风险的意见》，央行发布的《关于改进和加强节能环保领域金融服务工作的指导意见》，等等。

（二）中国节能减排成效显著

中国节能减排的努力取得了显著成绩。2006～2010 年中国单位 GDP 能耗降低率分别为 2.72%、5.02%、5.22%、3.67%、4.05%（见表 1）。2011 年 6 月国家发改委宣布，"十一五"期间全国单位 GDP 能耗降低 19.1%，基本完成了《"十一五"规划纲要》确定的约束性目标。

表 1　"十一五"期间中国单位 GDP 能耗

项目	2005 年	2006 年	2007 年	2008 年	2009 年	2010 年
单位 GDP 能耗（吨标准煤/万元）	1.2761	1.2414	1.1791	1.1175	1.0765	1.0329
单位 GDP 能耗年降低率（%）	—	2.72	5.02	5.22	3.67	4.05

注：GDP 以 2005 年为可比价，根据《中国统计年鉴》（2012 年）数据计算。

"十一五"期间，中国的能源消费量伴随经济增长仍呈逐年增长的趋势，2010 年能源消费量已达到 32.5 亿吨标准煤（已是 2002 年和 2003 年两年的能源消费量之和）。但是，从能源消费弹性系数看，呈现逐年下降的趋势，表明经济发展对能源的依赖程度有所降低，节能取得了显著成效。

从能源消费量统计数据分析，除了总量在持续增长之外，还伴随着以下突出的特点。

（1）一次能源消费结构中煤炭的比重基本保持在 71% 左右的水平，表明中国能源消费总量的增长基本上是依靠煤炭消费的增长，以煤炭为主的情形在短期内难以改变。

（2）石油消费比重下降，天然气和可再生能源消费增加，表明中国尽可能减少对石油的依赖程度，发展能源多元化的战略已初见成效。

（3）各年度的电力消费弹性系数均高于能源消费弹性系数，表明中国终端能源消费的结构在快速改善之中，清洁、便利的电能应用越来越广泛（见表 2、表 3）。

表 2　"十一五"期间的一次能源消费和结构（见第三章）

年　份	能源消费总量（万吨标准煤）	占能源消费总量的比重（%）		
		煤炭	石油	天然气
2005	235997	70.8	19.8	2.6
2006	258676	71.1	19.3	2.9
2007	280508	71.1	18.8	3.3

续表

年　份	能源消费总量（万吨标准煤）	占能源消费总量的比重（%）		
		煤炭	石油	天然气
2008	291448	70.3	18.3	3.7
2009	306647	70.4	17.9	3.9
2010	325000	70.9	16.5	4.3

表3　"十一五"期间的经济发展与能源消费弹性系数 （见第三章）

年　份	能源消费比上年增长（%）	电力消费比上年增长（%）	国内生产总值比上年增长（%）	能源消费弹性系数	电力消费弹性系数
2005	10.6	13.5	11.3	0.93	1.19
2006	9.6	14.6	12.7	0.76	1.15
2007	8.4	14.4	14.2	0.59	1.01
2008	3.9	5.6	9.6	0.41	0.58
2009	5.2	7.2	9.2	0.57	0.79
2010	5.9	13.1	10.3	0.57	1.27

中国节能减排的努力对减少环境污染和二氧化碳排放产生了积极影响。以北方既有居住建筑的节能改造为例。中国建筑能耗占社会总能耗的30%左右，建筑节能是节能的重要领域。"十一五"完成居住建筑的节能改造1.8亿平方米，投入资金244亿元。预计在建筑使用寿命内将节约4000多万吨标准煤，减排二氧化碳近1亿吨，减排二氧化硫800余万吨。而且使冬季室内温度提高5度左右，居住条件明显改善。目前具有改造价值的老旧住宅约12亿平方米，需完成改造面积20亿平方米，需资金3000亿元，计划2020年基本完成。

再如，中国在"十一五"期间实行"上大压小"政策。中国共淘汰了小火电7200万千瓦（几乎相当于英国的装机容量），小炼铁和小炼钢装置分别为12172万吨和6969万吨，小水泥33000万吨，代之以大型的先进技术装备，明显降低了产品的能耗水平。以火电为例，2006～2010年在关停7200万千瓦小火电的同时，新增大型机组27093万千瓦，每度电标准煤耗由2005年的374克降至2006年的366克，2007年的357克，2008年的349克，2009年的340克，2010年的335克，5年降低10.4%。美国2008年为360克，中国火电的煤耗已达到国际先进水平。

为了实现"十一五"节能减排目标，中国付出了巨大的努力，甚至不惜影响到正常的生产和生活。尽管如此，"十一五"的节能减排目标仍仅仅是基本实现，可见难度之大。同时也可以看到，中国政府对待节能减排的态度是认真的。国外一些人认为中国减排的承诺没有诚意是缺乏根据的。

四 技术节能减排贡献突出，结构效应潜力巨大

本研究的一系列定量分析表明，技术进步对节能减排的历史贡献很突出，而经济结构变化的贡献相对较小，不过这也意味着未来的节能减排中，结构效应潜力巨大。

基于对数均值 Divisia 指数 （Log-Mean Divisia Index，LMDI）对中国 39 个产业的能耗水平的研究结果表明，技术进步在 2004～2007 年的 4 年中，均对能源消耗强度的减小有一定的贡献，且从 2005 年开始技术进步的贡献明显高于 2004 年的贡献水平。2005 年和 2006 年，经济中产品结构的变化不但没有降低整个经济的能耗程度，反而使得能耗程度有所增加；2007 年，产品结构的优化又使得能耗程度有所下降，但幅度不大。综合来讲，技术进步对这 39 个产品生产产业的贡献程度都要大于结构优化所带来的贡献程度，可见近些年技术革新对经济发展和节能工作带来的益处（见第一章）。

基于中国 MCP 混合互补模型的分析表明，"十一五"期间钢铁行业的产业结构节能贡献占全社会各行业的产业结构节能总量的 95%，技术节能仅为全行业总节能量的 21%。由于社会总节能成因中，产业结构的贡献为负，而钢铁行业的贡献达到 95%，这说明钢铁行业的过快发展是整个社会的产业结构节能效果不佳的主要原因。而"十一五"期间的"上大压小"政策对技术节能的年度贡献度分别为 26.07%、17.41%、21.24%、28.69%。与此同时，"十一五"期间，电力行业的节能总量为 7541.02 万吨标准煤，其中包括技术提升与产业结构改善实现的节能。"上大压小"淘汰小火电对电力行业实现"十一五"节能目标的贡献约占行业总节能的 1/4，节能效果明显（见第七章）。

基于投入产出结构分解方法的分析表明，"十一五"之前的一个时期（1992～2005 年），在决定污染排放变化的各种因素中，技术变化对污染排放的减缓作用主要是各部门生产或提供服务的过程中环境效率的改善带来的，投入结构变化的贡献相对甚小。尤其值得注意的是，投入结构变化的影响不仅远小于效率因素改善的影响，而且它还导致了二氧化硫和化学需氧量排放量的增加。

　　经济总量结构变化整体上不利于污染物减排，其原因在于经济总量结构中出口比重的显著增加，以及国内需求尤其是消费的明显下降，而出口的完全（直接和间接合计）污染强度始终明显高于居民消费和政府消费的完全污染强度。产业结构变动对污染排放的影响稍复杂一点。在第一个阶段，它导致二氧化硫排放增加，但导致化学需氧量排放减少。而在第二个阶段，它使二氧化硫排放减少，却导致化学需氧量排放有所增加。不过，从整个研究阶段来看，产业结构变动起到了积极的减排作用（见第二章）。

　　基于 LMDI 方法和定性分析方法，对"十一五"期间减排政策措施跟踪及实施效应的分析发现，"十一五"期间，总的来看，排放率变化一直对中国的二氧化硫的减排起着积极作用。而排放率变化主要反映了工程措施（如脱硫设备的安装）的影响。一般情况下，工程措施的加强会降低排放率。随着"十一五"期间工程减排措施的实施力度加大，这一作用也进一步得以加强，是"十一五"期间工业二氧化硫排放下降的主要原因之一。

　　强度变化主要反映了产业的内部结构调整（主要是对小火电、炼钢等落后产能的淘汰）和一定程度的技术进步的影响。不过，可以初步判定，落后产能的淘汰会是导致特定产业部门二氧化硫强度变化的主要因素，因为短期内技术进步的影响是非常有限的。"十一五"期间，各部门二氧化硫产生的强度总体上呈现不断下降的趋势，这也是工业二氧化硫排放下降的重要原因，但它并不总是发挥积极的减排作用。

　　结构变化主要是产业间结构变化带来的。当二氧化硫密集型产业的比重下降时，产业间结构变化将有利于降低二氧化硫排放，反之亦反。"十一五"期间，产业间结构变化的影响相对较小，且方向也存在不确定性。

　　分年度来看，2006 年工程减排措施带来的排放率下降，使工业二氧化硫排放减少了约 140 万吨，明显好于"十五"期间的工程减排效应。主要由综合治理带来的工业部门二氧化硫排放强度的下降，使工业二氧化硫排放减少了约 260 万吨，也明显好于"十五"期间大多数年份的强度效应，是当年最重要的二氧化硫减排因素。不过，由于政策措施生效有一定的时滞性，因而在中央确定将节能减排作为约束性目标的 2006 年，政策措施的效果并未完全显现，产业间结构效应尤其小。与此同时，工业规模仍然处于"十五"后期以来的强劲扩张态势。因此，2006 年工业二氧化硫排放相对于2005 年的水平仍然有所增加。

　　2007 年工程措施减排效应进一步明显加强，使工业二氧化硫排放减少约 346 万吨，成为最重要的减排措施。通过淘汰落后产能带来的强度效应也仍然发挥着重要的减排作用，使二氧化硫排放减少了约 253 万吨，但其效果没有工程减排措施效果明显。不过，产业间结构效应与 2006 年相当，仍不太突出。由于工程减排效应、强度效应和产业间结构效应都有利于二氧化硫减排，且其综合影响效果超过了规模效应，因而 2007 年工业二氧化硫排放相对于 2006 年有所下降。

由于受到全球金融危机的影响，2008 年规模效应与 2007 年相比有所下降，而其他三种效应的综合减排效果超过了规模效应，因而 2008 年二氧化硫排放相对 2007 年也有所下降。其中，2008 年工程减排效应仍然十分突出，使工业二氧化硫排放减少了约 216 万吨，但与 2007 年相比有明显下降。主要是本年度淘汰关停落后产能所引起的强度效应，使二氧化硫排放减少了约 303 万吨，成为当年二氧化硫减排的最重要因素。产业间结构减排效应也有所增强，达到"十五"以来的最好水平。

由于加大了工程实施力度，2009 年工程措施减排效应相比 2008 年有所加强，使工业二氧化硫排放减少约 322 万吨，是当年最重要的二氧化硫减排因素。但强度效应却没有像往年一样导致工业二氧化硫排放减少，反而使其增加了 34 万吨。进一步的分析显示，这主要是黑色金属冶炼及压延加工业以及石油加工、炼焦及核燃料加工业的二氧化硫强度上升带来的。不过这一年的产业间结构效应却是"十一五"期间首次对工业二氧化硫排放起到抑制作用，使工业二氧化硫排放减少约 91 万吨，成为工业二氧化硫减排的第二大因素。此外，由于全球金融危机的影响仍未消失，2009 年规模效应进一步下降。因而在工程减排和产业升级的带动下，2009 年工业二氧化硫排放相比 2008 年有所下降。

2010 年工程措施减排的效果仍然很突出，但相比 2007～2009 年已经明显下降。产业内结构调整（如关停小火电机组）力度的加大所带来的强度变化则再次成为最主要的减排因素。产业间结构变化也像 2009 年以前一样，不利于二氧化硫的减排。同时，由于全球金融危机对中国的影响逐渐消退，强劲的工业规模扩张对二氧化硫的减排产生了较大的不利影响。由于总体上工程减排和产业内结构调整的减排作用超过了产业间结构变化和工业规模扩张的不利影响，因而 2010 年工业二氧化硫排放比 2009 年略有下降。但很明显，2010 年工业二氧化硫的减排幅度已远远小于前几年。这似乎意味着通过工程减排和综合治理减排的空间已经越来越有限，因而未来中国减排的难度也越来越大（见第四章）。

　　尽管结构节能减排的历史贡献并不突出，但其未来的节能潜力巨大。研究表明，第二产业的单位 GDP 能耗远高于第三产业，降低第二产业的比重，加大第三产业的比重，就可使单位 GDP 能耗降下来。由于中国第三产业占国民经济的比重较低，有着巨大的提升空间，因而结构节能有着巨大的潜力。根据中国 2005 年的数据测算，如果把当年工业占 GDP 的比重从 42.0% 降低为 41.0%，把第三产业的比重从 39.9% 提升为 40.9%，单位 GDP 能耗将从 1.2220 吨标准煤/万元下降为 1.2055 吨标准煤/万元，节能率为 1.35%，即 1.35 个百分点（见第五章）。

　　随着全球经济的一体化（或称经济全球化），各国经济的联系日益紧密。一国可以通过对外贸易出口有竞争力的产品、进口短缺产品来满足国内经济发展的需要。如果有选择地调整对外贸易产品的结构，鼓励多出口低耗能产品以加快国内低耗能产业发展，鼓励多进口高耗能产品来抑制或限制国内高耗能产业的发展，也可以促进国内产业结构的调整，达到单位 GDP 能耗下降的目的。这是通过调整对外贸易的产品结构，进而调整国内产业结构达到的节能，同样是结构节能（见第五章）。

五　"十一五"节能减排遗留问题待解决

　　在落实"十一五"节能减排目标的过程中，人们越来越深刻地认识到，节能降耗已不单纯是解决中国经济发展与资源、环境尖锐矛盾的国内经济发展模式问题，而且涉及减少能源消费的碳排放量、减缓气候变化的全球性问题，今后需要坚持不懈地推动节能工作。《"十二五"规划纲要（草案）》提出，未来 5 年中国将进一步加大节能减排力度，单位 GDP 能耗降低 16%，这是规划纲要草案 12 个约束性指标之一。虽然"十二五"规划的节能降耗指标较"十一五"规划有所下降，但是完成难度更大。我们需要客观、清楚地分析当前落实节能目标所面临的各种困难和问题，以寻求正确的解决困难的思路。存在的主要难点如下。

　　（1）结构问题。直接影响单位 GDP 能耗的结构因素有能源结构、产业结构以及行业结构、产品结构等。①能源的供应结构。油气等优质能源与煤炭相比，无论开发还是使用等环节都可以有效地降低能源消耗强度。以煤为主的生产结构带动了相应的消费结构，因此优质能源比重偏低的能源结构状况造成了中国工业产品的能耗水平偏高和污染严重的状况，也是中国能源消耗强度高于其他发达国家的主要原因之一。要优化中国的能源结构，只能加快可再生能源的发展以及充分利用国际能源市场。但是要从根本上改变以煤为主的能源结构，在短期内是不可能的。目前我们可以做到的是加大洗煤率，提高煤炭产品的质量。②产业结构。虽然经过长期的努力，但是中国长期积累的结构性矛盾仍未从根本上改变，高耗能的第二产业比重居高不下，这样就难以改变工业能源消费需求增长的势头。因此，也难以大幅度降低全国整体经济的单位 GDP 能耗。三次产业结构变动以至工业内部的行业结构、产品结构变动基本上是市场行为的结果，短期内要人为地降低第二产业比重的难度很大。③工业结构。中国工业能耗占全国总能耗的 70% 左右，对全国节能起主导和决定性作用。中国正处于工业化和城镇化以及推进新农村建设的发展阶段，各方面对工业产品仍有极大的消费需求。工业节能的工作重点是加大行业结构、产品结构调整，特别是出口产品结构的调整。然而，这些结构问题在中国粗放型的经济发展方式中十分突出，均不是在短时间内就可以解决的。

（2）高耗能行业市场需求旺盛。控制高耗能产业发展的难点所在就是高耗能产品有市场需求。从统计数据可见，"十一五"期间各种工业产品的产量均在逐年增加。其中，高耗能产品生铁、钢材、成品钢材、焦炭、水泥、平板玻璃年均增长率分别达到 7.43%、5.39%、11.21%、5.42%、8.73%、6.23%；发电量创历史新高。主要推动力一是国内城镇化、新农村建设带动的建筑业以及汽车行业快速发展对水泥、钢材、玻璃等高耗能产品需求持续旺盛；二是国外高耗能产业向发展中国家转移，形成了国际市场对钢铁等高耗能产品的需求旺盛。虽然政府三令五申控制部分高耗能行业的快速扩张，但是市场对钢材、水泥等高耗能产品的刚性需求，国内铝、铁等偏低的原材料价格，以及出口退税的政策等，为高耗能行业提供了巨大的利润空间，难以令企业放慢发展，从而加大了淘汰落后产能的阻力。

（3）区域经济发展不平衡，相对欠发达地区的节能降耗任务更加艰巨。比较 2007 年各省份单位 GDP 能耗，探讨影响中国各省份单位 GDP 能耗的主要因素，可以发现，造成中国各地单位 GDP 能耗存在很大差异的原因很多，这是长期以来社会经济发展各方面因素积累效应的体现。①经济发展水平对单位 GDP 能耗的影响明显。人均地区生产总值与单位 GDP 能耗的数值点位置呈明显的反向分布，两者之间的关系是负相关，即人均地区生产总值高，单位 GDP 能耗低。2007 年人均地区生产总值最高的上海与最低的贵州相差近 9 倍，单位 GDP 能耗的排位也是位居先进与落后的两头。②区域经济结构与单位 GDP 能耗的关系密切。根据 2007 年国民经济统计，中国第二产业比重低于 30% 的只有北京、西藏和海南。绝大多数地区的第二产业比重在 40% 以上。北京和海南的单位 GDP 能耗低于全国平均水平，主要得益于第二产业比重低。在第二产业比重相近的各个地区，需要相应关注和分析第三产业比重的影响，第三产业比重稍高的地区，单位 GDP 能耗相对较低，如上海、广东、浙江等地。但是中国只有极少数地区经济以第三产业为主导。第三产业比重高于 50% 的只有北京（72.1%）、上海（52.6%）和西藏（55.2%）。其余大多数地区的第三产业比重均为 30% ~ 40%。工业内部结构的调整也是降低单位 GDP 能耗的一个极为重要的因素。③资源型产业为主的地区经济发展方式相对粗放。今后需要更加关注的是各地区自身单位 GDP 能耗的下降与变化趋势。

（4）淘汰落后产能的巨大压力。中国政府在"十一五"期间就将淘汰落后产能作为实现节能降耗目标的强有力措施，并且仍将淘汰落后产能作为实现"十二五"期间节能目标的利剑。从"十一五"期间淘汰落后产能的过程就可以看到其中存在着许多障碍：第一，中央与地方政府的利益目标不一致；第二，市场竞争机制尚不完善，为落后产能提供了一定的生存空间；第三，落后产能企业设备固定资产损失额补偿问题；第四，落后产能所属企业员工安置问题；第五，淘汰或限定落后产能发展的相关法律法规尚不完善，执行不力；第六，难以处理好中小企业与大型企业的关系、民营企业与国有企业的关系；第七，行业规模多元化配置以及固定资产积累问题；第八，在不断实施淘汰落后产能的政策方针下，淘汰的设备规模也在逐步升级，加快淘汰落后产能的空间与难度将越来越大。由于存在上述诸多的障碍，落后产能的退出壁垒较高。"十二五"期间，在淘汰落后产能涉及面较广、总量较大而且规模等级不断升高的情况下，行政指令淘汰落后产能的方式必然成本很高，并且会有很大的副作用，面临的压力会越来越大（见第三章）。

尽管"十一五"期间的减排工作已经顺利完成，但是结构不合理的问题仍然突出，第三产业比重偏低，高耗能工业增速较快。工作层面也还存在着认识不到位、激励政策不完善、机制不健全、监管不到位、基础工作薄弱等问题。这些问题的存在使"十二五"期间的减排工作更加艰巨而复杂，"十二五"的污染物减排形势依然严峻。

（1）认识尚未完全到位。一些地方领导干部特别是基层领导干部对落实科学发展观的思想认识还不到位。由于科学的干部政绩考核体系尚未完全建立，许多地方对干部的考核仍主要侧重于经济增长、招商引资等内容，加之现行财税体制方面的问题，一些地方片面追求经济发展，把 GDP 增长作为硬任务，把节能减排作为软指标，特别是一些市（地）和县（市）还不够重视，还没有制订节能减排总体性方案，责任不够明确，措施也不够具体。

（2）经济增长方式仍然粗放。目前第二产业仍然是中国经济发展的主导力量，按 GDP 来算，第二产业在中国三次产业中的比重接近 50%，其比重不仅远高于西方发达国家的 20%～30% 的水平，而且明显高于中等发达国家的平均水平，甚至还高出印度约 10 个百分点。在第二产业内部，重化产业比重约为 60%，占据主要地位，并且一直保持较快的增长势头，由于经济结构和粗放型增长方式短期内难有大的调整，这势必导致能源消耗快速增长，给污染减排带来持续压力。

（3）污染排放呈现新特征。随着污染排放日趋分散，面源污染和农村污染的不断突出，这些新情况已经对过去沿用的环境管理手段和环境治理手段提出了严峻的考验。随着污染结构的调整和环境投资的相对集中，中国的整体环境质量和生态保护都将面临新的更加严重的困难局面。

（4）淘汰落后产能总体进展缓慢，中国落后产能比重较大，问题依然严重。一方面，除淘汰小火电工作按计划进行，淘汰落后钢铁、有色、水泥产能工作正在推进之中外，造纸、酒精、味精、柠檬酸等落后产能淘汰工作起步晚，进展迟缓；另一方面，淘汰不彻底，一旦市场行情好转，落后产能容易死灰复燃。在当前国内外市场需求旺盛和资金等要素支撑条件较好的情况下，一些地方比项目、扩产能的意图比较强烈。有的地方出现了盲目上高耗能、高排放项目的苗头，有的地方擅自出台高耗能行业电价优惠政策，钢铁、水泥等高耗能产业重复建设和产能过剩的问题仍十分突出。

（5）节能减排重点工程建设滞后，同时重点工程减排空间逐渐下降。节能减排需要加快建设一些节能减排重点工程，现在这些工程设施在积极实施，但还存在资金、政策上不配套的问题。与此同时，随着各重点工程的落实，其潜力已不断释放出来，因而依靠重点工程减排的空间也逐渐下降。

（6）激励政策不完善。环境管理依然主要依仗行政手段，环境保护与国家的经济发展缺乏内在的统一与和谐，环境经济手段虽然研究多年，对其意义和可能的效果也都具备应有的了解和判断，但没有真正得到落实，致使通过管理而达成的环境控制效果十分低下和脆弱。鼓励研发、生产和使用节能环保产品以及抑制高耗能、高排放产品的财政税收政策还不完善，影响了节能环保技术、设备、产品的研发和推广。环境污染治理和生态保护无法获得来自污染者内在的持续推动力。

（7）市场调节机制不健全。一些资源性产品的价格不能充分反映资源稀缺程度和市场供求关系。资源性产品的前期开发成本、环境污染的治理成本和资源枯竭后的退出成本没有在价格中得到充分体现，企业开发利用资源的外部成本没有内部化。资源性产品价格水平普遍偏低，如煤炭价格、居民用电价格、供水价格没有反映资源补偿和环境成本。

（8）监管不到位。覆盖各省份的节能监察体系至今尚未建立，节能执法主体不明确，节能监察队伍能力建设滞后，法规政策的实施没有监督保障。现有环境法律法规对违法行为处罚力度弱，环保部门缺乏强制执行权。有的地方政府保护环境违法企业，干扰环境执法。

（9）基础工作薄弱。能源计量、统计等基础工作严重滞后，能耗和污染物减排统计制度不完善，有些统计数据准确性、及时性差，科学统一的节能减排统计指标体系、监测体系和考核体系尚未建立，各级政府部门能源统计力量不足，统计经费落实困难，不适应节能减排工作的要求。

（10）"十一五"减排政策对整体环境质量的改善力度有限。自大力实施减排政策以来，虽然中国的主要污染物排放得到了初步控制，但全国环境质量的改善力度仍然有限。其中一个重要原因就是当前的减排目标主要集中于二氧化硫和化学需氧量，各地在集中精力完成这两项污染物减排目标的过程中，或多或少地对其他一些重要污染物排放的防控有所忽略或放松。而这些污染物对人民群众身心健康的危害往往比二氧化硫和化学需氧量更加直接也更加严重，甚至已经造成了一系列影响严重的环境事件（见第四章）。

六　"十二五"节能减排政策须进一步深化、系统化

通过对当前能源与经济的发展形势以及存在的难点问题的分析，可以看到，中国节能减排工作不论是指导思想、长远战略，还是具体到如何处理好发展中的各种关系、建立节能长效机制和模式创新以及政策体系系统化等方面均尚有不少改进余地。中国"十二五"节能政策在以下九个方面亟待深化。

（1）正确处理"扩大消费"与"节约能源"的关系，引导节约型的消费结构。包括以下内容：①建立资源约束下的节约型经济发展方式基本观

念；②明确经济发展的终极目标；③以节能为首要目标协调部门政策。

（2）实施全方位节能战略。工业是能耗大户，是节能的重点关注对象。同时我们也必须关注其他行业的能源消费量一直在呈不断增长的趋势。因此还需要将节能目光拓展到其他领域，实施全方位的节能战略。特别要关注迅速增长的建筑业，建筑是百年大计，其质量关系到长久节能的前景；同时要充分利用信息技术，科学规划城市建设，解决交通运输结构性矛盾，完善物流服务体系，尽可能减少空载率，提高运输环节的能效。

（3）重构社会价格体系。价格机制是市场经济的核心，主导着全社会的生产和消费行为。各项经济政策，包括税费等优惠政策，最终都是通过价格机制发生作用的。因此，要扭转目前中国自主性节能动力偏弱的现象，必须抓住要素价格扭曲的源头。建议：①改革"上级吃下级"的财政分配体制；②改革增值税体制，改为以消费税为主；③降低企业所得税税率，给企业留有更多的财力进行研发活动和增加劳动要素收入；④按照资源紧缺程度收取资源税，对石油、煤炭、天然气、各种矿产、水资源收取资源税，形成反映资源稀缺程度、供求关系和环境成本的价格形成机制，稳步推动资源性产品价格改革；⑤对污染气体和固体物排放、温室气体排放、垃圾填埋征收环境税；⑥注意新旧税种的衔接；⑦应逐步降低税收总水平。为有效控制价格上涨，需要采取相应的政策进行社会利益的调整。

（4）继续加大调整产业组织结构和推进技术创新的力度。建议：①改变管理策略，淘汰落后产能，调整产业组织结构。第一，淘汰落后产能要从源头抓起。建议项目审批制度改革要从投资规模控制改为技术标准控制，提高行业准入门槛，这将有利于提升中国工业的产业规模水平与技术水平。第二，采取针对性措施克服淘汰落后产能的障碍。电力行业"上大压小"的淘汰机制值得借鉴。中央政府在强调责任和义务的基础上，需要切实考虑对地方政府、企业的损失补偿问题，要综合利用经济、法律手段以及必要的行政手段，克服淘汰落后产能来自基层利益相关者的阻力，建立起一套完备的落后产能退出机制，才能确保淘汰工作的有序、有效开展。第三，通过市场机制实现落后产能的自动退出。要将落后产能对社会、资源、环境所造成的损失转化为企业的内部成本。可以通过在土地、环保方面实行更为严格的产业准入标准、扩大产品的能耗标准制订范围、依据技术进步状况及时修订产品能耗标准，以及严格监察排放标准，严格最低能效标准管理，抬高行业准入门槛，实现市场的充分竞争，淘汰落后产能。在强力的降耗减排政策之下，不可避免地对一些弱势的中小企业造成冲击。因此，有必要出台相关政策，设立淘汰落后产能专项资金，对落后产能淘汰后的土地开发或处置制定优惠政策，加快落后产能设备的折旧，促进替代产业发展，通过完善社会保障的办法，保障这些地区的就业和人民生活。第四，加强行业管理的信息化。②激励企业创新机制，促进技术节能。第一，依靠技术创新，提高产品附加值。第二，加大科技投入，科学规划新兴产业发展。第三，组织开展共性技术和关键技术的研发。第四，以点带面，积极推广先进技术。第五，充分重视生产过程创新，适度增强优惠政策的灵活性。第六，健全技术创新奖励机制。③应积极引进先进技术，加强节能减排技术研发。技术引进既不能依赖，也不能排斥。引进快、技术先进、适用、买得着的，经济划算的，应积极引进，从产品设计、生产加工、产品使用等各个环节实现低能耗、低污染和废弃资源的循环再利用。关键是不能不思进取，重复引进。要切实做好消化吸收，做到技术引进、消化吸收与自主开发相结合，最终实现由以技术引进为主向自主开发转变（见第八章）。

（5）建立有效的节能减排技术推广服务和监管体系。目前中国工业单位增加值能耗同比降低的成效主要体现在年主营业务收入 500 万元及以上的规模企业。实际上，占据较大比重的中小企业相对大企业能源效率低，是降低中国单位 GDP 能耗的重点对象。关闭小企业面临着较大的难度，而且不是提高能效的唯一措施。因此，从提高中国工业整体生产水平的角度看，更多需要的是通过对中小企业实施技术改造，减少企业之间以及地方发展的不公平性。为数众多的中小企业节能需求更迫切。需要加强以下措施：①建立节能技术推广服务和监管体系。②健全企业的节能合同管理体系。③加快人才培养，发展高耗能产业节能技术研发与管理服务。加快发展节能环保产业和服务业，培育生产型服务业是未来产业发展的方向。④对节能中的关键共性技术，国家要在资金、人员、重大项目立项等方面加强支持力度，力争能够在此方面有所突破。在国际合作时，要消除技术合作中存在的政策、体制、程序、资金以及知识产权保护方面的障碍，为技术合作和技术转让提供激励措施，加强国际技术合作与转让，使全球共享技术发展在节能方面产生惠益。

（6）加强节能的技术经济分析。当前节能与新能源发展的难点就是经济性差，在没有相关政策激励下，改变这种局面十分困难。要发展节能与新能源技术，政府的激励政策与强制性的法令措施均不可缺失。除去能源价格因素之外，节能的经济可行性及市场可行性分析、风险性是节能政策研究与节能目标、节能措施出台的难点。必须依据技术经济学理论指导下的分析评价方法来进行各种新技术的综合比较分析，才能合理规划各类项目，做出战略性资源开发项目的选择，对各种新技术分门别类地提出不同的激励程度、制定出合理的政策补贴，并客观判断节能潜力，使节能具有更大的社会与经济效益，具有主动性与可持续性，这就是能源技术经济与政策分析的关键结合点。应强化节能的技术经济研究，当前需要关注以下几个主要问题：①能源效率的研究；②节能项目的评价；③能源项目延伸的循环经济可行性论证与评估方法的改进；④节能减排的潜力与途径分析；⑤节能指标要具有技术经济分析基础。

（7）减排温室气体，促进节能。减排二氧化碳的目标与节能降耗的目标具有很强的关联性。首先，要实现低碳经济，就必须强化节能。其次，要加快发展可再生能源作为替代能源的低碳经济。减排二氧化碳与节能降耗实质上是一个经济与社会发展的全局性、系统性问题。需要研究转变经济发展方式与降耗减排的关系，加强研究节能潜力与减碳量的关系，探讨实现经济增长、减缓气候变化与降耗减排多重目标的可行途径。要抓住全球重视减排温室气体的机遇，结合加快实现建设低碳经济的目标，大力发展节能环保低碳产业，促进节能在更广泛的领域中开展。

（8）健全节能的统计与监管。节能统计工作仅从政府官员的考核角度就可以看出其重要性。实际上，统计工作对于全国人民更为重要，它直接关系到国民经济的重大决策。只有相关部门和各地区做好了月度、季度单位 GDP 能耗降低情况的统计，才能做好分析和预测预警工作，研究出台政策措施以及制定合理的节能目标。因此，需要建立较为完善的节能统计体系，并完善责任考核体系。在对各级政府的责任考核中，既要对约束性指标进行考核，也要对节能措施进行评价，这样才能使中国的节能走上科学合理的可持续道路。

（9）逐步建立节能的长效机制。中国正处于向市场经济转型时期，要改进当前政府以行政手段为主的节能管理方式。必须认识到，中国的设备技术条件相对于发达国家仍处于落后水平，能源效率的提高关系到技术、结构等许多方面，绝不可能在短期内通过突击性运动就可以实现理想的节能目标，而是需要长期坚持不懈的努力，才能在技术和管理水平上逐步缩小与世界先进水平的差距。节能不是某一届政府的工作任务，而是政府一项长期艰苦的工作任务。因此，必须将节能从政府的短期行为转为长期行为，逐步建立起基于市场手段、符合经济规律的节能长效机制，才能变节能的局面由"被动"为"主动"，落实国家节能优先的能源战略。因此，更加需要强调从体制、机制建设入手，来激励各级政府、企业以及民众的节能意愿，着眼长远，建立起节能减排的长效机制。这种长效机制不是强迫型的，而是自觉型的，即它不是单纯依靠政府的行政命令与各级政府间节能指标的责任考核，而是需要形成一种全社会自发的节能意愿与行动。

从强迫型的节能到自觉型的节能必定是个漫长的过程。在向市场经济体制转型的过程中，需要在完善市场机制的基础上，更多地依靠市场手段来解决节能机制问题，努力排除节能障碍。具体措施建议如下：①加强政府财政对企业节能技术改造的支持力度。②建立节能专项资金，带动社会投资。③对企业节能投资提供税收优惠，对节能产品减免部分税收，促进节能型设备和产品的推广应用。

强化《节约能源法》实施力度，有利于节能长效机制的建立。《节约能源法》的修订与开始实施，奠定了良好的法制建设基础与环境氛围，下一步重要的是如何贯彻、实施与监察，还需要详尽的实施细则与措施跟上。这样，建设节约型社会才能有法律约束和激励效应，节能才能有望从强制性向自觉性转化，节能的长效机制才能逐步建立起来（见第三章）。

分析表明，"十二五"期间保持主要污染物排放总量稳定下降具备一些有利条件和因素。但也要清醒地认识到，推进减排的结构性矛盾仍然十分突出：城镇化和工业现代化加速将产生大量的化学需氧量排放，将大量消耗水泥和钢铁，减排压力巨大；工程和结构减排后劲不足；已采取治污措施的部分企业开工不足，减排能力得不到充分发挥；促进减排政策落实不到位，到位的政策执行不彻底；企业环境监管面临严峻挑战。

为保证节能减排任务的顺利完成，必须下更大的决心，花更大的力气，采取更加有力的措施，积极落实《节能减排综合性工作方案》中的各项要求。建议从四个大的方面来落实污染物减排这一政策目标。

（1）政府积极主导，加强制度建设。节能减排政府要起主导作用。现在中央已经把节能减排的所有目标分解到各级政府，政府要实行责任制和问责制。政府的一把手是第一责任人，政府责任要非常明确，要通过综合手段，运用经济、法律、技术和必要的行政手段来发挥政府的主导作用。同时，企业是重点，因为我们节能减排的很多任务都需要通过企业来完成。企业首先要实行清洁生产，通过企业技术改造、加强管理，把在生产过程中能源资源消耗、污染排放减到最小。因此，应尽快颁布实施《"十二五"主要污染物总量减排考核办法》，考核结果作为对各省级政府领导班子和领导干部综合考核评价的重要依据；出台《"十二五"主要污染物总量减排统计办法》，明确按统一方法核算和校正主要污染物排放量；出台《"十二五"主要污染物总量减排监测办法》，要求排污单位根据实际情况，以自动监测数据为主，向环保部门申报主要污染物排放量。

建立健全环境影响评价制度和"三同时"制度。严格环境准入，把总量削减指标作为建设项目环评审批的前置条件，新上建设项目不允许突破总量控制指标；加强重点行业建设项目环境管理，严格纺织、汽车、电力等十大国家重点调控行业的准入条件，凡是不符合国家产业政策要求的，一律不批；加强"三同时"管理，对不履行"三同时"制度的，一律责令停产；开展全国环评执行情况专项检查，全面清理整顿新开工项目，对违反环评和"三同时"制度的，坚决依法停建、停产。对超过总量指标和重点项目没有达到目标责任要求的地区，暂停环评审批新增污染物排放的建设项目，强化环评审批向上级备案制度和向社会公布制度。

加强减排工作中的公共财政职能。目前中国大部分的城市污水处理系统是事业单位或事业单位企业化运作，一般通过政府收费给污水处理单位拨款的方式进行管理。问题是，一方面，由于体制的原因造成城市污水处理设施建设投资渠道单一，有些地方政府对出让土地和行政事业性收费有积极性，而对公共基础设施投入缺乏积极性；另一方面，有些污水处理设施运行成本较高，造成亏损运营。因此，核定污水处理设备的运行成本以及及时收缴排污费也是问题。针对污染物处理设施建设和运行问题，以中国目前的群众收入水平和政府财政收入状况，公共财政支出应该对此肩负更多的职责，而不是更多地推向市场。

建立环境信息公开制度，让环境保护成为公众的共同利益。政府环境信息和企业环境信息的公开，便于公众了解政府相关机构和企业的工作过程和行为，理解环境保护工作的难度和进程；便于社会对环境保护的监督；也便于人民群众提高环境意识。因此，强制性地要求政府和企业公开自己的环境信息，应该成为减排和环境保护的必要措施。

（2）积极推进经济结构调整。落实减排政策，要在结构调整上寻求突破。严格按照国家对小火电、小钢铁"上大压小"的要求和其他政策规定，督促各地采取强硬措施，进一步淘汰落后产能。加紧推进造纸行业结构调整和污染减排工作。对于国家规定2007年底应淘汰的年产3.4万吨以下草浆生产装置、2005年底应淘汰的年产1.7万吨以下化学制浆生产线和排放不达标的年产 1 万吨以下以废纸为原料的造纸企业，依法取缔或关闭；加大挂牌督办和流域限批力度，加大执法和责任追究力度，建立完善后督察制度，形成对造纸企业环境管理的长效机制，促进产业结构优化升级。

（3）建立减排长效机制。首先，减排长效机制的建设可以从完善约束机制入手。综合运用价格、收费、财政、税收、贸易等多种政策，发挥合力，使高耗能、高污染和资源性产品承担起应当支付的环境成本和资源成本，压缩其赢利空间。具体措施建议主要有：理顺煤炭价格成本构成的机制，推进成品油、天然气的价格改革，实施有利于节能减排的电价政策；对国家产业政策明确的限制、淘汰类高耗水企业实施惩罚性水价，加大水资源费征收力度；提高排污单位排污费的征收标准，加强排污费的征收管理，全面开征城市污水处理费，并提高收费标准。

其次，督促加快治污工程建设，确保稳定运行。加大重点行业污染削减力度，以火电行业为重点，大力削减石化、钢铁、有色、水泥行业的大气污染物排放；以造纸行业为主攻方向，重点抓好化工、酿造、印染等行业的水污染物削减工作。加大生活污染治理力度，加快推进城镇污水处理厂和管网配套建设，监督污水处理厂严格执行排放标准，做到长期稳定。

最后，既要重视生产领域的环境保护政策，又要加强需求（或消费）领域的环境保护政策。当前这些行业的扩张势头之所以仍不能完全得到遏制，其中的根本原因是当前还存在着对这些行业产品的强劲需求。因此，在完善社会主义市场经济体制的过程中，政府仍然有必要重视研究和采取适当的政策措施引导消费和需求，真正从源头上遏制高耗能、高污染行业的非理性扩张。政府可以对个人采取一些鼓励、号召、倡导性的措施。比如，鼓励个人少开汽车，多坐公交车、骑自行车、步行上下班，减少浪费，减少污染，选择环保产品，等等。

（4）狠抓监督和执法检查，促进政策落实。加大减排执法检查的力度。政策、法律、法规如果不能得到贯彻执行则形同一纸空文。中国减排工作的最大问题可能正在于此，因此对于地方各级政府对减排政策的执行，中央需要加强监督。目前，国家发改委正在会同六个部委开展高耗能、高污染行业的大检查，主要是针对钢铁、水泥、电力、焦炭等高耗能、高污染行业，重点对落实行业调控政策、差别电价政策、限制出口政策以及行业准入条件和淘汰落后产能情况，开展全面检查。此外，国家发改委还将和有关部门、地方政府一道，组织开展节能减排的专项检查和监察行动，严肃查处各类违法违规行为。这些措施需要继续加强。同时，为了加强执法的能力，需要设立监察机构，实时对重点违规企业进行检查，并要加强环保执法队伍的建设。

全国已投运的城镇污水处理设施超过 1600 座，能力近 9700 万吨/日，年削减化学需氧量能力约 600 万吨，85% 的城镇污水处理厂安装了自动在线监控装置；已投运燃煤脱硫设施装机容量 4 亿多千瓦，年削减二氧化硫能力 1500 多万吨，100% 的脱硫机组安装了自动在线监控装置。要巩固减排已取得的成果，必须加强对这些治污设施的监管。建设好、运行好三大体系，特别是污染源自动监控系统，是巩固减排成果的关键。当前，虽然污染源自动监控工作存在设备安装、监测点位、数据质量、信息传输、经费保障等诸多现实问题，但只要认识到位，常抓不懈，就能发挥其对治污设施的监管作用。推进各地市建设好、运行好各类治污设施，一是要将三大体系建设和运行纳入 2009 年减排考核；二是对省级监控平台建设质量高、重点企业联网率高的地方，有选择地以在线监测数据核定减排量；三是对于未按照国家有关规定建成运行监控系统的重点企业，要下达限期整改书，并考虑扣减减排量。

（5）需要将一些危害更直接、更严重的环境污染指标纳入减排目标。如前所述，一些污染物如机动车尾气、重金属污染物、持久性化学污染物等对人民群众的身心健康影响比二氧化硫和化学需氧量更为直接也更为严重，因此有必要将这些污染指标也纳入国家发展规划的减排目标。不过，当前对这些污染物还存在底数不清以及监测体系不健全的问题。因此，当务之急是先摸清这些污染物的总体排放状况，建立健全相关的监测体系，然后将这些污染物纳入减排指标，制定相关的政策措施进行减排（见第四章）。

七 转变经济发展方式是节能减排的根本途径

节能减排本身不是目的，我们是要通过节能减排实现能源供给的可持续性，降低温室气体排放，减少环境污染，使经济社会发展具有可持续性。因此，我们必须找到一种经济增长的物质消耗与污染排放和温室气体排放弱相关的经济发展模式，即充分节能减排的发展模式，实现全面、协调、可持续发展。

（一）发达国家的传统工业化道路难以为继

以美国为首的发达国家的大规模生产、大规模消费、大规模排放废弃物的模式，为发展中国家树立了坏榜样。发达国家传统的生产模式把人类引入了不可持续发展的道路。虽然 20 世纪 70 年代以后，发达国家普遍开始重视环境问题。发达国家一方面对高附加值的制造产业进行技术升级和产业组织结构升级，另一方面将资源消耗高、污染排放多、附加值较低的产业向发展中国家转移。表面上看，发达国家通过生产模式转变和结构调整解决了其国内污染减排问题。但是，由于其消费模式没有发生本质性的转变，高消费仍然需要大规模产品供给来满足，只不过是这些产品由过去自己生产转变为由发展中国家生产，然后通过国际贸易进口来供给。这就发生了污染转移。发达国家的减排大部分是靠发展中国家"增排"来实现的。

因此，实现科学发展的根本出路在于改变资本主义制度所决定的发展模式。这种模式所决定的利益分配模式及其所决定的消费模式，逼迫人类在物质产品已经相对过剩的条件下，仍然必须不断扩大再生产，不断增加消费，否则就会发生经济危机。其结果是，资源消耗不断增加，废弃物生产量不断上升，温室气体排放不断增长，导致资源枯竭、环境破坏、气候变暖，最终将人类推向灾难（见第九章）。

（二）　中国的节能减排尚未摆脱发达国家的老路

人类在发展的过程中已经越来越认识到，在地球有限的资源面前，发达国家的生产方式和消费方式及其派生的发展之路是不可持续的。对此，至今尚没有更好的经济制度能够替代之。而拥有巨大人口基数的发展中国家正沿着发达国家的老路迅速追赶，致使地球的资源和环境容量无法承受。这是当前全球资源环境问题变得日趋尖锐的根本症结所在，也是发达国家与发展中国家之间的最主要的利益冲突所在。因此，转变发展方式根本上要摒弃发达国家传统工业化的老路。

节能减排是中国转变发展方式的重要组成部分。然而，只要对中国上下正在为实现"节能减排"目标所做的努力稍加分析，便可以看到这些努力基本上还是沿着向发达国家看齐这样一条道路在走。一方面，我们的"节能减排"工作主要把注意力放在生产领域，放在淘汰落后产能、"上大压小"、提高技术准入门槛、提高能源效率以及抑制高耗能产业发展等方面；另一方面，在消费领域则不假思索地全面模仿发达国家的生活方式。在中国，人们虽然也承认发达国家的消费方式、生活方式不应是中国的方向，但行为上仍亦步亦趋地汇入这个潮流，高耗能的生活方式大行其道，在奢华方面甚至比发达国家有过之而无不及。只是我们的总体收入水平远低于发达国家，消费规模相对较小而已。

毫无疑问，中国将会按照发达国家的方式使中国的能源消耗强度达到发达国家的水平。而且作为后行国家，中国的能源消耗强度肯定会比处于同样发展水平的发达国家还要低。但这并不能改变这是一条能源高消费、高浪费的发展之路。因而，这样一条在发达国家后面追赶的道路并无法避免重蹈美国和其他发达国家遭遇能源困境的覆辙（见第十章）。

（三）节能减排应向消费领域大大扩展

在经济全球化条件下，如何削弱发达国家消费方式对中国中高收入群体消费行为的持续的、无止境的引导所产生的影响，是我们应对严峻的能源环境形势、建设节约型社会的最大挑战。因而，为了可持续发展，必须改变一手硬一手软的状况，把消费领域的节能作为"节能减排"一个更重要的内容，并采取更有力的措施。

刺激需求特别是消费需求是中国重要的长期战略。然而，刺激消费需求与资源节约不能说完全或至少存在相当程度的不一致。对于中国，尽管存在能耗的合理上升空间，但将消费简单地归于个人权利而放任自流是不可取的。加强需求侧管理、对消费予以适当的引导和控制是绝对必要的。大力提倡节能低碳的消费行为，对于正当的消费予以鼓励，对于非理性消费应予以抑制，对于浪费现象应坚决斗争。要大力引导人们克服攀比心理、炫耀心理，倡导适度消费、理性消费、绿色消费，鼓励助人为乐的行为。特别要大力抑制政府搞特权、讲排场的恶习，克服对公权力使用公共资源缺少有效监管的顽症。

在中国必须对消费主义的倾向保持足够的警惕。要制定消费引导政策，谨防陷进消费主义泥潭而难以自拔。消费主义不但导致人类资源环境状况恶化，而且给人类精神和社会发展带来不可忽视的负面影响。由于收入差距的不断扩大，由消费主义所激发起来的高消费热情或欲望带来了严重的社会心理失衡。而且，一旦陷入消费主义的泥潭便将难以自拔。努力探索物质生活简朴、精神生活丰富的消费方式和生活方式，是中国当前一个迫切的任务。

尽管发达国家的消费示范效应难以抵抗。但不可否认，需求侧管理仍有巨大的空间。需求侧管理正在中国受到越来越多的关注和加强。比如，中国已开始对私家车的消费采取了限制措施，对住宅面积、房屋建筑节能、过度包装、一次性消费等也出台了一些限制性措施，但远远不够。在中国的经济发展规划中尚缺少明确的消费政策，对于如何克服包括"节约悖论"在内的市场经济的缺陷、形成既鼓励节约或节俭而又不造成消费需求不足的机制问题缺乏研究和清晰的思路。

在全球一体化的背景下，中国应发挥社会主义制度的优势，在创新发展模式上，在形成物质生活简朴、精神生活充实的生活方式与消费模式上，有更积极的探索。2011 年 3 月 11 日，日本发生大地震并带来核危机，这给人类的教训是深刻的。这场灾难进一步彰显出大力倡导物质生活简朴、精神生活丰富的生活方式和消费方式的意义。人类为了满足自己无止境的物质追求，不惜采用对人类生存安全有着巨大风险的手段。到了应该好好反省一下的时候了。人类在大自然面前是弱小的，人类要想可持续发展，必须小心行事，约束自己的行为，规避风险。不应轻信"绝对安全"的信誓旦旦，对其背后的利益动机应有足够的警惕。人类节能的潜力十分巨大。为了延缓传统能源耗竭，保证向新能源系统安全过渡，节制一点、稳妥一点将是明智的选择（见第十章）。

（四）积极探索新型工业化的道路

未来的宏观调控与产业结构优化，应该更多地依靠市场的力量，运用市场经济的竞争机制，通过环境标准、技术标准等手段，实现优胜劣汰，达到在经济增长中优化产业结构，通过产业结构优化促进经济增长的目的。

要积极发展循环经济，特别注重用循环经济模式改造重化工业。转变发展方式不是要脱离经济发展阶段的市场需求，抑制重工业和化学工业发展，而是应大力发展循环经济，使重化工产业现代化，显然这是新型工业化道路的应有之义。循环经济作为一种新的技术经济范式、一种新的生产力发展方式，为新型工业化开辟出了新的道路。如果按照传统的"单程式"的技术经济范式，即使是以信息化带动工业化，发展高新技术产业，用高新技术改造传统制造业，也仍然不能解决环境友好的问题（见第九章）。

（五）深化淘汰落后产能长效机制建设

改革开放以来中国的经济发展取得了很大的成绩，但也付出了一定的盲目建设的代价，产能过剩、落后产能驱逐现代产能存在一定的长期压力。因此，未来完善淘汰落后产能的长效机制，具有战略性意义。

深化淘汰落后产能长效机制建设，需要通过深化要素市场的改革，特别是要理顺资源、环境、土地等要素的价格，完善市场的激励机制和抑制机制，完善市场的优胜劣汰功能（见第六章）。

八 减少盲目性，科学实施节能减排

转变管理模式是转变发展方式的重要方面，然而至今没有受到足够的重视。从根本上讲，节能减排是针对市场失败而对能源消费和污染物排放的规制和管理。其成效如何直接取决于管理水平。毋庸讳言，缺乏长期战略、追求短期政绩、决策盲目、管理粗放的问题在中国尚十分普遍。这些问题在节能减排上同样存在。除了对节能减排存在的问题有不少讨论外，本研究还对有关"十一五"规划中节能减排目标设置上所存在的若干问题进行了探讨。

（一）以能源消耗强度作为节能指标存在明显局限性

从理论上对能源消耗强度指标的局限性进行的讨论表明，能源消耗强度作为节能指标存在着明显缺陷。一般来讲，能源消耗强度不宜作为能源效率的指标来使用。能源消耗强度的降低并不能很好地反映全社会能源的节约程度。简单地将其作为节能考核指标并将其下降作为节能率使用存在明显弊端。

一方面，能源消耗强度反映的只是当期经济活动对当期能源消耗的依赖程度，并不适合作为节能考核指标。应该看到，能源消耗强度仅仅是当期能源消耗与当期 GDP 的比值。而能源消耗与 GDP 之间在时间上是存在错位的。这表现在对于当期能源消耗来讲，其不但对当期 GDP 做出贡献，而且还会对未来 GDP 做出贡献。这样，当期 GDP 仅反映了当期能源消耗的部分贡献，当期能源消耗对未来 GDP 的贡献没有被包括在内。显然，用当期能源消耗与当期 GDP 之比来反映能源效率是不全面的。同时，与前面讲的当期 GDP 不能反映当期能源消耗的全部产出的情况类似，当期能源消耗并不能反映当期 GDP 的全部能源消耗。实际上，当期 GDP 的创造不仅要依靠当期能源消耗，而且还要依靠过去的能源消耗。历史上消耗的大量能源通过凝结在基础设施和其他固定资产以及人力资本中对当期 GDP 做出贡献。使用只反映当期能源消耗的能源消耗强度指标来考察创造当期 GDP 的能源效率，必定使发达国家的能源效率被高估而发展中国家的能源效率被低估。显然，能源消耗强度不能正确地反映所处不同发展阶段国家之间能源效率的差别，而在很大程度上仅是一个反映一个国家发展水平的指标。

能源消耗强度指标的这一局限的直接弊端是使人们容易过度注重短期的效益，而忽视能源消耗的长期效益。对此指标的过度约束对中国的长远发展不利。高能源消耗强度阶段是实现低能源消耗强度的必要前提，是无法超越的。对此必须有清醒的认识。"十一五"期间，尽管中国的能源消费量伴随经济增长仍呈逐年增长的趋势，2010年能源消费量已达到32.5亿吨标准煤（已是2002年和2003年两年的能源消费量之和），但是，能源消耗强度呈现逐年下降的趋势，表明经济发展对能源的依赖程度有所降低，而这样的趋势的取得离不开前期较高的能源消耗。过度追求能源消耗强度在短期内的大幅度下降必然影响能源消耗强度在长远的进一步下降。

另一方面，不同区域和不同经济体的能源消耗强度之间缺乏可比性，做简单比较缺乏合理性。从空间维度上对不同局部的能源消耗强度所定义的投入产出关系进行跨域分析，可以看到，能源消耗和GDP之间在空间上也存在错位。很容易发现，能源消耗强度指标无法正确反映不同局部之间的能源消耗与产出的联系。实际上，每个地区的能源消耗不仅是本地区GDP的来源，而且也是其他地区GDP的来源。某个地区的能源消耗强度指标既无法反映该地区的能源消耗对其他地区GDP的贡献，也无法反映其他地区的能源消耗对该地区GDP的贡献。所以，简单地用这样一个指标去考核某地区的能源效率和不同地区的能源消耗水平是片面的，缺乏合理性。

在中国不同地区之间，能源消耗强度存在着巨大的差距，但决不意味着不同地区在能源效率上存在的差距同样巨大。能源消耗强度在地区之间的差距，与发展水平和技术上的差距有关，但主要还是产业结构的不同决定的。一个地区的产业结构偏重一些还是偏轻一些以及能源密集与否是资源在全国进行配置的结果，与地区的区位特点、资源禀赋以及全国的产业布局密切相关。所以，不同地区的能源消耗强度不具有可比性。毫无疑问，用此指标进行调控不利于资源在全国的合理配置。实际上，经济活动的复杂性也使我们无法准确地判断各个地区能源消耗强度的合理数值应该是多少。目前，基本上仍然是以全国能源消耗强度降低目标为基础做一些小的调整来分配各地区的能源消耗强度降低目标，这种层层分解的办法显然不够科学。这样实现的节能减排难以取得有效合理的效果。其结果往往是鞭打快牛，使一些能源效率较高的地区和企业不得不付出高昂的代价。

严格地讲，当作为能源效率的度量时，能源消耗强度仅在具有同质性或可替代的产品之间才具有可比意义。因而，考核能源效率或节能效果的正确方法应该是使用实物量能耗指标在产品层次上或行业层次上进行。显然，这需要一系列完善的行业标准和产品的能耗标准以及良好的能源核算的基础。

"十一五"期间，中国在完善行业层次和产品层次的能耗考核方面进行了大量工作。例如，制订和修订了27种高能耗限额强制性国家标准和44项用能产品的能效标准，制定了一大批节能管理通则和行业节能设计规范。毫无疑问，大力推进能源审计制度，加紧制订和完善耗能设备国家标准，完善企业节能计量、台账和统计制度，是实现由粗放式管理向科学、规范、精细化管理转变的基础性工作。

"十一五"以来，中国通过"上大压小"、启动重点节能工程等一系列举措，在降低单位产品能耗方面取得了巨大成绩。以火电为例，2006～2010年在关停7200万千瓦小火电的同时，新增大型机组27093万千瓦，每度标准煤耗由2005年的374克降至2006年的366克，2007年的357克，2008年的349克，2009年的340克，2010年的335克，5年降低10.4%。美国2008年为360克，中国火电的煤耗已达到国际先进水平，至少与发达国家不相上下。这意味着，中国与发达国家在能源消耗强度上的差距主要是由产业结构和发达程度上的差距带来的。因而，中国在"十二五"继续采取严厉的行政手段大力降低单位产品能耗时，有必要对其经济性做更充分的论证，切忌盲目性。

总之，能源消耗强度指标主要是反映一个经济体发达程度的指标，不宜作为能源效率指标来使用。当把能源消耗强度作为能耗总量控制指标使用并进行趋势管理时，应加深对能源消耗强度指标内涵及其变动规律的理解。能源消耗强度绝非越低越好，不宜过度追求能源消耗强度短期内的大幅度下降。

（二）过度追求能源消耗强度的大幅度下降不利于中国投资有效性的改善

对于处在原始积累阶段的中国，投资率较高是阶段性特征。而原始积累是一个能源密集的过程，因此，能源消耗强度较高属正常现象。目前，中国经济发展的主要问题不是投资率高，而是投资的有效性较低，由于管理不善，存在着相当严重的投资结构不合理（过度与不足并存）、决策失误较多、工程质量不高、经济效益较差等问题。例如，中国城市规划水平较低，城市建设追求华而不实，喜欢做表面文章，搞大拆大建；同时，诸如城市的环保设施、公共交通、地下工程等公共设施以及水利设施等发展明显滞后；大量的建筑物质量不高、节能差、寿命短；中国生产能力淘汰过快；表面看来，GDP增长很快，但积累起来的财富相当有限。毫无疑问，改变这些、提高投资的有效性是提高中国能源效率、减少浪费的最重要的方面。对减小我国金融风险的意义同样不能忽视。

改变这种状况的前提之一是要求我们有更多的长远观点。应该在一个更长的时间跨度里考察当期投资和当期能源消耗的效益。能源消耗强度指标的这一局限的直接弊端是使人们容易过度注重短期的效益，而忽视能源消耗的长期效益。目前中国采取的硬性规定大幅度降低当期能源消耗强度的做法，很容易造成对投资的长期效果及其有效性的忽视，客观上在助长短期行为，为降低建设标准（包括节能标准、环保标准）、偷工减料制造机会。其结果不但不利于我国投资有效性较低、结构不合理问题的解决，而且很可能会加剧这一态势。表面上看，当期的能源消耗强度暂时降下来了，但从长远的、总体的角度来看会耗费更多的能源。为此，我们的后代要被迫付出更多的代价，包括能源消耗的代价（见第十章）。

（三） 减排应服务于环境质量的要求

从目前我国的环境形势看，我国环境保护面临的薄弱环节突出表现在监管上。普遍存在的有法不依、执法不严以及环境监管不力是造成我国环境形势十分严峻的重要原因。环保部门的监管工作亟待加强。另外，控制环境风险也应从提高环保部门的管理能力开始。这些都与环境管理在制度上不健全密切相关。必须把环境管理的制度建设放在更加重要的位置。应该看到，执行"十一五"规划节能减排目标对中国环境管理的制度建设起到了巨大的推动作用。

政府环境保护部门的主要职责是制订可行的环境和排放标准并进行有效的监管，其工作目标应该落实到提高环境质量上。排放标准应服务于环境质量的要求。因而，如果脱离具体的环境质量目标，减排目标的意义要大打折扣。

"十一五"规划的节能减排目标与服务于环境质量改善之间存在明显脱节的现象。比如，目前我国各大城市灰霾天气频发，说明大气中污染物特别是可吸入颗粒物的浓度已经相当高，大气质量对气象条件的依赖性和敏感性越来越强。可吸入颗粒物的吸附力极强，对人体健康危害巨大。这显然不是二氧化硫和化学需氧量降低10%就能够解决的。

另外，节能减排的相对量指标存在基数的问题。由于基数千差万别，一方面，指标分解异常困难，出现不少分解不合理的现象。一些新建的企业也要承担降耗减排的责任而叫苦不迭。另一方面，减排指标的完成常常不意味环境问题得到显著改善。各地的基础各不相同，对于一些污染较严重的地方即使实现了二氧化硫和化学需氧量降低 10% 的目标，其污染可能仍然相当严重；而对于一些经济发达地区即使实现了这两个目标而且企业都达到排放标准，但如果排放总量超过环境的承载能力，仍然不能很好地改变当地的环境质量。相比之下，实行因地制宜的排污总量控制要更为有效。总之，依靠设定一个降低相对量目标，采取一刀切式的管理模式，其对环境质量改善的效果常常是事倍功半。

另外，在众多同类指标中，只对个别指标赋予约束性，这实际在客观上降低了对非约束性指标的要求。对不同指标在约束性上加以区别，对环境的整体好转会产生负面影响。应从实际出发，根据具体承载能力或危害性制订适当的标准并予以全面执行。这涉及成本效益分析的问题。要讲究用较少的代价或投入获得较大的效果。要把有限的力量，用到效益最大的地方。不能够一方面投入大量人力、物力、财力在完成约束性指标上，另一方面却污染事故频发。治理对人民健康危害严重的污染以及避免恢复成本巨大或难以恢复的生态环境灾难发生应成为环境保护的优先目标。

（四）节能减排必须兼顾结构调整和经济发展成本

"十一五"期间中国淘汰落后产能的年度进展很不平衡，基本上是随年度规划的节能减排约束性目标的强化和行政性目标任务分解到位而逐步强化完成的。"十一五"时期淘汰落后产能的初期规划强调了顶层设计，但开始时并没有配套的自上而下的目标任务分解，因此，淘汰落后产能的分年度目标任务只能随着淘汰落后产能的具体实施进度而逐步追加调整；同时，"十一五"时期淘汰落后产能目标任务随进度而强化了自上而下的行政分解，但由于缺乏自下而上的市场性参与动力和创新机制，以至于有些省市地区采取拉闸限电限产政策而非市场性手段来淘汰落后产能、完成节能减排任务。

实验性模拟表明，如果过分强调节能减排的约束性目标而采用行政性任务分解和问责制，虽然其影响直接、成效显著，但会由于过高的行政性成本而难以持续，政策放松很可能带来落后产能的反弹。之所以不通过行政性任务分解和问责制，淘汰落后产能就进展缓慢，是因为淘汰落后产能隐含的结构调整成本很大，需要长效机制。因此，节能减排必须兼顾结构调整和经济发展成本，建立淘汰落后产能的长效机制，深化要素市场改革（见第六章）。

第一章
我国能源消费变动
趋势的实证研究

　　20 世纪 70 年代的 "石油危机" 之后，能源问题便成为全球性的热点话题。如今，能源的稳定供给与合理消费不仅成为各国政府在制定经济发展政策时的基点，更成为关系到国家经济、社会稳定的安全性问题。在石油危机后，众多学者从理论和实证的角度研究了能源供给和能源价格在经济增长、技术革新、劳动生产率、新行业的产生、一个国家的生产方式等诸多方面的影响，但他们的结论并非一致。早在 1978 年 Kraft（1978）就发现了美国 GDP 同能源消费之间的因果关系，Erol and YU（1987）和 Lee（2005）的研究更是明确指出能源消费是 GDP 增长的原因。但 Hausmann and Rigobon（2003）的研究表明，一个经济体对能源的依赖度越大，经济体的效益反而越低。再有，Sachs 和 Warner（2002）称，1971 年时能源出口占 GDP 比重较大的国家，在之后的十几年中的经济表现都不理想，甚至出现长期的负增长。Suzuki and Takenaka（1981）对日本的研究表明，能源价格会有利于促进劳动生产率，但 Uri and Hassanein（1982）通过对 1947~1980 年美国能源价格和劳动生产率的数据的实证分析得出，能源价格的上升反而会造成劳动生产率的下降，且这种效应会持续一段时间。此外，Nasseha and Elyasianib（1984）通过对美国、加拿大、英国、法国、德国的数据研究表明，能源价格的上升导致了各国资本密集型产业比例下降，同时劳动密集型产业比例上升。我国一些学者也对能源消费和经济增长之间的关系进行了研究，如史丹（2003）。本章主要对我国能源消费的变动趋势进行实证研究。

第一节　能源消费的国际比较[①]

中国已经成为仅次于美国的第二大能源消费国，经济发展所面临的能源和环境约束空前，能源消费量大，利用效率不高。总体上看，中国的石油和煤炭的消费量都位于世界前列，尽管天然气和核能的消费量还不大，但其增长速度较快，巨大的消费潜力值得关注。

一　石油消费的国际比较

当前，石油已经成为支持一个国家工业发展的最重要能源之一，并逐渐成为关系到一个国家经济安全的基本能源。可以说，一个国家的石油消费量和石油利用效率在一定程度上标志着这个国家的能源利用水平。根据《世界能源统计年鉴》的统计，2009 年中国以每天 8625 千桶的石油消费量居世界第 2 位，较 2008 年增长 6.7%，占全球石油消费总量的 10.4%。

世界一些发达国家，如美国、日本、英国、加拿大等国家的日石油消费量已经处于下降趋势，法国、澳大利亚等国家的日石油消费量也几乎趋于平稳。尽管 2008 年的能源消费量下降可能部分是受国际金融危机的影响（金融危机造成大量企业停工破产，从而在一定程度上减少了能源消费量），但若结合更长时间跨度的数据来看，这些发达国家的日石油消费量已经接近平稳甚至下降时段。而新兴国家，如中国、印度、阿根廷等国家的日石油消费量仍处于上升趋势，并且上升速度正逐步加快，这与新兴国家高速发展过程中大规模的基础设施投资有关，但同时也要看到，新兴国家的能源消费效率还较低，还存在着能源浪费现象。

就中国而言，2006～2009 年的 4 年间，日石油消费量处于连年上升状态（从更长期数据中也可以看出中国石油消费量的日趋上升），2009 年的日石油消费量超过 1997 年的 2 倍（1997 年的日石油消费量为 4197 千桶）。2000～2009 年的日石油消费量虽然一直处于增长状态，但其增长幅度经过了一个"倒 U"形过程，2004 年其增量达到最大值 970 千桶，之后便出现了较大规模的下降，直到 2008 年的 257 千桶，2009 年由于一系列刺激政策的实施，其增量有所上升。

[①]　如无特别说明，本部分资料来源于《世界能源统计年鉴 2010》。

二　天然气消费的国际比较

由于运输方式和运输成本的原因，当前的天然气消费具有较强的地域性特征，即距天然气产气国较近的国家和地区的天然气消费量比较大，如欧洲的众多国家通过地下管道从俄罗斯进口天然气，这就使得欧洲的天然气消费量较大。美国是天然气的最大消费国，独占了全球天然气消费总量的22.2%。随着经济的高速发展，中国对于天然气的需求量也在日趋增大。尽管目前中国的天然气消费量还比较小，仅占全球天然气消费总量的3.0%，但其增长速度很惊人，2009年天然气消费增速达到9.4%。

三　煤炭消费的国际比较

石油的勘探与开发，在很大程度上替代了煤炭的消费，从而大规模地减少了全球煤炭的消费量。但由于具备大量的煤炭资源储量、相对较大的开采量以及长期的能源消费习惯，使得中国成为全球最大煤炭消费国。中国的煤炭消费量占全球煤炭消费总量的46%以上，且仍在以较高的速度增长。可以说，煤炭依旧是中国经济发展所依赖的最主要的能源之一。

从煤炭的消费量中可以更清楚地看出，发达国家的日消费量已经表现出平稳或下降趋势，当然这其中存在着本国煤炭能源存量、国际贸易运输成本以及石油资源替代效应等因素的影响；而新兴国家或煤炭资源较为丰富的国家的煤炭消费量处于增长状态，中国和印度煤炭消费增长率均高居6%以上。当前中国的煤炭消费量明显高于其他国家，2008年煤炭在一次能源消费中占到的比例已高达68.7%。高度依赖煤炭所带来的不仅是严重的环境污染，还使得中国成为温室气体的主要排放国之一，在当前节能减排的国际大环境下，过高的煤炭消费给中国的减排工作带来不小的压力。另外，煤炭开采中的安全问题也成为困扰中国工业生产安全的一个重大问题。从长期看，整个欧洲由于石油和天然气的替代作用以及生产技术的改革等原因，煤炭的消费量已经趋于平稳，而由于中国大量的煤炭消费使得整个亚太地区成为全球煤炭能源消费最大的地区。

四　核能消费的国际比较

近些年，随着核能技术的发展，各国都开始注重核能的开发与利用。由于核能具有能源密度大、环境污染少、燃烧成本低等特点，因此越来越受到各国能源开发部门的青睐。近些年，中国也在花大力气进行核能的开发与利用，已经建成并投入使用的秦山核电站和大亚湾核电站已经承担了部分地区的供电工作。

比较而言，中国的核能利用量相对较少，而美国、日本、法国、德国、韩国等国家核能利用程度相对较高。从世界范围内来看，欧洲和北美洲在核能利用方面具有较大优势，其核能消费量均占世界消费总量的 30% 以上。目前，中国也十分重视核能等清洁能源的开发与利用，2009 年 9 月，胡锦涛主席在联合国气候变化大会上表示，中国将大力发展可再生能源和核能，争取到 2020 年非化石能源占一次能源消费比重达到 15% 左右。

通过上述分析可以得到以下三个判断：第一，就能源消费总量来讲，美国对于石油和核能的消费居世界首位，而中国由于长期以来的能源消费习惯和丰富的煤炭储量等原因，煤炭消费居世界第 1 位；第二，天然气的消费具有显著的地域特征，距产气国较近的国家和地区的天然气消费量较大，中国在促进天然气和核能等清洁能源消费方面正加大力度；第三，就能源消费的增长速度来讲，美国、日本、法国、德国等发达国家的能源消费基本已经趋向平稳，有些国家在某些资源消费方面甚至出现了下降趋势，而新兴国家的能源消费仍处在增长时期，且增长速度较快，从而使得整个国家面临比较突出的能源压力。

第二节　我国的能源消费效率

根据世界能源委员会的定义，能源效率的提高是指能源转换设备由于技术革新，在使用较少的能源情况下能够提供同样的能源服务。能源的消费效率一般通过能源消耗强度和能源消费弹性系数衡量。所谓能源消耗强度，就是指单位产出的能源消耗量，即能源消耗总量同产出总量之间的比值。通常情况下，都会选择 GDP 来作为衡量产出的标准。所谓能源消费弹性系数，就是指能源消费增长速度与国民经济增长速度之间的比例关系，即能源消费量变动的百分比与国民经济增长的百分比之间的比值。另外衡量能源效率还可以使用能源系统总效率这个指标，该指标由三部分构成：开采效率、中间环节效率和终端利用效率。能源效率为中间环节效率同终端利用效率之积，而能源系统总效率为开采效率同能源效率的乘积。王庆一（2005）在《中国的能源效率及国际比较》中详细分析了中国 1980～2002 年的能源系统总效率[①]。蒋金荷（2004）分别分析了中国的能源消耗强度和能源系统总效率两个指标[②]。

由于本部分研究的对象为能源在经济增长中的作用，因此舍弃更加注重物理利用效率的能源系统总效率这个指标，而把更能体现能源与经济间关系的能源消耗强度和能源消费弹性系数作为研究的重点。

一　能源消耗强度

能源消耗强度为单位产出的能源消耗量，能源消耗强度越高就意味着单位产出的能源消耗量越大，也就说明能源的利用效率越低，反之亦然。可以通过两种方法来计算能源消耗强度：汇率法和购买力平价法。由于各国汇率制度的不同，普通汇率法计算出的能源消耗强度可信度不高，无法从真正意义上反映一个国家的能源效率，因此近些年，由购买力平价法计算出的能源消耗强度更受国际社会的欢迎。

史丹和杨红亮（2008）指出，如果按照汇率法来计算单位 GDP 能耗，中国的能耗水平是世界平均水平的 3.3 倍，印度的 1.2 倍，美国的 3.5 倍，德国的 5.6 倍，日本的 7.2 倍。但如果按照购买力平价法来计算，中国的能耗水平只是美国的 0.82 倍，德国的 1.05 倍，日本的 1.2 倍[③]。可见，两种不同的计算方法计算出的能源消耗强度的差别还是相当大的。如果直接用物理量能耗指标进行比较，中国的 GDP 能耗和欧洲 1990 年的能源消耗强度是基本相当的，大致相当于日本 20 世纪 70 年代的水平。

Key World Energy Statistics 2010 所报告的结果与本部分开始时所提到的结论基本相同：若按照汇率法来计算中国的能源消耗强度，除俄罗斯和前苏联国家外，中国的能源消耗强度明显高于其他国家和地区，是日本的 7.5 倍，美国的 3.75 倍，世界平均水平的 2.5 倍。若按照购买力平价法计算，中国的能源消耗强度基本与美国持平，但比美国略低，也低于非 OECD 欧洲国家的平均能耗水平，且低于世界平均水平。但与英国、德国、日本等发达国家相比，中国的能源消耗强度仍处于较高水平。同时中国的能源消耗强度

---

① 王庆一：《中国的能源效率及国际比较》，《节能与环保》2005 年第 6 期，第 10 ~ 13 页。

② 蒋金荷：《提高能源效率与经济结构调整的策略分析》，《数量经济技术经济研究》2004 年第 10 期，第 16 ~ 23 页。

③ 史丹、杨红亮：《能效研究方法和中国各地区能源效率的比较》，《经济理论与经济管理》2008 年第 3 期，第 12 ~ 20 页。

也略高于巴西、印度等发展水平相当的国家。从世界范围来看，俄罗斯、前苏联国家、沙特阿拉伯和中东等能源储量相对丰富的国家的能源消耗强度明显高于其他国家。

通过购买力平价法计算的中国能源消耗强度已经低于世界的平均强度，甚至低于有些发达国家的能耗水平。我们应该看到在过去几十年中中国在能源利用效率上取得的成绩，美国伯克利劳伦斯国家实验室中国能源小组主任Mark Levine 指出，1980～2006 年，中国经济规模增长了 10 倍，而能源消耗强度只增长了 4 倍，这足以说明中国在能效和节能方面取得的成绩①。

虽然按照购买力平价法和实物形态的测量，中国的能源消耗强度并不高，且中国近些年在能源利用效率上也取得了比较显著的成就。但不可否认，目前中国的能源消耗强度仍旧维持在较高的水平，能源的利用效率仍有待提高。

能源消耗强度同经济增长的关系，很多学者都进行了研究。传统的理论认为能源消耗强度同经济增长之间存在"倒 U"形关系，即存在一个临界点，在这个临界点之前能源消耗强度随着经济增长而上升，但当经济发展水平超越这个临界点后，能源消耗强度会随着经济发展而减弱。

对于这条"倒 U"形曲线是否存在，或者说对于哪些国家在哪个发展阶段存在，成为了环境经济学一直在讨论的热点问题，尚无定论。毋庸置疑，经济增长的确影响着一个国家的能耗水平。随着国家工业化进程的加深，必然会造成更多的能源消耗量，而在工业初期"量"上的增长成为追求的目标，能源消耗强度的上升就不可避免。而当经济发展到一定水平，随着新工艺、新产品的研发成功和物质生活条件的逐步满足，就要求经济增长在"质"上做文章、下功夫。同时，地方、全国以及全球性法律法规的健全也从客观上要求降低单位 GDP 增长的能耗水平，这就会使得能源消耗强度下降。可以说降低能耗是每一个经济体发展过程中的大势所趋。但在短期中，各个国家的自然地理条件、能源结构构成、技术发展水平、国际环境变化等因素均会造成能耗水平偏离这种长期趋势。

对中国经济和能源消耗数据进行测算，我们以人均 GDP 来代表经济发展水平，运用 1978～2009 年的数据进行估计，得到如下测算结果（括号中

---

① 《2020 年减排多少才算够？》，http://news.sohu.com/20091211/n268889095.shtml，2009 年12 月 12 日。

为统计量的 t 值）：

$$energy = 0.06998 - 7.6837 \times 10^{-7} GDP + 1.8432 \times 10^{-12} GDP^2 \qquad (1-1)$$
$$(13.1659)(-6.8859) \qquad\qquad (5.1101)$$

从上述估计结果来看，二次项前的系数为正，且在统计上是显著的。这就意味着中国经济发展同能源消耗强度之间还没有呈现"倒 U"形关系，即在过去 30 年中，随着经济的发展，中国的能源消耗强度的增速也逐步增大，这也从一定程度上体现了中国经济增长过程中的粗放型特征。因此，中国必须经历发展方式的艰难转变，抓住新一轮科技革命提供的历史机遇，大力发展工程科技，充分依靠技术创新和技术进步，大幅提高全要素生产率，同时大力推进社会、经济和政治体制改革，才能在未来 20 年里推动中国经济的健康、快速、可持续发展，避免落入"中等收入国家陷阱"。

二　能源消费弹性系数

能源消费弹性系数是能源消费量变动的百分比与国民经济增长的百分比之间的比值。当能源消费弹性系数大于 1 时，即能源消费量变动的百分比大于国民经济增长变动的百分比时，意味着计算期内经济增长所导致的能源消费量较大。经过各国家实际经验数据的验证，随着科学技术的发展和能源利用效率的提高，能源消费弹性系数会出现"倒 U"形趋势，我国也不例外（见图 1-1）。

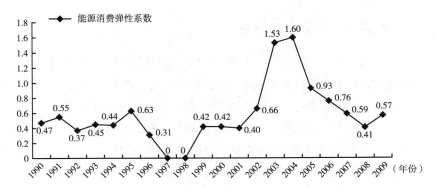

图 1-1　我国能源消费弹性系数

注：断点处是因为 1997 年、1998 年的能源消费量增长速度为负，从而导致能源消费弹性系数为负。

资料来源：《中国统计年鉴》（2010 年）。

从图中可以看出，在 1996 年之前，我国的能源消费弹性系数是基本稳定的，都保持在 0.5 左右，这意味着经济每增长 1 个百分点，所消耗的能源只增长 0.5 个百分点。在 1997 年和 1998 年，随着我国经济的增长，整个国家的能源消费水平不升反降，这主要是因为 1997 年亚洲金融危机导致大量企业停产倒闭，从而使得能源消费量出现大幅下滑。1999 年后，整体经济开始复苏，能源消费弹性系数也随着提高，从 1999 年的 0.16 上升到 2004 年的 1.59，之后又呈现下降趋势，2008 年降至最低点 0.41，2009 年能源消费弹性系数有所上涨，达到 0.57。

通过上述分析可知，当前我国在能源消费效率方面已经取得了一定成绩，按照购买力平价法计算，我国的能源消耗强度已低于美国，也低于世界的平均水平。从能源消费弹性系数来看，我国在经历了 1999～2004 年的上升区间后，已经进入下降区间。但是，从能源消费总量上看，依旧保持连年上升的态势。随着我国工业化和城镇化的快速推进，"十二五"期间我国能源形势依旧严峻。

第三节　我国能源消费的区域结构分析

我国经济发展具有明显的区域性差异，东南沿海地区的经济发展水平高于中西部地区。能源消费水平的区域性差异也同样显著，并且与经济区域结构有着十分相似的分布。

一　我国各地区的能源消费

由于各地区经济发展水平的不同，如果单纯按能源消费总量来描述一个地区的能源消费水平显然有失偏颇（经济发展水平高的地区，能源消费总量一般较高，同时能源利用效率也较高，而经济发展水平低的地区，能源消费总量可能较少或是与发展水平高的地区基本相同，但能源利用效率会比较低）。因此，我们选择能源消耗强度作为衡量能源消费区域结构分析的变量指标。

根据《中国统计年鉴》2010 年的数据，我国经济较为发达的地区，如北京、天津、上海、广东、江苏、浙江等，其能源消耗强度相对较小，均在 1 吨标准煤/万元以下。而经济发展水平较为落后的贵州、青海、宁夏等地区，其能源消耗强度相对较大，都在 2.3 吨标准煤/万元以上。一般而言，经济发展水平较高的地区对高技术人才拥有更大的吸引力，科学技术水平相对也较高，从而可以充分利用高技术来提高本地区的能源利用率；相反的，经济发展水平较低的地区，科技水平相对落后，从而影响到地区的能源利用效率，导致了较高的能源消耗强度。

二　基于聚类方法的能源消费区域结构分析

为了更加科学准确地分析能源消费区域结构，我们采用聚类方法来区分不同地区之间的能源消费程度，并在此基础上划分我国的能源区域结构。本部分依旧采用能源消耗强度作为衡量消费强度的指标，在聚类过程中采取类平均法。

由于宁夏的能源消耗强度明显高于其他省份，接近了4吨标准煤/万元，因此在做聚类分析时，为排除这一特殊点对聚类结果的影响，先将它舍去，即运用其他29个省份的观测值来进行聚类分析，之后再将宁夏作为单独一类来处理。通过SAS软件对数据进行分析，可以将我国的30个省份按照能源消耗强度的不同大致分为五类（包括宁夏），分别为特高能耗区、高能耗区、中高能耗区、中低能耗区、低能耗区。划分结果见表1-1。

表1-1　我国能源消耗强度分类

地　区	类　别	地　区	类　别
安　徽	低能耗区	河　南	中低能耗区
北　京	低能耗区	黑龙江	中低能耗区
福　建	低能耗区	湖　北	中低能耗区
广　东	低能耗区	湖　南	中低能耗区
海　南	低能耗区	吉　林	中低能耗区
江　苏	低能耗区	辽　宁	中低能耗区
江　西	低能耗区	山　东	中低能耗区
上　海	低能耗区	陕　西	中低能耗区
天　津	低能耗区	四　川	中低能耗区
浙　江	低能耗区	云　南	中低能耗区
甘　肃	中高能耗区	重　庆	中低能耗区
河　北	中高能耗区	贵　州	高能耗区
内蒙古	中高能耗区	青　海	高能耗区
新　疆	中高能耗区	山　西	高能耗区
广　西	中低能耗区	宁　夏	特高能耗区

作为特高能耗区的宁夏的能源消耗强度为 3.454 吨标准煤/万元,而高能耗区的 3 个省份的能源消耗强度平均值为 2.47 吨标准煤/万元;相应的,中高能耗区的能源消耗强度平均值为 1.86 吨标准煤/万元,而中低能耗区的能源消耗强度平均值为 1.24 吨标准煤/万元,被划归为低能耗区的 10 个省份的能源消耗强度平均值仅为 0.79 吨标准煤/万元。从聚类分析结果可见,经济发展水平较高的沿海地区被划归为低能耗区,而经济发展水平较为落后的中西部地区 4 个省份被划归为高能耗区或特高能耗区,这也验证了上面的结论。

沿海地区近些年随着经济结构的转型,逐步转移或淘汰了能源消耗量较大的重工业,形成了以轻加工业和服务业为主的产业结构。与此同时,东南沿海地区随着大批高科技技术人才的引进与培养,能源利用技术也有较为明显的提高,生产结构逐步由粗放型向集约型转变,进而使得能耗水平保持在较低的水平上。而经济发展欠发达的地区由于近些年国家产业结构调整和信贷优惠政策的原因,使得众多重工业高能耗企业驻足中西部,再加上这些地区的经济正处于高速增长阶段,许多重大的基础设施建设正在上马,必然会出现大规模的能源消耗现象。但也应看到,技术的落后也是这些地区能源消费水平较高的一个重要原因,由于经济发展水平较低,人们的收入水平相对较低,这就导致了人才聚集力的下降,进而导致了生产技术相对落后和单位产出能源消耗量上升。

我国能源消费的区域特征与国际能源消费的区域特征具有相似之处,即能源储量较为丰富的地区的能源消耗强度都较高,而能源相对贫乏的地区的能源消耗强度反而较低,能源利用效率较高。这也从一定程度上验证了能源悲观主义学派的观点,即能源的丰裕反而会引起当地科学技术的落后。为了有效地降低西部落后地区的能源消耗强度,政府可以给予降低单位产品能耗的企业以政策扶持,如提供贷款贴息、政府补贴奖励等措施,以逐步淘汰使用一次能源产品且能源利用效率低、环境污染严重的生产方式和生产技术,进而有效地减少生产活动中的能源消耗。政府还可以鼓励和引导广大人民群众走电气化道路,放弃原有的传统煤炭能源,从而有效地减少家庭生活中的能源消费量。

第四节　我国能源消费的产品结构分析

所谓产品结构是指一个经济体生产的所有产品之间的比例和相互关系。它可以反映社会的资源利用状况和社会对各种产品的需求状况。按照不同的划分方法，可以形成不同层次的产品结构类型。例如，按产品用途可以分为生产资料和消费资料；按生产部门可以分为工业产品、农业产品、建筑类产品等；按其在生产过程中所处的阶段可以分为初级产品、中间产品和最终产品；按产品质量还可以分为劣等品、中等品和优质品；等等。在本部分，我们按照不同行业生产的最终产品的不同，划分了39种不同的产品类型，具体划分如下：煤炭开采和洗选业，石油和天然气开采业，黑色金属矿采选业，有色金属矿采选业，非金属矿采选业，其他矿采选业，农副食品加工业，食品制造业，饮料制造业，烟草制品业，纺织业，纺织服装、鞋、帽制造业，皮革、毛皮、羽毛（绒）及其制品业，木材加工及木、竹、藤、棕、草制品业，家具制造业，造纸及纸制品业，印刷业和记录媒介的复制业，文教体育用品制造业，石油加工、炼焦及核燃料加工业，化学原料及化学制品制造业，医药制造业，化学纤维制造业，橡胶制品业，塑料制品业，非金属矿物制品业，黑色金属冶炼及压延加工业，有色金属冶炼及压延加工业，金属制品业，通用设备制造业，专用设备制造业，交通运输设备制造业，电气机械及器材制造业，通信设备、计算机及其他电子设备制造业，仪器仪表及文化、办公用机械制造业，工艺品及其他制造业，废弃资源和废旧材料回收加工业，电力、热力的生产和供应业，燃气生产和供应业，以及水的生产和供应业。在此基础上分析产品结构的变化以及生产产品技术水平的提高对于能源消费水平的影响。

一　能源消耗强度变化的结构指数和技术指数

本部分继续采用能源消耗强度作为衡量能源利用程度的指标。根据前面的定义，能源消耗强度为能源消耗量同 GDP 之间的比值，即 $I = E/Y$，其中 E 为能源消耗量，Y 为 GDP，I 为能源消耗强度。根据经济体中的产品结构，将能源消耗强度进一步分解可得：

$$I_t = \frac{E_t}{Y_t} = \frac{\sum E_{it}}{Y_t} = \frac{\sum Y_{it} I_{it}}{Y_t} \sum_i S_{it} I_{it} \qquad (1-2)$$

其中，I_t 为第 t 期的能源消耗强度；E_t 为第 t 期的能源消耗总量；Y_t 为第 t 期的总产出水平；I_{it} 为第 t 期生产 i 产品的行业的能源消耗强度；S_{it} 为第 t 期生产 i 产品的行业的产出占总产出的比重。

式（1-2）将能源消费指数分解成了不同行业在国民经济中所占比例与该行业的能源消耗强度之积。前者显示了各个行业之间的结构关系，后者则显示了该行业的能源利用效率，在一定程度上表明了该行业的技术水平。通过下面的分解，可以清楚地看到，每年能源消耗强度的变化都可以分解成为上述两种因素的加总。

假定式（1－2）中的各个变量相对于时间的函数都是可微的，根据加法形式的对数平均迪式指数分解方法有：

$$\Delta I = \Delta I_{tec} + \Delta I_{str}$$
$$\Delta I_{tec} = \sum_i L(w_{it}, w_{i0}) \ln(I_{it}/I_{i0}) \qquad (1-3)$$
$$\Delta I_{str} = \sum_i L(w_{it}, w_{i0}) \ln(S_{it}/S_{i0})$$

其中，$L[w_{i(t-1)}, w_{it}] = [w_{it} - w_{i(t-1)}] / \ln[w_{it}/w_{i(t-1)}]$，$w_{it} = S_{it} I_{it}$。此时，分别称 ΔI_{str}、ΔI_{tec} 为能源消耗强度变化时的结构指数和技术指数。

二　我国能源消费产品结构的实证分析

按照上述分解方法对我国 39 个产品大类进行分析，可以得到以下结果（单位：吨标准煤/万元）。

从表 1－2 中可以看出，技术进步在 2004～2007 年的 4 年中，均对能源消耗强度的减小有一定的贡献，且从 2005 年开始技术进步的贡献明显高于 2004 年的贡献水平。由表 1－3 可知，2005 年和 2006 年，经济体中产品结构的变化不但没有降低整个经济的能耗程度，反而使得能耗程度有所增加，2007 年，产品结构的优化又使得能耗程度有所下降，但幅度不大。综合两张表格发现，除 2004 年外，技术进步对这 39 个产品生产产业的贡献程度都要大于结构优化所带来的贡献程度，可见近些年技术革新为经济发展和节能工作所带来的益处。

表 1－2　39 个产品大类的技术指数

产品大类	技术指数			
	2006～2007 年	2005～2006 年	2004～2005 年	2003～2004 年
煤炭开采和洗选业	－ 0.0152439	－ 0.0344599	－ 0.0009700	－ 0.0164748
石油和天然气开采业	－ 0.0093129	－ 0.0063316	0.0059672	－ 0.0428114
黑色金属矿采选业	－ 0.0008614	－ 0.0050563	－ 0.0032892	0.0027043
有色金属矿采选业	－ 0.0018109	－ 0.0013817	－ 0.0009999	－ 0.0025151
非金属矿采选业	－ 0.0024759	－ 0.0029193	－ 0.0010004	0.0024400

产品大类	技术指数			
	2006～2007 年	2005～2006 年	2004～2005 年	2003～2004 年
其他矿采选业	− 0.0009068	0.0010582	0.0005692	− 0.0028555
农副食品加工业	0.0011491	− 0.0057940	− 0.0090925	0.0011695
食品制造业	− 0.0021859	− 0.0026110	− 0.0021718	− 0.0017358
饮料制造业	− 0.0024364	− 0.0017413	− 0.0020206	− 0.0000197
烟草制品业	− 0.0005642	− 0.0005655	− 0.0005151	− 0.0013108
纺织业	− 0.0100083	− 0.0015372	− 0.0146285	0.0032175
纺织服装、鞋、帽制造业	− 0.0009304	− 0.0008966	− 0.0005471	− 0.0005608
皮革、毛皮、羽毛（绒）及其制品业	− 0.0005029	− 0.0004928	− 0.0003248	− 0.0005895
木材加工及木、竹、藤、棕、草制品业	− 0.0026049	− 0.0016962	− 0.0004239	− 0.0005718
家具制造业	− 0.0003328	− 0.0003508	− 0.0002550	− 0.0009084
造纸及纸制品业	− 0.0096783	− 0.0067690	− 0.0086241	0.0004263
印刷业和记录媒介的复制业	− 0.0004008	− 0.0004664	− 0.0019117	− 0.0020656
文教体育用品制造业	− 0.0002774	− 0.0005112	− 0.0003650	0.0001187
石油加工、炼焦及核燃料加工业	− 0.0436809	0.0081171	0.0013544	0.0362624
化学原料及化学制品制造业	− 0.0426687	− 0.0625208	− 0.0313814	0.0019757
医药制造业	− 0.0021789	− 0.0029226	− 0.0010002	− 0.0054555
化学纤维制造业	− 0.0026216	− 0.0036342	− 0.0041402	− 0.0264486
橡胶制品业	− 0.0029666	− 0.0007414	0.0011766	− 0.0011776
塑料制品业	− 0.0032239	− 0.0050208	0.0015627	0.0034390
非金属矿物制品业	− 0.0587212	− 0.0515940	− 0.0622360	0.0544583
黑色金属冶炼及压延加工业	0.0267623	− 0.0829280	− 0.1085625	0.0235124
有色金属冶炼及压延加工业	− 0.0073250	− 0.0030455	− 0.0177168	0.0018728
金属制品业	− 0.0051829	− 0.0049964	− 0.0041625	− 0.0012279
通用设备制造业	− 0.0048418	− 0.0030114	− 0.0035892	− 0.0065191
专用设备制造业	− 0.0032586	− 0.0042337	− 0.0027069	− 0.0007250
交通运输设备制造业	− 0.0060407	− 0.0047646	− 0.0072051	0.0026398
电气机械及器材制造业	− 0.0019089	− 0.0007273	− 0.0032169	− 0.0000241
通信设备、计算机及其他电子设备制造业	0.0002806	− 0.0015469	− 0.0028807	− 0.0029600
仪器仪表及文化、办公用机械制造业	− 0.0001998	− 0.0003637	− 0.0003447	− 0.0017780
工艺品及其他制造业	− 0.0031272	− 0.0035601	− 0.0028385	− 0.0068482
废弃资源和废旧材料回收加工业	− 0.0002908	− 0.0000312	− 0.0002685	− 0.0009326
电力、热力的生产和供应业	− 0.0353120	− 0.0186116	− 0.0180718	− 0.0381416
燃气生产和供应业	− 0.0035849	− 0.0022785	− 0.0001168	− 0.0031424
水的生产和供应业	− 0.0004439	− 0.0002206	− 0.0006122	0.0004139
合　　计	− 0.2599204	− 0.3211588	− 0.3075603	− 0.0331493

表 1-3 39个产品大类的结构指数

产品大类	结构指数			
	2006~2007 年	2005~2006 年	2004~2005 年	2003~2004 年
煤炭开采和洗选业	0.0021331	0.0100775	-0.0127455	0.0093214
石油和天然气开采业	0.0007078	-0.0077560	-0.0169184	0.0009483
黑色金属矿采选业	0.0001564	0.0040923	0.0048916	-0.0026338
有色金属矿采选业	0.0010489	-0.0000784	-0.0006035	0.0008123
非金属矿采选业	0.0007375	0.0005307	-0.0020148	-0.0046053
其他矿采选业	0.0005084	-0.0009817	-0.0004018	-0.0007531
农副食品加工业	-0.0047117	0.0006840	0.0059480	-0.0032092
食品制造业	-0.0002925	-0.0001088	0.0007714	0.0008530
饮料制造业	0.0003704	-0.0002540	-0.0005542	-0.0004754
烟草制品业	-0.0000430	-0.0002842	-0.0003562	-0.0004947
纺织业	0.0001878	-0.0047568	0.0050584	0.0015400
纺织服装、鞋、帽制造业	-0.0000821	0.0000812	0.0000305	0.0000955
皮革、毛皮、羽毛(绒)及其制品业	-0.0000831	-0.0000438	-0.0001880	0.0001368
木材加工及木、竹、藤、棕、草制品业	0.0013134	0.0004157	0.0006581	0.0011663
家具制造业	0.0000189	0.0001145	0.0001423	0.0004404
造纸及纸制品业	-0.0000487	-0.0017873	0.0005709	0.0022457
印刷业和记录媒介的复制业	-0.0000488	-0.0001667	-0.0003490	-0.0002191
文教体育用品制造业	-0.0001339	-0.0000916	-0.0001115	-0.0001009
石油加工、炼焦及核燃料加工业	0.0210143	-0.0409371	-0.0502274	-0.0164037
化学原料及化学制品制造业	0.0058440	0.0181944	-0.0076425	-0.0200049
医药制造业	-0.0005176	-0.0002616	-0.0014493	0.0008205
化学纤维制造业	0.0003837	0.0002882	0.0000458	-0.0018924
橡胶制品业	0.0008117	-0.0014989	-0.0012138	0.0005071
塑料制品业	0.0000083	0.0017036	-0.0005175	-0.0012163
非金属矿物制品业	0.0126744	0.0039122	0.0089701	-0.0076283
黑色金属冶炼及压延加工业	-0.0831054	0.0529043	0.1026097	-0.0275507
有色金属冶炼及压延加工业	0.0068947	-0.0018997	0.0072063	-0.0081508
金属制品业	0.0013552	0.0023001	0.0011391	-0.0016400
通用设备制造业	0.0015624	0.0010692	0.0018824	0.0028117
专用设备制造业	0.0008781	0.0014687	0.0001033	0.0006924
交通运输设备制造业	0.0031834	0.0007363	-0.0024279	-0.0021471
电气机械及器材制造业	0.0008646	-0.0014816	0.0003217	0.0002987
通信设备、计算机及其他电子设备制造业	-0.0019295	0.0001742	0.0015443	0.0024531
仪器仪表及文化、办公用机械制造业	-0.0000544	0.0001656	0.0000890	0.0002727

产品大类	结构指数			
	2006~2007 年	2005~2006 年	2004~2005 年	2003~2004 年
工艺品及其他制造业	-0.0002117	-0.0004815	-0.0001072	-0.0008048
废弃资源和废旧材料回收加工业	0.0001547	0.0001296	0.0002186	0.0005895
电力、热力的生产和供应业	0.0024092	-0.0124111	-0.0149775	0.0001371
燃气生产和供应业	0.0016462	0.0004300	-0.0003093	0.0011200
水的生产和供应业	-0.0008929	-0.0013014	-0.0011488	-0.0010003
合　　计	-0.0252878	0.0228898	0.0279375	-0.0736686

注：表中指数为正号表示指数效应与能源消耗强度的变化方向一致，负号则反之。在数据处理过程中，以 2002 年的价格为基期价格通过物价指数对数据进行了修正。

资料来源：《中国统计年鉴》（2004~2008 年）。

为了进一步研究产业结构对于能源消费的影响，下面对结构指数的测算结果进行更加深入的分析。从整体来看，2004 年由于产品结构的调整，使得能源消耗强度减少了 0.0737 吨标准煤/万元，而 2005 年和 2006 年分别增加了 0.0279 吨标准煤/万元和 0.0228 吨标准煤/万元，2007 年减少了 0.0253 吨标准煤/万元。同时可以看到，同一产品生产行业在不同年份的结构指数的正负是有所不同的，这是因为经过一年的产业结构调整，有些行业已经使得自己的产品适应当时的产品结构，从而有效地降低了自己的能耗水平，但产业结构的调整是一个相互的过程，一种产品在整个经济关系中地位的变化必然也会引起其他产品地位随之改变，而这种相互的调整过程就会使得有些产业的产品不再适应当时的产品结构，从而导致能耗的增加。到 2006 年和 2007 年时，结构指数依旧为正的产业数量较之前年份已有明显的下降。

另外，从 4 年的数据中可以看出，废弃资源和废旧材料回收加工、家具、木材加工、通用设备、专用设备 5 个产品生产行业的结构指数连续 4 年为正，说明这 5 个行业的产品在经过 4 年的产品结构调整后依旧没有适应当时的产品结构；而工艺品、水的生产和供应、文教体育用品、烟草以及印刷和记录媒介复制 5 个行业的结构指数连续 4 年为负，说明在 4 年间这 5 个行业的产品从能源消耗的角度来看，很好地融入了当时的产业结构。

表 1-2 清楚地说明了近些年由于技术进步而导致的能源消费效率的提高。技术进步的普及面也越来越大，在 2004 年有 14 个产品的生产行业的技术指数为正，而在 2007 年时，技术指数为正的行业只剩下 3 个，进一步说

明了科学技术对于能源利用效率的重要作用。

上述指数分解方法也存在某些方面的不足，在计算过程中，它将技术进步和结构调整作为两个独立的因素进行考虑。但在实际的经济调整过程中，两个因素是相互作用的，当生产某种产品的技术有了较大幅度的突破时，必将会引起该行业规模的扩大，从而导致产品结构的变化；同时由于行业规模的扩大也会引起更多的关注，从而吸引更多的人才涌入该行业，促进该行业技术的革新。而上述指数分解无法体现这些效应。但不可否认的是，结构指数和技术指数在某种程度上的确体现了产品结构的变化以及生产产品技术水平的提高对于能源消费水平的影响。

第五节　总需求结构对能源效率的影响

能源已经成为资本、劳动、制度等因素外另一个影响经济增长的重要因子。众所周知，最终消费、投资和净出口的增加是拉动经济增长的"三驾马车"，而这三驾马车的运行无疑都需要能源的支撑。这就使得研究总需求结构（最终消费、投资和净出口）对于能源消费的影响非常有必要。当前，对于能源消费同总需求之间关系的实证研究大都是通过投入产出模型来进行的，如张贤和周勇（2007）。

一　指标选择和数据说明

对于总需求中的最终消费、投资和净出口，我们采用各个指标的绝对量来进行分析。但由于净出口序列中存在负值，会对之后的计量分析造成不便，所以运用进口和出口两个序列来反映我国的外贸情况。在获取最终消费、投资、进口和出口四个序列时，我们首先对 1953～2009 年的支出法计算的 GDP 序列以 1978 年的价格水平进行调整，在此基础上根据各个年份最终消费、投资、净出口的贡献率，推算出 1953～2009 年的最终消费、投资和净出口三个序列，之后运用进口和出口之间的比例关系推算出进口和出口序列，并对其中的异常值进行了插值调整。这样做的目的是为了避免由于数据可得性缺失所带来的不便，同时也保证了调整后的最终消费、投资、净出口三个序列的和依旧等于支出法计算的 GDP。1953～2009 年能源消费总量、支出法 GDP、最终消费、投资、净出口贡献率均来自中国经济网综合年度数据库。

二 总需求结构与能源消费的经济计量模型

（一）序列的平稳性检验

为了建立能源消费总量、GDP、最终消费、投资、净出口五个变量之间的协整关系，首先需要对五个序列的平稳性进行检验，以避免单整阶数不相同的序列同时存在于模型中，给模型分析带来不便。平稳性检验又称单位根检验，常用的方法有 ADF 检验、PP 检验、KPSS 检验等。本部分采用 ADF 检验来对上述五个序列进行单位根检验。

在对序列进行单位根检验之前，为了减缓序列的波动性，我们对上述最终消费、投资、进口、出口序列取自然对数，之后对上述数据进行平稳性检验，发现五个变量的数据均是一阶单整的，检验结果见表 1-4（通过 SC 准则来对 ADF 检验中的滞后期进行选择）。

表 1-4 序列单位根检验结果

变量	ADF 统计量	1% 临界值	5% 临界值	检验结果
$D(intensity)$	-3.686797	-3.557472	-2.916566	稳定
$D(lcons)$	-6.459570	-3.557472	-2.916566	稳定
$D(linvest)$	-5.342765	-3.562669	-2.918778	稳定
$D(lexport)$	-4.443211	-2.607686	-1.946878	稳定
$D(limport)$	-4.564140	-2.607686	-1.946878	稳定

（二）协整关系的检验

当前，判断协整关系的方法有很多，如 Engle - Granger 两步法、Johansen 检验法、贝叶斯方法、频域非参数谱回归法等。大多数研究都采用 Engle - Granger 两步法和 Johansen 检验法。Engle 和 Granger 的方法比较易于操作，但是其存在一定缺点。首先，该方法的第一步要求将一个变量放在模型等式的左边，将剩下的变量放在模型等式的右边。在大样本的条件下，这样做并不会导致变量间协整向量的改变，但在实际分析中，如果样本量较小，就会出现不同的变量放在模型等式左边时所得的协整向量不同的现象。其次，在处理多变量较多（多于两个）时，多个变量之间可能存在多个协整关系，这时 Engle 和 Granger 的方法就会受到一定的限制。再次，Engle 和 Granger 的方法的第二步依赖于第一步计算出的残差，而这样计算出的残差与真正协整关系计算出的残差相比会有一定的偏差。因此本部分采用的 Johansen 检验法是以向量自回归模型为基础的检验方法。一个 VAR（p）可以表示为：

$$y_t = \phi_1 y_{t-1} + \phi_2 y_{t-2} + L + \phi_p y_{t-p} + H x_t + \varepsilon_t \qquad (1-4)$$

其中，x_t 为外生变量，ε_t 为随机扰动项。通过适当的变换可以将上述模型转换为以下形式：

$$\Delta y_t = \prod y_{t-1} + \sum_{i=1}^{p-1} \Gamma_i \Delta y_{t-i} + H x_t + \varepsilon_t \qquad (1-5)$$

Johansen 检验法就是通过检验上式中的特征值是否显著地不为零，来判断变量间是否存在协整关系。Johansen 检验法较 Engle - Granger 两步法而言具有很好的小样本性质，因此得到了广泛的应用。本部分也采用 Johansen 检验法来检验能源消耗强度、最终消费、投资、进口、出口五个变量之间的协整关系。

首先建立能源消耗强度（*intensity*）、最终消费（*lcons*）、投资（*linvest*）、进口（*limport*）、出口（*lexport*）五个变量的 VAR 模型，考虑到 1978 年改革开放的影响，在上述 VAR 模型中加入了外生虚拟变量 *d78*（1953～1977 年取值为 0，1978～2009 年取值为 1）。由以上分析知，上述变量均是一阶单整的。我们通过 LR 似然比、FPE 预测误差、AIC 信息准则、SC 信息准则、HQ 信息准则来对 VAR 模型的滞后期进行选择。表 1 - 5 给出了五个指标的值。从表 1 - 5 中可见，LR 似然比、FPE 预测误差、AIC 信息准则建议选择滞后期为 5，而 SC 信息准则和 HQ 信息准则建议选择滞后期为 2。考虑到若选择滞后期为 5 所要估计的参数过多，而我们所拥有样本量过小，所以选择滞后期为 2。

表 1 - 5　滞后期选择指标结果汇总

滞后期	LogL	LR	FPE	AIC	SC	HQ
0	- 120. 0984	NA	0. 000103	5. 003785	5. 379024	5. 147643
1	154. 0032	474. 40670	7. 14E - 09	- 4. 577047	- 3. 263710	- 4. 073544
2	208. 9971	84. 60595	2. 33E - 09	- 5. 730657	- 3. 479222 *	- 4. 867510 *
3	225. 5381	22. 26682	3. 50E - 09	- 5. 405313	- 2. 215780	- 4. 182522
4	265. 9205	46. 59497	2. 27E - 09	- 5. 996941	- 1. 869310	- 4. 414504
5	305. 4271	37. 98720 *	1. 72E - 09 *	- 6. 554890 *	- 1. 489161	- 4. 612809

注：表中的 * 表示选择的滞后阶段。

表 1-6 和表 1-7 分别给出了 Johansen 检验中迹检验和最大特征值检验的结果。可以看出，迹检验和最大特征值检验的检验结果是相同的，均在 5% 的显著性水平下拒绝 0 个协整关系的假设，但接受最多 1 个协整关系的假设。因此可知，能源消耗强度（*intensity*）、最终消费（*lcons*）、投资（*linvest*）、进口（*limport*）、出口（*lexport*）五个变量之间存在唯一的协整关系。

表 1-6　Johansen 检验中迹检验的检验结果

协整关系个数	特征值	迹统计量	临界值	P 值
0 个	0.611977	93.952740	69.818890	0.0002
最多 1 个	0.320299	41.884710	47.856130	0.1620
最多 2 个	0.224439	20.649060	29.797070	0.3799
最多 3 个	0.101264	6.669806	15.494710	0.6163
最多 4 个	0.014398	0.797670	3.841466	0.3718

表 1-7　Johansen 检验中最大特征值检验的检验结果

协整关系个数	特征值	最大特征值	临界值	P 值
0 个	0.611977	52.068020	33.876870	0.0001
最多 1 个	0.320299	21.235650	27.584340	0.2622
最多 2 个	0.224439	13.979260	21.131620	0.3667
最多 3 个	0.101264	5.872136	14.264600	0.6297
最多 4 个	0.014398	0.797670	3.841466	0.3718

协整关系如下：

$$intensity_t = -22.303 lcons_t + 18.501 linvest_t - 3.857 limport_t + 1.573 lexport_t + ecm_t$$
$$(-8.2279) \quad (9.5111) \quad (-1.8820) \quad (0.7979) \quad\quad (1-6)$$

其中，ecm_t 为误差修正项，括号中为相应系数的统计量。可见，进口（*limport*）和出口（*lexport*）的统计量较小，经过检验可知其在统计上是不显著的，但它们联合起来在统计上是显著的（10% 的置信水平下），又考虑到进口和出口两个变量联合起来才可以说明净出口的情况，所以在此将其留在协整关系中，并在以后的论述中对其进行分析。进口（*limport*）和出口（*lexport*）的具体检验结果见表 1-8。

表1-8　协整向量系数显著性检验结果

原假设	卡方统计量	P 值	拒绝或接受
$\beta_{lexport}=0$	0.466989	0.4944	接受
$\beta_{limport}=0$	2.267104	0.1321	接受
$\beta_{lexport}=\beta_{limport}=0$	5.356692	0.0687	拒绝

上述协整关系表明，在其他条件不变的条件下，最终消费同能源消耗强度之间呈负相关，最终消费每增加1个百分点，能源消耗强度将下降约0.22吨标准煤/万元（1978年价）；而投资同能源消耗强度呈正相关，投资每上升1个百分点，能源消耗强度将上升约0.19吨标准煤/万元（1978年价）；进口同能源消耗强度之间呈负相关，进口每上升1个百分点，能源消耗强度将下降约0.039吨标准煤/万元；出口与能源消耗强度呈正相关，出口每上升1个百分点，能源消耗强度将上升约0.016吨标准煤/万元。

（三）Granger 因果检验

由上可知，能源消耗强度、最终消费、投资、进口、出口五个变量都是一阶单整的，即它们都是非平稳变量。五个变量之间存在唯一的协整关系。此时若基于VAR模型做Granger因果检验会损失掉变量间的长期均衡关系，所以我们基于VEC模型来做Granger因果检验，这样既可以考虑到变量之间的长期关系，也不会忽略变量间的短期关系。短期Granger因果检验的结果汇总见表1-9。

表1-9　短期 Granger 因果检验的结果汇总

原假设	卡方统计量	P 值	拒绝或接受
$D(lcons)$ 不是 $D(intensity)$ 的 Granger 原因	3.800547	0.0512	拒绝
$D(linvest)$ 不是 $D(intensity)$ 的 Granger 原因	4.994202	0.0254	拒绝
$D(lexport)$ 不是 $D(intensity)$ 的 Granger 原因	0.020881	0.8851	接受
$D(limport)$ 不是 $D(intensity)$ 的 Granger 原因	0.093857	0.7593	接受
原假设	卡方统计量	P 值	拒绝或接受
$D(intensity)$ 不是 $D(lcons)$ 的 Granger 原因	21.954530	0.0000	拒绝
$D(linvest)$ 不是 $D(lcons)$ 的 Granger 原因	4.073961	0.0435	拒绝
$D(lexport)$ 不是 $D(lcons)$ 的 Granger 原因	0.093475	0.7598	接受
$D(limport)$ 不是 $D(lcons)$ 的 Granger 原因	0.003126	0.9554	接受

原假设	卡方统计量	P 值	拒绝或接受
$D(intensity)$ 不是 $D(linvest)$ 的 Granger 原因	4.029455	0.0447	拒绝
$D(lcons)$ 不是 $D(linvest)$ 的 Granger 原因	0.013347	0.9080	拒绝
$D(lexport)$ 不是 $D(linvest)$ 的 Granger 原因	1.041866	0.3074	接受
$D(limport)$ 不是 $D(linvest)$ 的 Granger 原因	1.106730	0.2928	接受
原假设	卡方统计量	P 值	拒绝或接受
$D(intensity)$ 不是 $D(lexport)$ 的 Granger 原因	2.938474	0.0865	拒绝
$D(lcons)$ 不是 $D(lexport)$ 的 Granger 原因	0.079111	0.7785	接受
$D(linvest)$ 不是 $D(lexport)$ 的 Granger 原因	0.117672	0.7316	接受
$D(limport)$ 不是 $D(lexport)$ 的 Granger 原因	0.290291	0.5900	接受
原假设	卡方统计量	P 值	拒绝或接受
$D(intensity)$ 不是 $D(limport)$ 的 Granger 原因	3.535457	0.0601	拒绝
$D(lcons)$ 不是 $D(limport)$ 的 Granger 原因	0.102868	0.7484	接受
$D(linevst)$ 不是 $D(limport)$ 的 Granger 原因	0.527136	0.4678	接受
$D(lexport)$ 不是 $D(limport)$ 的 Granger 原因	0.001682	0.9673	接受

注：以上假设检验均在 10% 的置信水平上进行。

从表 1 - 9 可以看出，D（lcons）和 D（linvest）是 D（intensity）的 Granger 原因，而 D（limport）和 D（lexport）不是 D（intensity）的 Granger 原因，D（intensity）是 D（lcons）和 D（linvest）的 Granger 原因，D（intensity）也是 D（limport）和 D（lexport）的 Granger 原因。虽然 Granger 因果检验所得出的因果关系不是逻辑上的因果关系，但是上述结论还是能说明一些问题的。从短期看，首先，最终消费和投资对能源消耗强度的影响是比较明显的，即对最终消费与投资的调控和合理指导对整个国民经济的能源消耗水平的作用将会是显著的，而进口和出口对能源消耗强度的影响是不显著的。另外，能源消耗强度对最终消费、投资、进口、出口都有一定的作用，这也说明了能源消耗强度已经成为经济活动各个环节所关注的指标。

长期 Granger 因果检验的结果见表 1 - 10。从表中可以看出，在长期中，最终消费、投资、进口、出口会影响能源消耗强度（因为五个变量之间存在唯一的协整关系），但长期协整关系的变化不会影响出口和进口，即长期协整关系对进口和出口没有反馈作用。另外，综合长期和短期的 Granger 检验结果可知，无论是在长期还是在短期，最终消费和投资都会对能源消耗强度产生影响，这进一步证明了最终消费和投资对一国能源消耗水平影响的重要程度。

表 1 - 10　长期 Granger 因果检验的结果汇总

原假设	卡方统计量	P 值	拒绝或接受
$\alpha_{D(intensity)} = 0$	4.013438	0.0451	拒绝
$\alpha_{D(lcons)} = 0$	3.942968	0.0471	拒绝
$\alpha_{D(linvest)} = 0$	4.723674	0.0298	拒绝
$\alpha_{D(lexport)} = 0$	0.637402	0.4247	接受
$\alpha_{D(limport)} = 0$	0.221882	0.6376	接受
$\alpha_{D(lexport)} = \alpha_{D(limport)} = 0$	1.085445	0.5812	接受

（四）协整关系的调整

由上可知，在长期中，长期的均衡关系对进口 $[D(limport)]$ 和出口 $[D(lexport)]$ 没有显著的反馈作用。基于此，对上面的协整关系进行调整，即在进行协整检验时，将 $\alpha_{D(lexport)}$、$\alpha_{D(limport)}$ 设定为零，并在此基础上获得协整向量。调整后的协整向量为：

$$intensity = -24.001lcons + 19.614linvest - 4.614limport + 2.50lexport \qquad (1-7)$$
$$(-2.7939) \qquad (2.0049) \qquad (-2.1125) \qquad (2.0326)$$

为使上述协整关系可识别，假定 $intensity$ 前的系数为 1。

可见，调整后的协整向量的系数均趋于显著，t 统计量均大于 2，且调整后的协整关系没有改变协整向量中系数的正负号，最终消费依旧同能源消耗强度负相关，投资依旧同能源消耗强度正相关，进口同能源消耗强度负相关，出口同能源消耗强度正相关。但各个系数的绝对值都有略微的增大。

（五）脉冲响应函数和方差分析

脉冲响应函数描述了当模型中某一个干扰项受到冲击后，该变量自身及其他变量对该冲击的反应情况。假设一个两变量系统有如下模型：

$$y_t = b_{10} - b_{12}z_t + y_{11}y_{t-1} + y_{12}z_{t-1} + \varepsilon_{yt}$$
$$z_t = b_{20} - b_{22}y_t + y_{21}y_{t-1} + y_{22}z_{t-1} + \varepsilon_{zt} \qquad (1-8)$$

其中，y_t、z_t 为稳定序列，ε_{yt}、ε_{zt} 为具有恒定方差白噪声，且两者互不相关。从理论上讲，当上述系统的所有系数都已知时，就可以得到各个变量对于 ε_{yt}、ε_{zt} 的冲击的反应情况。但是在现实中，上述系统的系数在很多情况下是无法得到的，这就引出了 VAR 模型的识别问题，即只有对上述系统中的系数进行一定的限制，使得 VAR 模型是可识别的，才可能得到各个变量的脉冲响应函数。

常用的一种对系数的限制方法是 Choleski 分解法，但其有一个明显的缺点：在绝大多数情况下，VAR 模型中变量次序的改变会导致脉冲响应函数的改变。通过对 VAR 模型（1-8）进行变换可得：

$$
\begin{aligned}
y_t + b_{12}z_t &= b_{10} + y_{11}y_{t-1} + y_{12}z_{t-1} + \varepsilon_{yt} \\
z_t + b_{22}y_t &= b_{20} + y_{21}y_{t-1} + y_{22}z_{t-1} + \varepsilon_{zt}
\end{aligned}
\tag{1-9}
$$

模型（1-9）可以写为：

$$
\begin{aligned}
y_t &= a_{10} + a_{11}y_{t-1} + a_{12}z_{t-1} + e_{1t} \\
z_t &= a_{20} + a_{21}y_{t-1} + a_{22}z_{t-1} + e_{2t}
\end{aligned}
\tag{1-10}
$$

只有当 e_{1t}、e_{2t} 之间相互独立时，VAR 模型中变量次序的改变才不会导致脉冲响应函数的变化，而这在多变量的 VAR 模型中几乎是不可能的。这就使得对 VAR 模型施加其他限制条件，使 VAR 可识别成为必要。为了使 VAR 模型可识别，需要对其施加 $(n^2 - n)/2$ 个限制条件。Sims 和 Bernanke 指出，可以根据经济理论来对 VAR 模型进行限制，从而达到模型可识别的目的。

鉴于此，在以下的分析中设置如下假定。

（1）当期的最终消费不会受到当期能源消耗强度和进口的影响，但进口会受到当期最终消费的影响。

（2）当期的投资会受到当期最终消费和能源消耗强度的影响，但不会受到出口和进口的影响。

（3）进口会受到当期最终消费和投资的影响，而不会受到当期出口的影响，也不会受到当期能源消耗强度的影响。

（4）出口为国外需求决定，不会受到本国经济活动的影响。

（5）能源消耗强度会受到当期最终消费、投资、进口、出口的影响。

经过限制后的 VAR 模型中的矩阵可以表示为：

$$
\begin{bmatrix}
1 & b_{12} & b_{13} & b_{14} & b_{15} \\
0 & 1 & b_{23} & 0 & b_{25} \\
b_{31} & b_{32} & 1 & 0 & 0 \\
0 & b_{42} & b_{43} & 1 & 0 \\
0 & 0 & 0 & 0 & 1
\end{bmatrix}
$$

在此基础上对 VAR 模型进行脉冲响应函数分析和方差分解分析。

从上述论述中可知，能源消耗强度（intensity）、最终消费（lcons）、投资（linvest）、进口（limport）、出口（lexport）五个变量都是一阶单整的，因此，运用各自变量的一阶差分来建立本部分分析所用的 VAR 模型。能源消耗强度的一阶差分表明了能源消耗强度的变化程度，而最终消费、投资、进口、出口的对数的一阶差分则近似地表明了各自的变化率。建模时，模型的滞后期选择为滞后 2 期，样本区间为 1953 ~ 2009 年。

在进行脉冲响应和方差分解分析之前，首先要确定 VAR 模型的稳定性，以确保脉冲响应函数和方差分解的稳定性和有效性。图 1 - 2 给出了 VAR 模型特征多项式的根的倒数的分布。可见，所有的特征根的倒数均在单位圆内，因此，上述 VAR 模型是平稳的。在此基础上对上述 VAR 模型进行脉冲响应分析。图 1 - 3 给出了最终消费、投资、进口、出口的自然对数的差分受到冲击后，能源消耗强度的差分的变化情况。

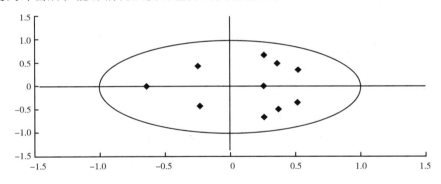

图 1 - 2　特征多项式的根的倒数的分布

可见，所有冲击的作用一般都会在 8 ~ 10 年后趋于零。其中，投资对能源消耗强度的影响是最大的、最显著的。投资的 1 单位正冲击会在之后的第 1 年马上产生反应，其会对能源消耗强度产生一个正冲击，且这种正冲击在第 1 年的影响最大，约为 0.7959 个单位，之后随着时间的推移而减小，在冲击后的第 5 年，这种正影响转变为负影响，但相对于之前的正影响，这种负影响是微不足道的（横轴上方脉冲响应函数与横轴所围成的面积，远大于横轴下方脉冲响应函数与横轴所围成的面积）。最终消费的 1 单位正冲击，首先会对能源消耗强度产生负影响，这种负影响在第 2 年内达到高峰，约为 - 0.3647 个单位，之后在第 4 年转为正影响，但这种正影响的作用远

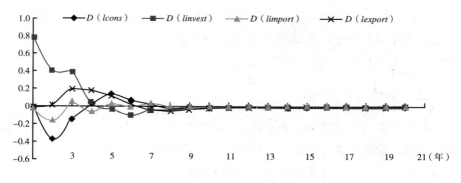

图 1 - 3　脉冲响应函数

远小于之前的负影响。进口的一个正冲击，对能源消耗强度的影响只有在前
3 年内较为显著，之后的影响便微不足道了，总的来讲，这个正冲击会对能
源消耗强度产生负影响，这种负影响在第 2 年达到最大，约为 - 0.1562 个
单位。出口对于能源消耗强度的冲击相对于进口来讲持续时间较久，会达到
7 年的时间。从总体上看，出口对能源消耗强度的影响是正面的，这种正影
响会在第 3 年和第 4 年达到最大，之后趋于平缓。脉冲响应函数说明了一个
扰动项的变动对自身和其他变量的影响，而方差分解则说明了结构冲击对内
生变量变化的贡献率，从而进一步评价不用冲击对内生变量影响的重要性。
图 1 - 4 给出了基于以上 VAR 模型的方差分解结果。

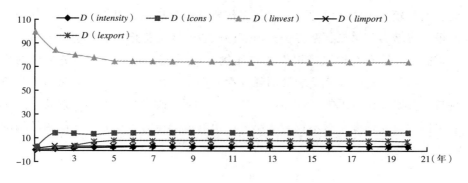

图 1 - 4　方差分解

可见，投资对于能源消耗强度变化的贡献率最大，第 1 年时投资对能源
消耗强度变化的贡献率达到了 99.992%，即其他变量在第 1 年时几乎对能
源消耗强度的变化没有贡献，随着时间的推移贡献率也趋于稳定，但在稳定

后，投资依旧在所有变量中的贡献率保持最大，约达到74%，而最终消费对能源消耗强度变化的贡献率在稳定后约为14%，进口和出口的贡献率分别约为2.5%和7.5%。

三　小结

协整关系及其经济学意义的解释：根据以上分析可知，能源消耗强度同最终消费、投资、进口、出口之间存在长期稳定的均衡关系，在这个均衡关系中，最终消费与投资各自对能源消耗强度的影响都较为显著，而进口和出口联合起来对能源消耗强度也存在一定的影响。

除了上述协整关系，我们还可以得出以下结论。首先，无论在短期还是长期中，最终消费和投资都是能源消耗强度的 Granger 原因，而进口和出口不是能源消耗强度的 Granger 原因，能源消耗强度是最终消费、投资、进口、出口的 Granger 原因。其次，总体来讲，对于最终消费、投资、进口、出口，分别给予它们一个正冲击后，最终消费和进口对能源消耗强度会产生负影响，投资和出口会产生正影响。而在所有的影响中，投资对能源消耗强度的正影响是最大的，即其会在长时间内对能源消耗强度有提升效果。最后，当能源消耗强度受到各变量的冲击而产生变化时，投资对于能源消耗强度变化的贡献率是最大的，且这种贡献率会持续下去。

根据以上结论，我们建议：第一，规范投资渠道和投资的审批程序，对能源消耗较大的项目的评价和评估工作要进一步加强，以控制能源消耗强度的进一步增大。第二，坚持扩大内需的政策，大力提倡消费者进行消费，努力提高最终消费在国民经济中所占比例，这不仅有利于中国经济结构的优化，还有利于进一步降低能源消耗强度。第三，优化外贸结构，努力提高高科技、高附加值、低能耗产品的出口所占比例，改变当前的出口现状，加快实现国际收支平衡，这不仅会减小人民币升值的压力，还有利于能源结构的优化和调整。

第六节　结论

当前我国能源消费存在以下特点：第一，对石油、煤炭两种能源的依赖性较强，对于企业能源的利用仍有待发展；第二，经过多年努力，能源消耗强度和能源消费弹性系数已有大幅度降低；第三，能源消费呈现明显的区域特征，节能技术、节能理念的普及化有望进一步降低能源消费量；第四，产品生产工艺和技术的进步对降低能耗贡献明显，但产品结构要进一步优化；第五，总需求结构的优化会给节能带来更广阔的空间。

　　总的来说，在过去的 30 年，随着科学技术的创新发展和产业结构的优化升级，我国在降低能源消耗方面已经取得了较为显著的成绩，但能源压力依旧空前。这就要求我国在未来的发展过程中，努力开发利用新型能源，继续探索新技术、新科技，提高能源消费较大地区的节能能力，优化总需求结构，以突破困扰降低能源消耗的瓶颈，实现经济的绿色健康发展。

参考文献

王庆一：《中国的能源效率及国际比较》，《节能与环保》2005 年第 6 期。

蒋金荷：《提高能源效率与经济结构调整的策略分析》，《数量经济技术经济研究》2004 年第 10 期。

史丹：《中国能源需求的影响因素分析》，华中科技大学博士学位论文，2003。

史丹、杨红亮：《能效研究方法和中国各地区能源效率的比较》，《经济理论与经济管理》2008 年第 3 期。

张贤、周勇：《外商直接投资对我国能源强度的空间效应分析》，《数量经济技术经济研究》2007 年第 1 期。

Erol, U., Yu, E. S. H., "On the Causal Relationship between Energy and Income for Industrialized Countries", *Journal of Energy and Development*, 13, 1987.

Hausmann, R. and R. Rigobon, "An Alternative Interpretation of the Resource Curse: Theory and Implication of Stabilization, Saving and Beyond", Paper Prepared for the Conference on Fiscal Policy Formulation and Implementation in Oil Producing Countries, 2003.

Kraft, J., Kraft, A., "On the Relationship between Energy and GDP", *Journal of Energy and Development*, 3, 1978.

Lee, C. C., "Energy Consumption and GDP in Developing Countries: A Cointegrated Panel Analysis", *Energy Economics*, 27, 2005.

Nasseha, A. R. and Elyasianib, E., "Energy Price Shocks in the 1970s: Impact on Industrialized Economies", *Energy Economics*, 6, 1984.

Sachs, J. D. and Warner, A. M., "The Curse of Natural Resources", *European Economics Review*, 45, 2002.

Suzuki, K. and Takenaka, H., "The Role of Investment for Energy Conservation: Future Japanese Economic Growth", *Energy Economics*, 3, 1981.

Uri, N. D. and Hassanein, S. A., "Energy Prices, Labor Productivity and Causality: An Empirical Examination", *Energy Economics*, 4, 1982.

第二章
中国污染物排放与经济增长
相关性研究

第一节 引言

改革开放以来，中国的经济增长十分迅速，大大提升了中国的综合国力和人民的生活水平，但随之而来的环境污染为这一经济增长蒙上了一层阴影。这关系到中国长期的可持续发展和人民切身的生命安全和健康。中国政府也早就意识到了这个问题，并早在 20 世纪 90 年代初就意识到了经济增长方式的转变问题。最初的考虑是希望把粗放式的经济增长方式转变成集约式的经济增长方式，以避免无谓的浪费并提高经济效益。随着发展观念的不断完善，在"十五"期间，在继续以经济建设为中心的前提下，强调可持续发展的科学发展观成为中国经济发展的指导。为此，在 2006 年制定的《"十一五"规划纲要》中，中国政府更是明确提出，要在"十一五"期间实现单位 GDP 能耗降低 20% 和主要污染物（二氧化硫和化学需氧量）排放总量降低 10% 的硬性约束指标，即节能减排目标。这种以具体的环境保护指标作为各级政府官员考核标准的做法，在中国以往 30 多年的环境保护历史上是前所未有的，显示了政府落实科学发展观加强环境治理的决心。

图 2-1 显示了 20 世纪 90 年代以来中国的经济增长和主要工业污染物（二氧化硫和化学需氧量）排放的变化。1990~2007 年，中国的经济增长十分迅速。根据历年《中国统计年鉴》的数据，按 1978 年价格计算，2007 年中国的 GDP 约相当于 1990 年的 5.32 倍，年均增长约 10.33%。

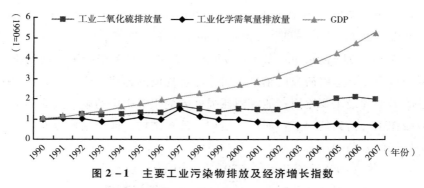

图 2 - 1　主要工业污染物排放及经济增长指数

资料来源：历年《中国统计年鉴》。

　　就主要工业污染物排放情况来看，中国的工业二氧化硫排放总体上有所增加，不过增长幅度还不算太大。2007 年，工业二氧化硫排放量为 2140 万吨，约相当于 1990 年的 2.01 倍。其中，1997～2002 年工业二氧化硫的排放量还略有下降，不过 2003～2006 年其增长趋势比较明显，而 2007 年的排放水平相对于 2006 年又有所下降。这可能是 2006 年以来中国的节能减排政策产生了效果。

　　而工业化学需氧量排放量的变化趋势与工业二氧化硫的变化趋势则有所不同。根据可获得的数据来看，1990～2007 年的大部分年份中，中国工业部门的化学需氧量排放量都呈现下降的变化趋势，尤其是 1997 年以来一直呈现下降趋势。2007 年的工业化学需氧量排放量为 511.1 万吨，不到 1990 年的 3/4。

　　比较来看，中国主要工业污染物排放量的相对变化幅度要明显低于经济增长，尤其是工业化学需氧量的变化还与经济增长相反。这意味着基于 GDP 的主要工业污染物排放强度在不断下降。这可能与中国政府自 20 世纪 90 年代以来一直强调的转变经济增长方式有关。

　　那么中国经济增长方式的变化对污染物的排放产生了怎样的影响？存在哪些问题？应怎样进一步转变经济增长方式来降低经济增长对污染物排放的依赖呢？

第二节　文献回顾

　　近年来，关于中国环境污染物排放的研究迅速增加，其中相当一部分

（Wang et al.，2005；Wu et al.，2005；Wu et al.，2006；徐国泉等，2006；Fan et al.，2007；Liu et al.，2007；Peters et al.，2007；Guan et al.，2008；Zhang，2008；Zhang et al.，2009；Zhang，2009）是关于中国污染物排放的因素分解研究。这些研究的结果表明，经济规模的迅速扩张是导致中国碳排放不断增加的最主要原因；能源消耗强度的变化对中国的碳排放起到了显著的减缓作用；而其他因素，如产业结构、需求结构、能源结构以及投入结构对碳排放的影响均相对较小。

Wang 等（2005）对 1957～2000 年中国碳排放变化进行了因素分解，认为能源消耗强度的下降对这一时期中国的碳排放起到了显著的减缓作用，燃料结构变化以及可再生能源的推广也对中国碳排放的减缓起到了积极作用。Wu 等（2005）发现，1996～1999 年中国碳排放变化出现停滞，主要是能源消耗强度下降和产业部门劳动生产率的上升带来的。Wu 等（2006）认为，1980～2002 年终端能源消耗和能源转换过程中效率的提高是抑制中国碳排放增加的主要原因。Liu 等（2007）的研究结果表明，1998～2005 年中国工业部门的碳排放主要受产出规模和能源消耗强度影响，而其余因素的影响较小。Zhang 等（2009）的分解结果表明，1991～2006 年中国碳排放的增加主要是经济规模带来的；除交通运输部门外，能源消耗强度的变化对农业、工业和其他部门的碳排放起到了明显的减缓作用。

Peters 等（2007）的分解结果表明，1992～2002 年 GDP 的增长使中国的碳排放增加了 129%，能源效率的提高使中国的碳排放减少了 62%，而投入结构的变化和需求结构的变化分别使中国的碳排放减少了 11% 和增加了 3%。Guan 等（2008）的研究表明，1981～2002 年中国的碳排放增加了 202%。其中，人均 GDP 的增加使中国的碳排放增加了 469%；能源效率的改善使中国的碳排放减少了 425%；而人口、消费结构和投入结构的变化则分别使中国的碳排放增加了 72%、42% 和 45%。Zhang（2008）对 1992～2006 年中国出口含碳量的分解也表明，出口规模导致出口含碳量迅速扩张，而各部门能源消耗强度的下降有效地约束了出口含碳量的增加。

不过一些研究者也指出，近年来能源消耗强度对碳排放的抑制作用有所减弱，个别年份甚至导致碳排放增加。徐国泉等（2006）对中国 1995～2004 年的碳排放所作因素分解表明，能源效率对抑制中国碳排放的作用在减弱，他们认为这主要是由于以煤为主的能源结构未发生根本性变化，能源效率和能源结构的抑制作用难以抵消由经济发展对中国碳排放量增加的拉动。Zhang（2009）的研究结果表明，尽管1992～2006年中国能源消耗强度有效地降低了中国的碳排放强度并减少了中国的碳排放，但能源消耗强度对碳排放的这一约束作用主要发生在1992～2002年，而2002～2006年能源消耗强度的这一作用则几乎可以忽略，而且2002～2003年以及2003～2004年能源消耗强度的变化甚至导致中国碳排放增加。

为了减缓中国未来的碳排放，以往研究提出的政策建议主要有以下几个方面：①继续致力于降低能源消耗强度（Fan et al.，2007；Liu et al.，2007；Peters et al.，2007；Zhang et al.，2009；Zhang，2009），如通过设置节能目标，引入先进技术、工艺和设备改善能源密集型部门的能源效率（Liu et al.，2007）。②采用激励措施，如财政和税收措施等，促进能源结构的清洁化（Fan et al.，2007；Liu et al.，2007；Zhang et al.，2009；Zhang，2009）。③调整产业结构（Zhang et al.，2009），如通过增加进口和限制出口来降低能源密集部门在工业增加值中的比重（Liu et al.，2007）。④增强需求结构的可持续性（Peters et al.，2007；Guan et al.，2008；Zhang，2009），如鼓励公共交通、家庭节能、征收汽车碳税等（Guan et al.，2008）。⑤争取发达国家的技术和资金援助（Guan et al.，2008；Zhang，2009）。⑥大力发展循环经济（Peters et al.，2007）。

从研究方法来看，大部分关于中国碳排放或碳排放强度变化分解的研究（Wang et al.，2005；Wu et al.，2005；Wu et al.，2006；徐国泉等，2006；Fan et al.，2007；Liu et al.，2007；Zhang et al.，2009）都是基于指数分解方法（Index Decomposition Analysis，IDA）展开的。这主要是因为产业水平上加总的数据就可以满足IDA的要求（Hoekstra and Van den Bergh，2003），而这样的数据容易获得。不过，也有一些研究者（Peters et al.，2007；Zhang，2008；Guan et al.，2008；Zhang，2009）采用了另一种流行的分解技术，即结构分解方法（Structural Decomposition Analysis，SDA）。而且他们都采用了 Dietzenbacher 和 Los（1998）提出的完全分解均值方法（the Average of the Full Set of Decompositions）。这一方法被 Hoekstra 和 Van den Bergh（2003）评价为最优的SDA。

由于SDA需要用到投入产出表，而许多国家并不是每年都公布这样的数据，因而相对于IDA而言，应用SDA的研究相对较少（Hoekstra and Van den Bergh，2003；Ang，2004）。不过，SDA能充分考虑产业之间的相互影响，从而可以刻画部门的直接和间接碳排放影响（Rose and Casler，1996；

Hoekstra and Van den Bergh, 2003; Mongelli et al., 2006; Tarancón Morán and P. del Río González, 2007; Milana, 2001）。而这一优势是 IDA 所难以实现的。因而，仍有一些研究者尝试采用 SDA 研究碳排放的历史变化。除了上面提到的几位研究中国碳排放的学者外，还有一些学者采用 SDA 对其他国家的碳排放进行了分解，如 Wier（1998）、Munksgaard 等（2000）、Seibel（2003）以及 Rørmose 和 Olsen（2005）。作为尝试，在有关中国的污染排放研究中，张友国（2009）在利用投入产出模型测算贸易对中国能源消耗和二氧化硫排放影响（即贸易含能量和贸易含硫量）的基础上，进一步采用 SDA 对中国的贸易含能量和贸易含硫量变化进行了因素分解。不过该文未考虑消费和投资的影响。而 Zhang（2009）分析了生产模式和需求模式变化对中国碳密度的影响，并发现 1992～2006 年中国碳密度的大幅度下降主要是由生产模式的变化带来的，而需求模式的变化总体上则不利于降低中国的碳密度。

总的来看，已有的文献主要集中于对中国碳排放的研究。这是因为中国是最大的发展中国家和经济增长最快的国家，同时在 2012 年以前又没有减少碳排放的义务，因而中国的碳排放自然引起了广泛关注。但对中国自身而言，二氧化硫和化学需氧量的环境危害则更大。关于这两种污染物排放的文献还不多见。而本章将重点对这两种污染物的变化进行实证分析。

第三节　方法和数据

由于各种经济活动有着广泛的、直接或间接的联系，生产某种最终使用产品不仅会直接消耗资源并产生相关的污染排放，同时为了生产这种产品还必须生产其他用于该产品生产的相关中间产品，所以生产这种产品还会产生间接的资源消耗和污染排放。正如我们可以把最终消费、投资和出口看成是经济增长的"三驾马车"一样，我们也可以把这三者看成是能耗和相关污染排放的"引擎"。因此，为了全面衡量生产某种最终使用产品所直接和间接引起的资源消耗和污染排放，需要用到系统的经济分析方法或模型，而作为国民经济核算基础的投入产出模型无疑是一个合适的选择。

一　经济－环境的投入产出模型

投入产出模型的核心是投入产出系数矩阵 A，它的每一列代表了一个经济部门的投入产出"技术"。非竞争型投入产出表的系数矩阵 A 可以拆分成两部分 A^d 和 A^{im}，分别用来表示部门间产品投入要求中的国产品和进口品技术系数，即 $A = A^d + A^{im}$（United Nations，1999）。令生产部门的 r 种资源消耗量或污染物排放量构成 $r \times 1$ 向量 Q，其元素 Q_i 表示第 i 种污染物的排放总量；国民经济各部门的总产出构成 $m \times 1$ 总产出向量 X，其元素 x_i 表示部门 i 的总产出；各部门国产品或服务的最终使用量构成最终使用向量 F。

在研究环境与经济相关问题时，一般可以假定污染排放与投入成比例，也可以假定污染排放与产出成比例。我们采用了后一种方法，假定各部门的污染排放量与其产出成比例。令各部门单位货币价值产出的污染排放量，即直接污染排放系数构成 $r \times m$ 矩阵 Ω，其元素 ω_{ij} 表示部门 i 的单位产出直接产生的污染排放量。显然，Ω 直接反映了各个部门的环境效率，因而也直接体现了各个部门的环境技术水平。则根据投入产出模型的基本原理有：

$$Q = \Omega X = \Omega (I - A^d)^{-1} F \qquad (2-1)$$

其中，$(I - A^d)^{-1}$ 就是 Leontief 逆矩阵，它反映了各个部门最终使用对其他部门产品的完全消耗情况。由于技术不仅包括效率因素，也包括不同投入之间的替代关系，因为大多数产品或服务都可以通过不同的要素组合方式生产或提供，而技术恰恰可被理解为产品生产或服务提供过程中资本、劳动、能源、原材料以及信息等要素的组合方式[1]，因而，我们可以认为 $(I - A^d)^{-1}$ 衡量了整个经济系统的投入技术。我们把 $\Omega (I - A^d)$ 定义为生产模式，它则可以理解为各部门最终产品的完全（包括直接和间接）污染系数向量，它体现了整个经济系统的生产技术水平。令它的第 i 个元素为 ξ_{ij}，则 ξ_{ij} 表示第 i 个部门单位货币价值最终产品直接和间接产生的第 j 种污染排放量。

式（2-1）可进一步表述为：

$$Q = \Omega L M S y^d \qquad (2-2)$$

其中，$L = (I - A^d)^{-1}$；M 为 26×4 阶国产品最终需求产业结构矩阵，其元素 m_{kj} 表示来自行业 j 的国产品价值在第 k 类最终需求中的比重，它反

---

[1] 事实上，对于技术的理解还可以更广泛。Nanduri（1998）进一步指出，人们应该突破以往对技术的理解，他认为社会组织、制度、文化以及其他除人口和富裕程度等能够影响人类活动对环境产生效应的因素都可视为技术。

映了最终需求中居民消费、政府消费、固定资本形成、出口之间的经济总量结构；S 为 $4×4$ 阶国产品最终需求经济总量结构对角矩阵，其对角元素 s_k 表示第 k 类国产品最终需求（如居民消费的国产品）在国产品最终需求总量中的比重，它反映了各类需求的产业结构；y^d 为国产品最终需求总量；而 MS 则体现了整个经济系统的需求模式。

二　污染排放变化的结构分解方法

令第 t 期的污染排放总量为 Q_t，基期的污染排放总量为 Q_{t-1}。对式（2 - 2）进行增量分解得到：

$$Q_t - Q_{t-1} = Q(\Delta\Omega) + Q(\Delta L) + Q(\Delta M) + Q(\Delta S) + Q(\Delta y^d) \qquad (2-3)$$

其中 $\triangle$ 表示相应因素的变化。利用式（2 - 3）便可识别各种因素变动对污染排放总量变化的影响。而需要指出的是，式（2 - 3）的具体形式并不是唯一的。这就是 Dietzenbacher 和 Los（1998）强调的结构分解中的"非唯一性问题"（Non-uniqueness Problem）。

Dietzenbacher 和 Los（1998）证明，如果一个变量的变化由 n 个因素决定，那么从不同的因素开始分解将得到不同的分解方程，这意味着该变量的变化分解形式共有 $n!$ 个。他们认为用上述 $n!$ 个分解方程中每个因素的变动对应变量影响的平均值来衡量该因素的变动对应变量的影响是合理的。而常用的两极分解均值方法和中点权分解法只能得到该平均值的简单近似解，但这两种方法存在理论上的缺陷，因为它们毕竟没有考虑所有的分解形式。Seibel（2003）进一步证明，这 $n!$ 个分解方程中每个因素的变动对应变量影响的表达式共有 2^{n-1} 个。对于某个因素变动的影响而言，其每个表达式出现的频数为 $(n-1-k)! \times k!$，其中 k 是取值维持在基期的其他因素的数目。这 2^{n-1} 个表达式的频数之和等于 $n!$。

具体到式（2 - 3），其中确定了碳排放的 5 个影响因素，因而其分解形式共有 $5! = 120$ 个，而这 120 个分解形式对应的表达式有 $2^{5-1} = 16$ 个。附录以经济总量结构对碳密度的影响 $Q(\Delta M)$ 为例，给出了其 16 个表达式及相应的频数。我们计算了各因素对应变量的上述所有可能影响值，并取它们的均值来衡量各因素对应变量的影响。

三　数据处理

投入产出分析需要大量的数据支持，其中最主要的数据是官方公布的投入产出表。我们的分析也以国家统计局公布的中国 1992 年、2002 年和 2005 年的投入产出表为基础。考虑到污染数据的限制，我们将经济系统划分为 26 个部门。

在中国，官方公布的投入产出表一般是竞争型的投入产出表。在这样的表中，中间使用和最终使用实际都是国产品和进口品的合成品。为了避免夸大各种最终使用的环境影响，我们需要区分国产品和进口品的投入产出表，即非竞争型的投入产出表。为了得到这种投入产出表，需要将进口分摊到各类中间投入和最终需求（包括出口）中。采取的方法如下。

首先，确定出口中包含的进口品。中国海关公布的产品贸易数据按贸易方式可以分为一般贸易、进口加工贸易、保税区仓库进出境货物、保税区仓储转口贸易等 19 个类别。其中，保税管理下的货物进境后主要用于临时储存或加工出口品，原则上复出口前并不投入境内的经济循环，对国内经济基本上不产生冲击。因此，以保税区仓库进出境货物和保税区仓储转口贸易出口的产品主要是未经过国内经济循环的进口品，这部分出口产品价值应从出口总值中抵减，以免夸大出口的经济环境影响。

尹敬东（2007）在分析贸易对经济增长的贡献时认为，来料加工、来样装配和进料加工部分的进口品主要是为出口服务，应从出口中扣除。同时，保税区仓库进出境货物和保税区仓储转口贸易多属于转口贸易，其中的进口品也从出口中扣减。我们认为以上述贸易方式进口的产品经过了国内加工然后出口，它们可被当作参与了生产过程的进口中间产品看待，从投入产出分析的角度看，不应从出口中扣减。而保税区仓库进出境货物和保税区仓储转口贸易中的进口并没有完全通过转口贸易方式出口，不能全部从出口中扣减，只有其中的出口部分才应该从出口总额中扣减。且这部分进口品原则上没有参与国内经济活动，在估算进口的环境影响时，不应考虑。

其次，由于以保税区仓库进出境货物、保税区仓储转口贸易两种方式进口的产品在未经海关最终核定前不会进入国内经济体系，因而在考虑进口品的环境影响时，不应当将这部分进口品考虑在内，以免夸大进口对本国经济环境的影响。因而其价值应当从进口中抵减。

再次，从固定资本形成中抵减加工贸易进口设备、外商投资企业作为投资进口的设备、物品以及出口加工区进口设备的价值，因为以上述方式进口的产品主要是投资品，居民和政府一般不会消费这类进口品。

最后，将扣除了上述保税进口品价值和设备类进口品价值的其余进口品价值，采取按比例拆分的方法分摊到中间使用和最终使用中（不包括出口）进行抵减①。

为了在不同年份进行对比，我们采用 United Nations（1999）提出的双重平减（Double Deflator）方法，将各年的投入产出表转化为以 2002 年的价格为基准核算的可比价投入产出表。其中国产品数据利用历年《中国统计年鉴》的各种价格指数进行平减，而进口品则采用中国海关总署编制的《中国对外贸易指数》（2005 年各期）以及《中国对外贸易指数 1993 ~ 2004》（合订本）中所公布的数据进行平减。

各部门污染排放数据来自历年《中国环境统计年鉴》。需要说明的是，中国官方公布的污染排放数据主要包括工业排放的污染物和生活排放的污染物两部分。而其中公布的各工业行业污染物排放数据并非全部企业污染物排放数据，行业数据的累加值大约只有工业污染排放总量的 85% 左右。另外 15% 左右的工业污染难以找到其污染来源，对这部分工业污染的归属，我们采取的方法是以各工业行业的一次能源消耗量为权重进行分摊。

而生活排放的污染物实际上包含服务业排放的污染物，对这部分污染物的归属，我们也采用了按比例分摊的办法。其中，二氧化硫排放量根据生活部门及各服务行业一次能源的消耗量进行分摊，而化学需氧量的排放量则根据各部门的用水量进行分摊。另外，农业部门的污染排放数据也没有官方的统计。为此，对于农业部门的二氧化硫排放数据，我们根据其消耗的一次能源进行了估计，而对于农业部门的化学需氧量排放数据，我们则没有考虑。

还要说明的是，由于官方公布的分行业污染排放数据最早是 1993 年的数据，因此对于 1987 年和 1992 年的二氧化硫和化学需氧量排放数据，我们根据 1993 年的数据进行了估计。具体方法是假定 1987 年和 1992 年各行业污染物排放与能耗的比值和 1993 年一样。

第四节　中国污染物排放总量及强度与经济增长关系的分析

表 2 - 1 显示了 1992 ~ 2005 年中国的二氧化硫排放量和化学需氧量排放

---

① 其他一些学者也采取这样的方法分解进口，如陈锡康（2002）。

量的总体变化及各类需求所引起的相应污染物排放量的变化。随着经济的发展，1992～2005 年中国的二氧化硫排放量有一定程度的增加，约相当于在1992 年排放量的基础上增加了 69.23%。而这一增量主要发生在 2002～2005年，前一阶段（1992～2002 年）的变化则相对非常小。

表 2-1　各类需求引起的污染排放变化（1992～2005 年）

单位：万吨

对象	时期	居民消费	政府消费	固定资本形成	出口	合计
二氧化硫	1992～2002 年	52.22	-21.78	-59.47	103.75	74.72
	2002～2005 年	118.70	57.41	313.39	394.24	883.74
	1992～2005 年	170.92	35.63	253.92	497.99	958.46
化学需氧量	1992～2002 年	-63.41	-53.82	-20.95	-11.44	-149.62
	2002～2005 年	-47.29	-3.49	16.10	46.12	11.44
	1992～2005 年	-110.70	-57.31	-4.85	34.68	-138.18

由式（2-1）可知，资源消耗和污染排放的经济活动根源可归结为最终需求。从各类需求对二氧化硫变化的贡献来看，无论是在整个研究阶段还是在各子阶段中，出口的贡献都要明显高于其他需求。在整个研究阶段中，出口带来的二氧化硫增量超过其整个增量的一半。固定资本形成的贡献居其次，然而其贡献仅相当于出口贡献的一半左右。这主要是因为在第一个阶段中，固定资本形成所引起的二氧化硫排放量有所下降，而第二个阶段中其贡献也明显小于出口的贡献。相对于前两者的贡献而言，整个消费活动，尤其是政府消费的贡献则很小。

化学需氧量排放量在整个研究阶段中的变化方向则与二氧化硫排放量相反。在整个研究阶段中，化学需氧量排放量相当于在 1992 年的基础上下降了 16.60%。在第一个阶段中，各类需求引起的化学需氧量排放量都有所下降，因而其总量也明显下降。在第二个阶段中，出口和固定资本形成引起的化学需氧量排放量都有一定程度的反弹，而居民消费和政府消费引起的化学需氧量排放量继续下降，两相平衡，化学需氧量排放量总体上出现小幅度的增加。

由式（2-2）可知，最终需求对污染排放的影响还可以进一步分解为多种因素，并可利用式（2-3）进行结构分解，从而计算出各种因素的变化对它们的影响。表 2-2 显示了结构分解的结果。在决定污染排放变化的各种因素中，需求总量的增加在各个阶段都是最重要的影响因素，它导致污染排放迅速增加。环境效率的改善则一直是第二重要的影响因素，它的作用正好与需求总量的增加相反，非常有效地抑制了污染排放的增加。而最终需求的经济总量结构和产业结构以及投入技术的变化所起的作用则相对较弱。需求总量变化的影响之所以巨大，这容易理解，因为中国 1987 年以来的经济增长十分迅速。

表 2 - 2　污染排放的因素分解

单位：万吨

对象	阶段	需求变化的影响				生产模式的影响			合计
		总量变化 $Q(\triangle y^d)$	需求模式变动			投入结构 $Q(\triangle L)$	效率因素 $Q(\triangle\Omega)$	小计	
			经济总量结构 $Q(\triangle S)$	产业结构 $Q(\triangle M)$	小计				
二氧化硫	1992~2002 年	1655.70	43.22	20.07	63.29	-159.01	-1485.26	-1644.27	74.72
	2002~2005 年	806.06	35.00	-10.55	24.45	528.42	-475.19	53.23	883.74
	1992~2005 年	3169.60	127.84	-2.43	125.41	116.30	-2452.85	-2336.55	958.46
化学需氧量	1992~2002 年	948.40	25.71	-74.45	-48.74	75.28	-1124.56	-1049.28	-149.62
	2002~2005 年	303.68	5.31	0.13	5.44	9.72	-307.41	-297.69	11.43
	1992~2005 年	1647.92	52.80	-79.44	-26.64	96.05	-1855.52	-1759.47	-138.19

那么经济增长方式的转变究竟是如何影响中国主要污染物排放的呢？下面将分别从经济总量构成（消费、投资和出口形成的需求结构）和产业结构两个方面来考察这个问题。

第五节　经济总量构成变化对主要污染物排放的影响

表 2 - 2 显示，1992~2005 年整个研究阶段中，经济总量结构变动导致污染排放显著增加，二氧化硫排放和化学需氧量排放分别因经济总量结构变动而增加了 9.23% 和 6.34%。因而经济总量结构变化整体上是不利于减排的。

其原因在于经济总量结构中出口比重的显著增加以及国内需求尤其是消费的明显下降。如表 2 - 3 所示，1992~2005 年出口在总需求中的比重从 14.70% 上升至 30.37%，绝对增加幅度为 15.67%；同时，居民消费和政府消费分别由 40.27% 和 15.54% 下降至 28.84% 和 10.84%，绝对下降幅度分别为 11.43% 和 4.70%；而固定资本形成比重的绝对下降幅度仅有 0.47%，基本没有变化。因而经济总量结构变动的突出特点就是出口比重的迅速上升和消费比重的迅速下降。

表 2 - 3　经济总量结构变动

单位：%

年份	居民消费	政府消费	固定资本形成	出口	合计
1992	40.27	15.54	29.49	14.70	100
2002	35.71	13.22	29.30	21.77	100
2005	28.84	10.84	29.96	30.37	100
1992~2005 年变化	-11.43	-4.70	0.47	15.67	0

尽管 1992~2005 年各类需求的污染强度均有大幅度下降，但出口的完全（直接和间接合计）污染强度始终明显高于居民消费和政府消费的完全污染强度（见表 2-4）。因此，出口比重的大幅增加显然不利于降低总需求的完全污染强度。而国内需求中的固定资本形成虽然始终具有最高的完全二氧化硫排放强度和较低的化学需氧量排放强度，但其比重变化很小，因而对整个需求的二氧化硫强度影响有限。这样，经济总量结构变动总体上便对减排产生了不利影响。

表 2 - 4　各类最终需求的完全污染排放强度

单位：千克/万元

各类需求	二氧化硫强度			化学需氧量强度		
	1992 年	2002 年	2005 年	1992 年	2002 年	2005 年
总需求	26.65	10.39	10.91	16.02	4.86	3.23
居民消费	22.47	10.41	10.35	15.74	5.30	3.53
政府消费	15.75	5.68	7.00	15.23	3.72	2.82
固定资本形成	35.24	11.68	12.34	12.58	4.18	2.92
出口	32.42	11.49	11.43	24.55	5.76	3.41

而且，就二氧化硫排放而言，2002~2005 年经济总量结构变动相对于需求总量变动的影响有所上升（见表 2-5）。这主要是因为 2002~2005 年出口在总需求中的比重由 21.77% 急剧上升至 30.37%，同时居民消费和政

府消费迅速下降。因而经济总量结构变动的趋势虽然仍与前两个阶段相同，但变化的速度则有所加快。于是其影响也有所增大。

表 2 – 5　经济总量结构相对于需求增量（Δ^{yd}）的环境影响力

单位：%

阶　段	对二氧化硫的影响	对化学需氧量的影响
1992 ~ 2002 年	2.61	2.71
2002 ~ 2005 年	4.34	1.75
1992 ~ 2005 年	4.03	3.20

第六节　产业结构变化对主要污染物排放的影响

产业结构变动对污染排放的影响稍复杂一点。在第一个阶段，它导致二氧化硫排放增加，但导致化学需氧量排放减少；而在第二个阶段，它使二氧化硫排放减少，却导致化学需氧量排放有所增加。不过，从整个研究阶段来看，产业结构变动起到了积极的减排作用。下面以二氧化硫排放为例简单解释一下为什么产业结构变动在最近几年（2002 ~ 2005 年）有利于污染减排。

附录 1 显示了各部门提供的最终产品或服务的完全污染排放强度及其在总需求中的比重。2002 ~ 2005 年，共有 10 个部门提供的最终产品或服务在总需求中的比重有所下降，而另外 16 个部门提供的最终产品或服务在总需求中的比重有所上升。在前 10 个部门中，非物质生产部门、农业和建筑业提供的最终产品或服务在总需求中的比重均下降了 3% 以上。在后 16 个部门中，最终产品或服务在总需求中的比重上升超过 3% 的只有通信设备、计算机及其他电子设备制造业；此外上升幅度超过 1% 的有通用、专用设备制造业，电气、机械及器材制造业，交通运输、仓储及邮电业以及交通运输设备制造业 4 个部门。

不过，前 10 个部门的加权平均完全二氧化硫排放强度在 2002 年和 2005 年分别为 11.50 千克/万元和 11.39 千克/万元，而后 16 个部门的加权平均完全二氧化硫排放强度在 2002 年和 2005 年分别为 10.47 千克/万元和 10.55 千克/万元。由此可见，完全二氧化硫排放强度较高的部门提供的最终产品或服务在总需求中的比重有所下降。因而在后一个阶段产业结构的变动有利于二氧化硫减排。不过，由于比重下降的部门和比重上升的部门的加权平均完全二氧化硫排放强度相差不大，因而产业结构的二氧化硫减排效应并不十分突出。

第七节　技术变化的减排效应

技术变化是效率因素和投入结构的综合变化，即式（2－2）中的 ΩL。需要指出的是，1992～2005 年整个研究阶段中，技术变化对污染排放的减缓作用主要是各部门生产产品或提供服务的过程中环境效率的改善带来的，投入结构变化的贡献相对甚小（见表2－2）。尤其值得注意的是，投入结构变化的影响不仅远小于效率因素改善的影响，而且它还导致了二氧化硫排放量和化学需氧量排放量的增加。

一　效率因素的减排效果

（一）从整个研究阶段来看，效率因素的减排效果显著

表2－2 显示，1992～2005 年中国的技术变化对各种污染排放都起到了十分显著的抑制作用，它使二氧化硫排放和化学需氧量排放分别减少了168.77％和222.94％。在整个研究阶段中，效率因素发挥的二氧化硫和化学需氧量减排效应分别相当于需求规模所带来的增量效应的 77.39％ 和112.60％，因而它有效地制约了需求规模带来的污染排放增量效应（见表2－6）。而技术变化的这种显著的减排效应又主要是效率的改善带来的。

表2－6　生产模式相对于需求增量（Δy^d）的环境影响力

单位：％

阶　　段	对二氧化硫的影响		对化学需氧量的影响	
	a	b	a	b
1992～2002 年	－99.31	－89.71	－110.64	－118.57
2002～2005 年	6.60	－58.95	－98.02	－101.23
1992～2005 年	－73.72	－77.39	－106.77	－112.60

注：a 为生产模式的总影响相对于需求增量的影响力；b 为效率改善相对于需求增量的影响力。

附录2 显示了各部门的直接污染排放强度。以二氧化硫排放强度为例，在整个研究阶段中，除石油和天然气开采业与石油加工、炼焦、核燃料及煤

气加工业外，其他部门的直接二氧化硫排放强度都有不同程度的下降。其中，直接二氧化硫排放强度下降幅度最大的产品是其他工业，其降幅达到98.08%；其他直接二氧化硫排放强度下降幅度超过95%的部门依次是通信设备、计算机及其他电子设备制造业，交通运输、仓储及邮电业，建筑业，交通运输设备制造业以及电气、机械及器材制造业。

（二）1992～2002年效率因素的减排效果尤其显著

分阶段来看，效率因素在第一阶段对二氧化硫和化学需氧量的绝对减排量远远高于其第二阶段的减排量（见表2-2）。而从相对效果来看，效率因素在第一阶段对二氧化硫和化学需氧量的减排量分别相当于需求规模所带来的增量效应的89.71%和118.57%，也明显高于第二阶段效率因素的减排效果，同时也高于整个研究阶段效率因素的相对减排效应（见表2-6）。因此，效率因素在第一阶段的减排效果尤其明显。

仍以直接二氧化硫排放强度的变化来看，非金属矿物制品业、纺织业、其他工业以及建筑业在第一阶段的直接二氧化硫排放强度均降低了95%以上；石油加工、炼焦、核燃料及煤气加工业，交通运输设备制造业，通信设备、计算机及其他电子设备制造业，交通运输、仓储及邮电业以及通用、专用设备制造业5个部门的直接二氧化硫排放强度均降低了90%以上；此外还有木材加工及家具制造业等4个部门的直接二氧化硫排放强度均降低了80%以上。不过，与整个研究阶段的情况类似，也有个别部门的直接二氧化硫排放强度不降反升，它们是电力、热力的生产和供应业，金属制品业以及服装皮革羽绒及其制品业（见附录2）。

（三）2002年以来效率因素对二氧化硫的减排效力有所下降

值得注意的是，与以前相比，2002～2005年技术变化对污染排放的影响相对于需求总量的影响而言有所下降，这一点在其对二氧化硫排放的影响上表现得尤为突出。2002～2005年，效率因素的变化仅使二氧化硫排放量下降475.19万吨，而需求总量的增加则导致二氧化硫排放量增加806.06万吨（见表2-2）。效率因素变化的影响仅相当于后者的-58.95%，与其第一阶段相比（-99.31%），效率因素相对于总量因素的影响力明显下降（见表2-6）。

这主要是因为2002～2005年各部门的直接二氧化硫排放强度的下降幅度明显低于前一阶段，而且还有更多（6个）部门的直接二氧化硫排放强度不降反升。这几个部门是非金属矿物制品业，石油加工、炼焦、核燃料及煤气加工业，纺织业，金属矿采选业，石油和天然气开采业以及农业。其中，非金属矿物制品业的直接二氧化硫排放强度上升了 64 倍。此外，石油加工、炼焦、核燃料及煤气加工业以及纺织业的直接二氧化硫排放强度也都分别上升了 18 倍和 13 倍（见附录 2）。

二　投入结构的变化整体上不利于减排

表 2 - 2 显示，生产模式的另一个构成因素——投入结构的变化整体上是不利于减排的。在第一阶段，虽然投入结构的变化减少了 159.01 万吨二氧化硫排放量，但在第二个阶段它对二氧化硫排放量的影响则发生了逆转，导致二氧化硫排放量增加了 528.42 万吨。因而在整个研究阶段中，投入结构的变化导致二氧化硫排放大幅度增加。而无论是在各个子阶段还是在整个研究阶段中，投入结构的变化都使化学需氧量有所增加。下面仅以二氧化硫为例，简单解释为什么投入结构变化整体上不利于减排。

附录 2 显示，1992 ~ 2005 年共有 11 个部门的产品或服务在中间投入中的比重有所下降。其中，绝对下降幅度最大的是农业部门的产品（4.94%），其次是批发和零售贸易/住宿和餐饮业提供的服务（4.90%），此外下降幅度超过 2% 的还有石油和天然气开采业以及石油加工、炼焦、核燃料及煤气加工业提供的产品。与之相反，其余 16 个部门的产品或服务在中间投入中的比重则有所上升。其中，上升幅度超过 3% 的有交通运输、仓储及邮电业，通信设备、计算机及其他电子设备制造业以及化学工业提供的产品。

前 11 个比重下降的部门，其加权平均的直接二氧化硫排放强度在 1992 年和 2005 年分别为 8.47 千克/万元和 3.56 千克/万元；而后 16 个部门的加权平均直接二氧化硫排放强度在 1992 年和 2005 年分别为 23.34 千克/万元和 9.44 千克/万元。这意味着中间投入中直接二氧化硫排放强度较低的部门的比重有所下降，而直接二氧化硫排放强度较高的部门的比重有所上升。因此，投入结构的变化不利于减少二氧化硫排放。

第八节　政策含义

实证分析的结果表明，技术变化对中国的主要污染物排放起到了有效的减缓作用，而需求模式转变的影响相对很小，且 2002 ~ 2005 年不利于污染物减排。一方面的原因，如前面分析过的，是中国消费不足而出口膨胀过快，以及产业结构的调整力度有限；而另一方面的原因，或许是更深层原因，则在于中国针对需求制定的环境政策措施还很欠缺。例如，从目前出台的一系列节能减排措施来看，无论是项目审批、严格控制土地用途还是征收相关的环境与资源税费等都主要是针对生产行为的。

当然，生产领域内的环境问题解决方案应当重视，而且我们所做的分析已经表明其效果非常明显，但长期以来对需求领域内环境问题解决方案的不够重视似乎又有一些令人不解。因为在讨论经济增长问题时，最终需求总是被作为重要的因素讨论。最终消费、投资和出口已经被普遍看成是经济增长的"三驾马车"。但要知道，生产中的资源消耗和污染物排放也正是伴随着经济活动而不可避免地发生的。因而不能忽视或轻视最终需求在环境污染方面的影响。

忽视需求领域内的环境解决方案势必会导致针对生产领域的相关政策措施大打折扣。例如，尽管前几年政府部门采取了一系列政策措施来遏制高耗能、高污染行业的发展，但当时这些行业的扩张势头似乎仍不能完全得到遏制。其中的一个重要原因就在于当前还存在着对这些行业产品的强劲需求。有需求便有利可图，这些行业就容易将相关的政策成本（如环境税）转嫁给需求方，从而大大削弱政策措施的执行效果。

此外，尽管需求模式的变化对减排产生了不利影响，且其影响程度远远低于技术变化的影响，但这也正意味着，从长远来看，促进需求模式调整以减缓碳排放的潜力十分巨大。因而，在坚持优化生产模式的同时，应当鼓励消费污染排放强度低的产品，而限制或不鼓励消费污染排放强度高的产品以调整产业是非常值得考虑的。例如，对于二氧化硫而言，批发和零售贸易/住宿和餐饮业，非物质生产部门（包括金融、科学研究、综合技术服务等），通信设备、计算机及其他电子设备制造业等部门是目前完全污染排放强度较低的部门，应当鼓励发展；而电力、热力的生产和供应业，金属冶炼及压延加工业，金属矿采选业等部门的完全污染排放强度较高，应当通过征税等方式限制对这些部门提供的产品的消费。

当然，由于数据的可获得性问题，我们对产品种类的划分数量有限。而各类产品的直接污染强度的显著下降可能包含着其中更细层次产业结构变动的影响。因而技术进步对污染排放的减缓作用可能还有一部分甚至相当大的一部分可以归入产业结构变动。不过，相反的可能性也是存在的，即在更细的产品划分基础上得到的结果可能是产业结构变动的影响更小，甚至影响方向发生改变。因而，这个问题具有一定不确定性，值得进一步探讨。但不管

怎样，按我们所做的产品划分，1992～2005 年一些污染强度最高的产品
（如金属冶炼及压延加工业产品、非金属矿物制品、化学工业产品）在总需
求中的比重是有所上升的（见附录 1）。这已在一定程度上表明，需求模式
变动对中国污染排放的不利影响是值得关注的。

第九节 结论

本章利用 SDA 方法分析了技术变化和需求模式变动对中国 1992～2005
年二氧化硫和化学需氧量排放变化的影响，以最终需求（包括各类需求和
各类最终产品或服务）的完全污染强度衡量技术水平。结果表明，最终需
求的完全污染强度发生了极其显著的下降，因而技术变化可以理解为技术进
步。而这种变化非常有效地减缓了中国的主要污染物排放。不过其中起主要
作用的还是各类产品的直接污染强度的下降，而投入结构的变化并不利于减
缓污染排放。且 2002 年以来技术变化对二氧化硫排放量的减排效应比前一
个时期明显下降。而这一不利影响主要是效率改善速度趋缓以及投入结构向
直接污染排放强度较高的部门转变带来的。

另外，我们以最终需求在消费、投资和出口上的经济总量结构变动和各
类需求的产业结构变动来衡量需求模式变动。结果表明，需求模式变动对污
染排放变化的影响相对而言比较有限，且其中经济总量结构变动始终不利于
减缓污染排放；而近期产业结构变动也只有利于减缓二氧化硫排放，而不利
于减缓化学需氧量排放。因而中国的需求模式变动尤其是在 2002～2005 年
整体上不利于节能减排。

因此，未来中国一方面要继续鼓励和支持节能环保技术的开发、引进尤
其是应用，以进一步提高技术水平，挖掘技术进步的节能减排潜力；另一方
面则要通过税收等灵活有效的激励措施加强或进一步推动需求管理，促进经
济发展方式转变，从而全面推进节能减排。

参考文献

陈锡康：《中国 1995 年对外贸易投入产出表及其应用》，载于许宪春、刘起运编
《2001 年中国投入产出理论与实践》，中国统计出版社，2002。

沈利生、唐志：《对外贸易对我国污染排放的影响——以二氧化硫排放为例》，《管

理世界》2008 年第 6 期。

徐国泉、刘则渊、姜照华：《中国碳排放的因素分解模型及实证分析：1995 ~ 2004》，《中国人口·资源与环境》2006 年第 6 期。

尹敬东：《外贸对经济增长的贡献：中国经济增长奇迹的需求解析》，《数量经济技术经济研究》2007 年第 10 期。

张友国：《中国贸易增长的能源环境代价》，《数量经济技术经济研究》2009 年第 1 期。

Ang, B. W. , "Decomposition Analysis for Policymaking in Energy： Which is the Preferred Method?", *Energy Policy*, 32, 2004.

Dietzenbacher, E. & Los, B. , "Structural Decomposition Techniques： Sense and Sensitivity", *Economic Systems Research*, 10 (4), 1998.

Fan, Y. , Liu, L. - C. , Wu, G. , Wei, Y. - M. , "Changes in Carbon Intensity in China： Empirical Findings 1980 – 2003", *Ecological Economics*, 62, 2007.

Guan, D. B. , Hubacek, K. , Weber, C. L. , Peters, G. P. , Reiner, D. M. , " The Drivers of Chinese CO_2 Emission from 1980 to 2030", *Global Environmental Change*, 18, 2008.

Hoekstra, R. & Van den Bergh, J. C. J. M. , "Comparing Structural and Index Decomposition Analysis", *Energy economics*, 25, 2003.

IPCC, *Revised 1996 IPCC Guidelines for National Greenhouse Gas Inventories： Workbook* (*Volume* 2), http：//www. ipcc – nggip. iges. or. jp/public/gl/invs5a. html, 1996.

Lenzen, M. , Joy Murray, Fabian Sacb, Thomas Wiedman, "Shared Producer and Consumer Responsibility — Theory and Practice", *Ecological Economics*, 61, 2007.

Lin, J. , Zhou, N. , Levine, M. , Fridley, D. , "Taking out 1 Billion Tons of CO_2： The Magic of China's 11th Five-Year Plan", *Energy Policy*, 36, 2008.

Liu L – C. i, Y. Fan, G. Wu, Y – M. Wei, "Using LMDI Method to Analyze the Change of China's Industrial CO_2 Emissions from Final Fuel Use： An Empirical Analysis", *Energy Policy*, 35, 2007.

Machado, G. , Schaeffer, R. , Worrell, E. , "Energy and Carbon Embodied in the International Trade of Brazil： An Input-output Approach", *Ecological Economics*, 39, 2001.

Milana C, "The Input-output Structural Decomposition Analysis of 'Flexible' Production Systems", in Michael L. Lahr and Dietzenbacher E. , eds. , *Input-output Analysis： Frontiers and Extensions*, Essays in Honor of Ronald E. Miller, London： Macmillan Press, 2001.

Mongelli, I. , Tassielli, G. , Notarnicola, B. , " Global Warming Agreements, International Trade and Energy/Carbon Embodiments： An Input-output Approach to the Italian Case", *Energy Policy*, 34 (1), 2006.

Munksgaard Jesper, Klaus Alsted Pedersen, Mette Wier, "Impact of Household Consumption on CO_2 Emissions", *Energy Economics*, 22, 2000.

Peters, G. , Webber, C. , Guan, D. , and Hubacek, K. , "China's Growing CO_2 Emissions – A Race between Lifestyle Changes and efficiency Gains", *Environmental Science and Technology*, 41 (17), 2007.

Rodrigues, J., Domingos, T., Giljum, S., Schneider, F., "Designing an Indicator of Environmental Responsibility", *Ecological Economics*, 59, 2006.

Rodrigues João, T. Domingos, "Consumer and Producer Environmental Responsibility: Comparing Two Approaches", *Ecological Economics*, 66, 2008.

Rose, A. & S. Casler, "Input-output Structural Decomposition Analysis: A Critical Appraisal", *Economic Systems Research*, 8, 1996.

Rørmose P. and Olsen, T., "Structural Decomposition Analysis of Air Emissions in Denmark 1980 – 2002", Presented in the 15th International Conference on Input-output Techniques Beijing, China, June 27 to July 1, 2005.

Seibel, S., "Decomposition Analysis of Carbon Dioxide Emission Changes in Germany – Conceptual Framework and Empirical Results", European Commission Working Papers and Studies, 2003.

Tarancón Morán M. á., P. del Río González, "A Combined Input – output and Sensitivity Analysis Approach to Analyse Sector Linkages and CO_2 Emissions", *Energy Economics*, 29, 2007.

United Nations, "Handbook of Input-output Table Compilation and Analysis", Studies in Methods Series F, NO. 74, Handbook of National Accounting, United Nations, 1999.

Wang, C., Chen, J., Zou, J., "Decomposition of Energy-related CO_2 Emissions in China: 1957 – 2000", *Energy*, 30, 2005.

Wang, D., Run, D., Wang, H., "A Study on Green GDP Accounting: A Case For Shanghai Industrial Sector 2002", *Journal of Finance and Economics*, 2, 2005.

Wier M., "Source of Changes in Emission from Energy: A Structural Decomposition Analysis", *Economic Systems Research*, 10, 1998.

Wu, L., Kaneko, S., Matsuoka, S., "Driving Forces behind the Stagnancy of China's Energy-related CO_2 Emissions, Intensity Change and Scale Change", *Energy Policy*, 33, 2005.

Wu, L., Kaneko, S., Matsuoka, S., "Dynamics of Energy-related CO_2 Emissions in China 1980 – 2002: The Relative Importance of Energy Supply-side and Demand-side Effects", *Energy Policy*, 34, 2006.

Xu, G., Liu Z., Jiang Z., "Decomposition Model and Empirical Study of Carbon Emissions for China 1995 – 2004", *China Population, Resources and Environment*, Vol. 16, No. 6, 2006.

Zhang, M., et al., "Decomposition of Energy-related CO_2 Emission over 1991 – 2006 in China", *Ecological Economics*, Vol. 2, 2009.

Zhang Y., "Carbon Embodied in Chinese Trade and Its Drivers: 1987 – 2006", *Institute of Quantitative and Technical Economics*, Chinese Academy of Social Science, Working Paper, Beijing, 2008.

Zhang Y., "Structural Decomposition Analysis of Sources of Decarbonizing Economic Development in China: 1992 – 2006", *Ecological Economics*, Vol. 68, No. 8 – 9, 2009.

附录1 各类最终产品或服务的完全污染排放强度及其在总需求中的比重

最终产品或服务	二氧化硫强度（千克/万元）			化学需氧量强度（千克/万元）			占总需求的比重（%）		
	1992 年	2002 年	2005 年	1992 年	2002 年	2005 年	1992 年	2002 年	2005 年
农业	12.45	7.29	7.72	4.27	2.08	1.50	17.88	8.50	4.93
煤炭开采和洗选业	49.98	17.12	25.47	35.13	3.96	3.20	0.71	0.38	−0.34
石油和天然气开采业	6.92	8.60	13.69	2.94	1.93	1.77	0.63	0.11	0.02
金属矿采选业	45.67	21.97	33.13	26.09	4.05	6.40	0.04	0.02	0.20
非金属矿采选业	44.26	15.00	17.68	26.29	4.18	3.19	0.12	0.12	0.04
食品制造及烟草加工业	24.79	10.02	8.51	32.86	11.69	6.64	8.46	5.74	6.32
纺织业	35.44	9.23	12.73	17.42	6.94	4.67	3.77	2.44	2.53
服装皮革羽绒及其制品业	20.50	11.56	8.01	13.10	5.87	3.63	4.30	3.50	4.21
木材加工及家具制造业	43.33	11.08	11.16	21.57	3.80	2.72	0.41	0.82	0.88
造纸印刷及文教用品制造业	35.68	15.59	15.56	111.94	33.40	21.27	2.10	1.04	1.12
石油加工、炼焦、核燃料及煤气加工业	17.64	9.33	24.18	6.07	3.10	3.07	0.77	0.35	0.51
化学工业	54.41	20.26	21.46	29.17	8.04	5.25	2.55	2.55	2.16
非金属矿物制品业	65.11	13.76	30.38	16.41	4.82	2.73	0.88	0.58	0.72
金属冶炼及压延加工业	66.24	30.80	34.03	16.71	4.23	3.47	−0.34	0.33	0.62
金属制品业	39.80	29.15	18.09	12.67	3.34	2.36	1.11	1.20	1.13
通用、专用设备制造业	41.64	13.19	13.41	13.99	3.11	1.99	4.25	4.45	6.42
交通运输设备制造业	35.56	11.45	10.81	12.97	3.01	1.92	1.50	2.86	4.08
电气、机械及器材制造业	42.46	14.09	10.69	16.36	3.91	2.00	1.47	2.17	3.79
通信设备、计算机及其他电子设备制造业	29.40	7.41	7.48	12.97	2.54	1.46	1.41	4.96	8.29
仪器仪表及文化办公用机械制造业	30.90	9.56	10.52	12.81	3.81	2.25	0.14	0.96	1.49
其他工业	44.78	10.33	9.36	23.04	3.40	2.99	0.73	0.87	0.71
电力、热力的生产和供应业	99.92	100.78	75.34	8.80	3.14	2.17	0.63	0.84	0.88
建筑业	37.96	11.97	14.60	10.48	4.39	3.08	18.66	19.45	16.10
交通运输、仓储及邮电业	38.65	7.59	7.87	34.31	6.06	3.26	2.16	3.59	5.06
批发和零售贸易/住宿和餐饮业	20.46	7.12	5.93	12.67	5.78	3.88	7.89	7.30	6.85
非物质生产部门	14.28	5.63	6.97	13.17	3.70	2.82	17.79	24.88	21.27

附录 2　各部门的直接二氧化硫和化学需氧量排放强度

最终产品或服务	二氧化硫强度（千克/万元）			化学需氧量强度（千克/万元）			占中间投入的比重（%）		
	1992 年	2002 年	2005 年	1992 年	2002 年	2005 年	1992 年	2002 年	2005 年
农业	4.95	2.12	2.26	0.00	0.00	0.00	12.88	9.18	7.94
煤炭开采和洗选业	30.70	4.97	4.86	28.67	2.07	1.20	2.16	1.85	1.97
石油和天然气开采业	1.08	1.05	1.12	1.19	0.77	0.52	3.91	1.72	1.12
金属矿采选业	12.34	5.85	6.25	14.98	1.82	3.84	0.49	0.83	0.54
非金属矿采选业	12.73	4.37	3.31	16.68	1.55	1.04	1.39	0.79	0.68
食品制造及烟草加工业	8.49	2.83	1.68	22.29	7.70	4.19	3.38	3.39	3.87
纺织业	9.52	0.16	2.23	4.69	2.98	2.03	4.95	3.14	3.32
服装皮革羽绒及其制品业	0.59	3.73	0.34	1.35	1.15	0.80	0.48	0.87	1.08
木材加工及家具制造业	8.73	1.23	0.99	5.23	0.51	0.50	0.62	1.66	1.39
造纸印刷及文教用品制造业	11.45	5.17	4.49	85.47	23.89	14.84	2.65	3.11	2.99
石油加工、炼焦、核燃料及煤气加工业	8.16	0.54	10.15	1.31	1.02	1.17	4.71	3.35	2.44
化学工业	19.48	6.14	4.38	12.35	3.71	2.29	7.77	10.35	11.04
非金属矿物制品业	29.42	0.20	13.01	0.64	1.14	0.35	5.18	2.91	4.87
金属冶炼及压延加工业	26.75	11.82	10.43	3.99	1.19	0.93	7.38	8.31	7.60
金属制品业	2.17	10.79	0.30	0.23	0.21	0.21	2.38	2.61	2.50
通用、专用设备制造业	5.50	0.48	0.40	0.90	0.31	0.14	3.42	4.08	3.80
交通运输设备制造业	5.86	0.41	0.25	0.89	0.25	0.21	1.56	3.23	3.47
电气、机械及器材制造业	3.29	0.71	0.15	0.53	0.09	0.05	1.60	2.40	4.07
通信设备、计算机及其他电子设备制造业	2.83	0.22	0.06	0.45	0.08	0.06	0.74	3.62	4.28
仪器仪表及文化办公用机械制造业	4.79	0.77	0.42	0.71	1.00	0.27	0.25	0.26	0.08
其他工业	15.11	0.34	0.29	8.82	0.37	0.70	1.69	1.25	0.91
电力、热力的生产和供应业	86.80	92.28	61.82	1.81	1.22	0.63	4.94	4.00	6.80
建筑业	13.08	0.65	0.53	1.72	1.40	1.20	0.68	1.06	0.70
交通运输、仓储及邮电业	21.03	1.76	0.78	26.15	3.77	1.76	3.73	8.53	7.70
批发和零售贸易/住宿和餐饮业	6.19	1.20	1.02	1.75	2.58	2.30	10.64	8.12	5.74
非物质生产部门	1.01	0.43	0.34	4.25	0.93	0.76	10.42	9.37	9.10

第三章
节能降耗的"十一五"评价与
"十二五"对策研究

　　进入 21 世纪以来，中国迈入了加快工业化和城市化进程的阶段。由于一些发达国家的经济发展已进入后工业化阶段，经济向低能耗、高产出的产业结构发展，并将高能耗的制造业、原材料初加工业逐步转向以中国为主要目标的发展中国家，由于中国重化工业爆发性外延式的增长等多种因素组合，各种资源消费量持续增长，中国经济增长显现了依赖资源高投入的粗放型特点。2003～2005 年，中国连续 3 年单位 GDP 能耗分别上升了 4.9%、5.5% 和 0.2%。伴随 GDP 的增长，能源消费总量随之持续增长，资源与环境对经济发展的制约瓶颈作用也日显突出。

　　要突破能源资源对经济发展的制约，就必须扭转单位 GDP 能耗上升、能源消费总量过快增长的趋势，在经济持续飞速发展阶段，政府要有很大的气魄与决心。十七大提出，要加快转变发展方式，在优化结构、提高效益、降低消耗、保护环境的基础上，实现人均 GDP 到 2020 年比 2000 年翻两番。2006 年 3 月十届全国人大四次会议通过了《"十一五"规划纲要》，第一次将万元 GDP 的节能降耗与全国主要污染物排放总量削减作为两项约束性指标纳入国民经济和社会发展五年规划。

第一节　"十一五"期间节能降耗回顾

　　从单纯追求经济高速发展，大量消耗能源资源的经济增长方式转变到实现节约、节能型的经济发展方式，不仅是我国经济发展道路的必然选择，而且是经济发展理论的深刻变革。对于我国，节能不是一个短时期内的任务，而是国家今后实施转变经济发展方式的一项永恒的战略。如果说"十一五"节能是一场攻坚战，那么今后还需要长期的持久战。通过对"十一五"节能攻坚战的回顾分析，可以得到许多有益的经验与启发。

一 "十一五"期间的能源消费

"十一五"期间，我国的能源消费量伴随经济增长仍呈逐年增长的趋势，2010 年能源消费量已达到 32.5 亿吨标准煤（已是 2002 年和 2003 年两年的能源消费量之和）。但是，从能源消费弹性系数看，呈现逐年下降的趋势，表明经济发展对能源的依赖程度有所降低，节能取得了显著成效。

从能源消费量统计数据分析，除了总量在持续增长之外，还伴随着以下突出的特点。

（1）一次能源消费结构中煤炭的比重基本保持在 71% 左右的水平，表明我国能源消费总量的增长基本上是依靠煤炭消费的增长，以煤炭为主的地位在短期内难以改变。

（2）石油消费比重的下降被天然气和可再生能源消费的增加而替代，表明我国尽可能减少对石油的依赖程度，发展能源多元化的战略已见初步成效。

（3）各年度的电力消费弹性系数均高于能源消费弹性系数，这表明我国终端能源消费的结构在快速改善之中，清洁、便利的电能应用越来越广泛（见表 3 - 1、表 3 - 2）。

表 3 - 1 "十一五"期间的一次能源消费和结构

年份	能源消费总量（万吨标准煤）	占能源消费总量的比重（%）		
		煤炭	石油	天然气
2005	235997	70.8	19.8	2.6
2006	258676	71.1	19.3	2.9
2007	280508	71.1	18.8	3.3
2008	291448	70.3	18.3	3.7
2009	306647	70.4	17.9	3.9
2010	325000	70.9	16.5	4.3

资料来源：国家发改委、国家统计局、国家信息中心等，中国经济网数据中心整理，2011 年 6 月。

表 3 - 2　"十一五"期间的经济发展与能源消费弹性系数

年份	能源消费比上年增长(%)	电力消费比上年增长(%)	国内生产总值比上年增长(%)	能源消费弹性系数	电力消费弹性系数
2005	10.6	13.5	11.3	0.93	1.19
2006	9.6	14.6	12.7	0.76	1.15
2007	8.4	14.4	14.2	0.59	1.01
2008	3.9	5.6	9.6	0.41	0.58
2009	5.2	7.2	9.2	0.57	0.79
2010	6.0	13.1	10.3	0.57	1.27

注：2010 年为估算数。

资料来源：国家发改委、国家统计局、国家信息中心等，中国经济网数据中心整理，2011 年 6 月。

二　"十一五"期间的年度节能措施与成效

(一) 2006 年度的节能措施与成效

2006 年是"十一五"开局的第一年，自从 2006 年 3 月十届全国人大四次会议通过了《"十一五"规划纲要》，明确强调节能和环保问题后，在这一年度内几乎每个月政府都要出台节能降耗重大举措，如 2006 年 3 月全国人大财经委《节约能源法》修订起草组在北京正式成立，正式启动《节约能源法》修改工作。

可以说，2006 年是政府节能政策与措施出台最频繁的年度，表明了政府大力抓节能降耗的决心与魄力。虽然 2006 年全国能源消费量比 2005 年增长了 9.6%，但是能源消费弹性系数比 2005 年的 0.93 有所下降，为 0.76。在严格的节能指标考核压力下，各级政府开始重视节能工作，基本扭转了 2005 年以及 2006 年上半年单位 GDP 能耗比同期上升的趋势。虽然在节能运动的起步阶段，没有完成当年的节能目标，但是出现了向下降方向的趋势拐点。其意义极为重大和深远，说明只要政府重视，通过坚持不懈的努力就会有成效，增强了政府继续加大节能降耗的信心。

(二) 2007 年度的节能措施与成效

面对 2006 年不容乐观的节能降耗形势，2007 年政府将"节能减排"定位为经济结构调整的首要任务和突破口，加大了各项措施的实施力度，掀起新一轮节能风暴。一是从源头控制高能耗项目发展，明确将能耗作为固定资产投资项目审核的强制性门槛,控制高耗能、高污染行业过快增长。二是控制"两高一资"产品的出口。三是淘汰小火电。四是节能减排的投入不断增加。

由于政府加大了宏观调控力度,着重强化执行力度,并对一些具体节能降耗任务进行了细化,2007 年全国能源消费量增速比 2006 年有所减缓。这表明经济增长对能源的依赖程度有所降低,能源消费弹性系数下降了 0.17 个百分点,为 0.59。可以说,2007 年度是节能政策措施明显见效、出现重要转机的一年。

(三) 2008 年度的节能措施与成效

2008 年 4 月 1 日开始正式施行 2007 年 10 月全国人大常委会通过的新修订《节约能源法》。新法案具有更强的可操作性,规定了工业节能、建筑节能、交通运输节能、公共机构节能、重点用能单位节能的管理和相关措施,强调节能技术进步,并制定了相应的激励措施和法律责任。

2008 年我国万元 GDP 能耗同比下降 4.59%[①],超过 2006 年和 2007 年的降幅。不过,2008 年单位 GDP 能耗下降除了因为节能政策措施力度加大,主要高能耗产品的单位产品能耗稳步降低之外,还有一个主要原因是:年末受到世界金融危机的影响,高耗能产业增速有所回落,主要耗能产品产量和出口趋缓。同时,由于世界金融危机造成一些企业效益回落,影响了节能减排重点工程实施,给节能减排工作带来新的问题和挑战。

(四) 2009 年度的节能措施与成效

2009 年 3 月发布的政府工作报告提出节能减排与生态环保六大任务。实施了"节能产品惠民工程"。为推进结构调整和产业升级,国家在出台的九大工业产业调整和振兴计划中,把节能减排作为重要内容,鼓励钢铁、汽车等行业调整产业结构,淘汰落后产能力度进一步加大,加强节能减排监督检查,对部分地区自行出台的高耗能企业优惠电价政策进行了清理[②]。积极筹建国家节能中心,作为政府实施节能管理的技术支持机构。

根据能源消费总量和 GDP 年度统计结果计算,2009 年全国单位 GDP 能耗为 1.077 吨标准煤/万元,降低了 3.61%。"十一五"的头 4 年,火电供电的能耗、吨煤吨钢可比能耗、水泥综合能耗等单位产品能耗与国际先进水平的差距明显缩小;全国单位 GDP 能耗累计下降 14.38%,但与"十一五"

---

① 《2008 年国民经济和社会发展统计公报》,国家统计局,2009 年 2 月 26 日。
② 国家发改委:《上半年全国单位 GDP 能耗下降 3.35%》,新华网,2009 年 8 月 2 日。

降低 20% 左右的目标仍有较大差距。

（五）2010 年度的节能措施与成效

每一年都是实现"十一五"节能降耗目标的关键年，但是"十一五"的最后一年更显其关键，是考核"十一五"节能目标落实最为关键的年度，是"决战"之年。国务院召开全国节能减排工作电视电话会议，动员和部署加强节能减排工作，强调要综合运用经济、法律、技术和必要的行政手段，切实把节能减排作为加强宏观调控、调整经济结构、转变发展方式的重要任务，确保实现"十一五"节能减排目标。

虽然"十一五"节能减排目标基本得以实现，但我们应当看到，"十一五"节能目标采取 5 年算总账的办法，到 2010 年单位 GDP 能耗必须实现比 2005 年降低 20% 左右的目标，即表明规划前期没有完成的节能降耗的年度目标，将分摊到后期，毫无疑问加大了规划后期的节能降耗压力。

第二节 "十一五"节能政策与措施实施效应评价

影响单位 GDP 能耗的主要因素，一是结构因素，二是技术因素，三是制度因素。针对这些影响因素，2007 年我国政府提出全面落实能源节约的措施包括推进结构调整、加强工业节能、实施节能工程、加强管理节能、倡导社会节能五个方面。其中，加强工业节能、实施节能工程、加强管理节能都将直接作用于技术改进、提高能源效率，加强管理节能和倡导社会节能则侧重于制度建设。

"十一五"期间的节能是一场攻坚战，从中央到地方各级政府想方设法最终实现了规划目标，由此也可预见未来的节能难度将越来越大。因此，及时评价"十一五"期间中央与地方的主要政策措施及其实施效应，总结经验，对于未来的持续节能是十分必要的。

一 结构节能

（一）结构节能的政策措施

"十一五"期间，为顺利完成节能减排任务，我国政府积极调整产业结构，出台了一系列产业结构调整政策。一是引导性政策，如 2007 年国家发改委与科技部联合发布了《中国节能技术政策大纲》，明确提出各行业的节能技术导向以及鼓励政策措施，鼓励节能产业发展，加快推进服务业和高技术产业发展，推动实现结构节能。二是出台有利于节能减排产业发展的财税政策，如国务院公布的《中华人民共和国企业所得税法实施条例》规定节能减排企业可享"三免三减半"优惠。三是加大了高耗能产业的控制力度，如2006年国家发布了钢铁、水泥、电解铝、铁合金、焦炭等13个行业结构调整的指导意见，提高能耗、资源综合利用方面的市场准入标准，严格控制高耗能行业过快增长。四是加快淘汰落后产能，主要有：①制订能耗标准，遏制落后企业，促进技术进步；②"上大压小"。五是优化能源结构，主要有：①加快发展可再生能源，减缓能源资源供应和环境压力；②优化电力工业结构，实现电源结构多元化；③提高清洁能源比重，加大煤炭转换为电力的比重，提高能源效率。

（二）对结构节能的评价

（1）要转变我国目前粗放型的经济增长模式，发展"低投入、低消耗、低排放、高效率"的经济发展方式，就必须加快产业结构优化升级。多数国家经济发展已证明，第二产业比重的下降对于降低单位GDP能耗的作用非常显著。政府从规划初期就明确以节能减排为重点，采用政策引导、控制投资、项目审批等各种措施，更大程度地发挥市场在资源配置中的基础性作用，以实现促进产业与行业结构调整的目标。从统计数据可见，在这些政策措施的促动下，我国产业结构的调整在"十一五"期间已初步见效（见表3-3）。

表3-3 GDP产业结构

单位：%

产 业	1978年	1990年	2000年	2005年	2006年	2007年	2008年	2009年	2010年
第一产业	28.2	27.1	15.1	12.1	11.1	10.8	10.7	10.3	10.2
第二产业	47.9	41.3	45.9	47.4	47.9	47.3	47.4	46.3	46.8
第三产业	23.9	31.6	39.0	40.5	40.9	41.9	41.8	43.4	43.0

资料来源：①《中国统计年鉴》（2008年），中国统计出版社。②2005~2010年数据来源于国家发改委、国家统计局、国家信息中心等，中国经济网数据中心整理，2011年6月。

（2）我国工业能耗占全国一次能源消费的70%左右，其中钢铁、建材、化工、石油加工及炼焦、有色金属等高耗能行业占到了工业总能耗的69%。为了降低产业的单位GDP能耗，高耗能产业是节能的治理重点。高耗能产品受市场需求影响很大，在受国际金融危机影响的年度中，由于市场萎缩，抑制了高耗能产业的产能，明显地减低了当年的单位 GDP 能耗水平。因此，如何更有效地将行政措施与市场结合，控制高耗能产业盲目扩张，以及如何加大力度改造、淘汰其中的落后产能将是未来节能的重点研究内容。

（3）我国工业由于产业集中度低、小企业多、技术水平不高，增加了能源消耗。因此，工业结构的调整主要是以淘汰落后产能、改造中小企业的技术设备为手段，提高能源使用效率，减少单位产品能耗，提高经济效益。

为了加快重点行业技术升级，提高能源利用效率，控制高耗能产业和加快淘汰落后产能是"十一五"期间最强硬的节能政策措施。从 2006 年就开始制定钢铁、建材、电力、化工等行业淘汰落后产能的目标，而且随着形势的发展，不断加大淘汰落后产能的数量。在行政命令和产品标准体系的要求下，淘汰落后产能已经取得了显著成效，促进了结构优化升级。重点行业先进生产能力比重明显提高，大型、高效装备得到推广应用。2009 年与 2005年相比，电力行业 300 兆瓦以上火电机组占火电装机容量比重由 47% 上升到 69%，钢铁行业 1000 立方米以上大型高炉比重由 21% 上升到 34%，电解铝行业大型预焙槽产量比重由 80% 上升到 90%，建材行业新型干法水泥熟料产量比重由 56.4% 上升到 72.2%。

从对高耗能产业的控制过程可以看到，政府调控的意愿与市场需求存在着尖锐的矛盾冲突，政府控制高耗能产业发展的意愿通过一纸政令难以实施，需要更多地采用市场手段。例如，随着限制钢材出口政策的连续出台，出口成本大幅提高，国内外价差大幅缩小，出口利润缩水，较有成效地减缓了钢材出口的增长速度。但是，以不足量的出口关税来调整高耗能产品出口是见效甚微的。尽管 2007 年我国已首次成为钢材的净出口国，但仍是高端钢产品的净进口国。由于我国钢材出口仍以附加值较低的产品为主，平均价格仅为进口钢材价格的一半左右，出口钢材收益很低，因此，对高耗能产业发展要以高附加值产品的增长来有效降低产业的单位 GDP 能耗，从数量控制走向质量控制，以科技创新带动企业技术设备的改造与产业链的延伸，满足国内特钢需求的不足，减少资源性产品的出口。

法律手段是淘汰落后产能的根本性手段，经济手段是操作性手段，而行政手段属于辅助性手段，即在法律和经济手段的基础上辅以适度的行政手段，建立行之有效的激励机制和科学合理的监督检查机制，淘汰落后产能工作才能收到良好的效果①。因此，政府除了在土地审批环节要加强控制措施外，还需要在税收、金融、出口贸易、价格等方面制定细则，依靠行业准入标准等手段来抑制高耗能产业盲目扩张。

（4）政府对能源结构多元化的重视与政策引导，对改进我国过度依赖煤炭的能源消费模式、优化能源结构成效显著。发展可再生能源，将有效降低煤炭、石油资源的消耗速率。

二 技术节能

（一）技术节能的政策措施

"十一五"期间，我国采取的技术节能措施主要包括如下几方面：一是启动重点节能工程，开展重点企业节能行动。如2006年组织实施的十大重点节能工程、《千家企业节能行动实施方案》，部分省份参照国家十大重点节能工程和千家企业节能行动的方式，组织了省内的"九大节能重点工程""百家企业节能行动"等行动，由地方财政拨款支持。二是积极推行循环经济试点工作。如国土资源部大力发展国土资源循环经济，推动重点矿山和矿业城市资源节约和循环利用。三是节能投入持续增加。如"十一五"期间建筑节能共投入改造资金244亿元，其中中央财政46亿元，地方各级财政90亿元，引导社会资金投入108亿元，完成1.8亿平方米的既有建筑节能改造②。

（二）对技术节能的评价

（1）国家大型企业节能重点工程起到了示范性作用，有力地带动了各级地方政府指导的节能重点工程。重点行业主要产品单位能耗均有较大幅度下降，能效整体水平得到提高。2009年与2005年相比，火电供电煤耗由370克/千瓦时降到340克/千瓦时，下降了8.11%；吨钢综合能耗由694千克标准煤降到615千克标准煤，下降了11.38%；水泥综合能耗下降了16.77%；乙烯综合能耗下降了9.04%；合成氨综合能耗下降了7.96%；电解铝综合能耗下降了10.06%。

重点节能项目的实施提供了产业节能的经验，这些重点企业的产品能耗标准将成为今后我国产品的市场准入标准，对于推动全面节能意义重大。

---

① 李拥军：《多管齐下，完善淘汰落后产能基本手段》，《中国冶金报》2010年10月2日。

② 张少春：《深入推进北方既有居住建筑节能改造工作》，《中国财政》2011年第16期，第12～14页。

（2）以钢铁企业等高耗能行业为龙头，规划循环经济工业园区，实现余压、余温的充分有效利用，将一个企业范围的节能扩展到其他企业以及社会的用能，既需要产业链的技术经济分析与测算，也需要政府的牵线与协调。

（3）启动节能技术和设备改造，需要节能投入。中央政府加大节能投入，有利地带动了地方政府、企业的节能投入。

节能资金实行"以奖代补"的投入方式改变，促进了企业有效使用节能资金。

三 制度节能

（一）制度节能的政策措施

"十一五"期间，我国采取的制度节能的政策措施主要有以下几个方面：一是加快节能的法制建设。如 2007 年 6 月 4 日国务院批准颁布《中国应对气候变化国家方案》；2007 年 10 月，十届全国人大常委会第 30 次会议审议通过了修订后的《节约能源法》。二是强化落实节能降耗目标的责任制。2006 年 7 月，国家发改委与 30 个省（市、自治区）、新疆生产建设兵团及 14 家中央企业签订了"十一五"节能目标责任书。各省（市、自治区）进一步将能耗约束性指标，层层分解落实到市（地）县以及有关行业和重点企业。三是强化节能管理，主要有：①提出政府强制采购节能产品；②强化能源需求管理与服务；③鼓励专业化节能公司为中小企业提供节能服务；④引进"合同能源管理"模式，促进节能服务产业发展；⑤组织全民节能宣传活动。四是加强节能工作的制度与组织建设，如 2008 年成立了国家节能中心。

（二）对制度节能的评价

（1）伴随着我国经济快速发展下的资源与环境制约作用凸显，节能的战略地位在国家社会经济发展战略中逐步得到强化。节能已成为贯彻科学发展观、转变经济发展方式的具体体现。将节能作为一项重要法律是适应经济体制转变的形势需要。相关法律、规定和标准细则陆续出台，将使得落实节能降耗有法可依，从而推动全社会节约能源，提高能源利用效率。

为了推动全国的节能工作，依据节能发展形势与环境的变化，及时修订节能法，为顺利开展各项节能工作奠定了坚实的基础。全国人大常委会 2006 年启动、2007 年通过、2008 年开始实施的《节约能源法》，有助于从根本上扭转节能减排意识薄弱、责任不明确、政策不完善、协调不得力的现状，强化了我国在进入工业化发展阶段与经济体制转型时期节能。

（2）由于节能降耗取决于多种因素，产业结构调整，包括工业结构的调整，都是长期投资结构的累积效应，更不是在短期内就可以见效的，因此，把"十一五"的节能目标平均分解到每一年，作为考核目标不够科学。因此，在 2007 年政府不再提出节能减排年度指标，而是要求根据本地区实际情况，提出并实施节能减排综合性工作方案，制定和提出阶段性的工作目标和任务，并作为监督考核的依据。

节能降耗责任制从政府、企业决策层的管理入手，可在一定程度上有效地弱化地方政府盲目上高能耗项目的冲动，促使企业制定节能规划，加强节能措施的实施。

降低能耗的目标值要科学化，需要针对不同地区、不同企业、不同行业的现状基础制定。例如，各种产品的能耗标准首先要瞄准国内先进水平，对于大型企业产品的能耗标准则要求瞄准国际先进水平。

（3）自上而下建立节能机构和加强统计组织建设，为有序开展节能工作、强化节能降耗的责任制奠定了良好的基础。

四　小结

进入 21 世纪以来，我国经济高速发展与资源、环境的矛盾日益突出。传统的高投入、高消耗、高排放、低效率的粗放型增长方式已经难以为继，必须强化节能降耗。对于《"十一五"规划纲要》确定的降低能耗的目标，不少人说，定得过高，很难实现。但是，节能是解决我国能源问题的根本出路，是转变我国经济发展方式的必然选择。如何科学制定节能降耗目标以及合理分解节能指标的确需要加强深入分析，以避免不经济的节能。

自从《"十一五"规划纲要》公布了节能降耗的目标以后，中央政府把节能减排作为宏观调控的重点，作为加快调整经济结构和转变经济发展方式的突破口，从行政措施到经济措施，从组织建设到宣传，以前所未有的力度和广度，开展了一场全民性的节能运动高潮。经过 5 年来各级政府和企业坚持不懈的努力，节能政策和措施的效应逐渐显现，基本实现了"十一五"节能降耗指标。

实现"十一五"期间的节能目标，需要逐年按计划落实节能投资和各项措施。实际上，节能效果与政策制定和实施存在着预定的时间滞后问题。因此，分析能源政策的效果不能完全依据当年出台的政策，而需要更多地关注至少是前一年左右时间段出台的政策及其影响。由于政策的出台背景与形势密切相关，因此不断依据经济发展形势及时修订和改进政策，对于促进加大节能力度、改善节能效果极为关键。

国家层面主要的节能降耗政策与措施可以归纳为，在结构节能、技术节能和制度节能方面吸纳了大量国内外已有的节能经验，想方设法尽快降低单位 GDP 能耗。紧紧抓住能耗占比重大的工业为节能工作重点，其中又突出了钢铁等六大高耗能行业的节能工作。采纳的主要节能政策措施包括调整优化产业结构，严格限制高耗能产业发展，加大淘汰落后产能，加大节能的财政支持力度，以重点节能工程项目带动、推广和应用节能技术，并加强能源生产、运输、消费各环节的管理，等等。从 5 年来的节能历程以及各项措施中可以看到，以行政命令加快落后产能的淘汰一直是节能工作中的利剑，而且淘汰力度逐年加大，这项举措对当年的单位 GDP 能耗下降起到明显的作用，从 2010 年度的节能指标实现过程就可见到其成效。

在节能运动初期，政府对节能行动强调通过行政措施进行引导是完全必要的，行政指令方式在各项政策措施中占据着主要的地位。例如，严格落实节能目标责任制，抓好工业、交通、建筑三大领域和九大重点行业的节能工作，实施十大重点节能工程，推进千家重点企业节能行动，加强节材、节水、节地工作，开展清理高耗能、高污染行业专项大检查，以及加大财政支持力度，等等。在市场经济体制还不健全、市场机制还不完善的情况下，通过行政手段遏制能源过度消费是可行的，并且能够有效地控制住单位 GDP 能耗连年上升的趋势，取得了单位 GDP 能耗转为逐渐下降的明显成效。

降低企业能源消耗不仅是国家的战略措施，也是提高企业竞争力的重要举措。如何克服淘汰落后产能的各种障碍，减少政府的管理成本，调动起企业节能减排的自觉性是提高节能降耗的长期效应的关键。因此要实现政府宏观调控目标，需要进一步加强市场化引导下的宏观控制与激励并举的政策机制，实施遵循市场经济规律的政策措施，包括协助企业启动节能所需要的投资、技术以及解决相关的职工就业等问题，减少对行政指令的过度依赖。电力工业能够超额完成淘汰落后产能的经验值得总结，可推广到其他行业。

节能政策和法律、措施有经济手段方面的，也有行政手段方面的。在中国目前的体制下，由于监管力度不足，以及地方、部门利益等问题没有得到很好的处理，执法还有相当长的道路；由于资源价格等问题，经济激励的手段除了补贴外，尚不完善。因此，在政府主导下的节能必然会强调行政的力量。但是，从各种手段发挥作用的长期效应看，行政手段并不是节能降耗和保护环境的长效机制。例如，淘汰的落后产能还有可能死灰复燃；政府曾多次颁发限制高耗能产业的文件，监督管理成本很高，却见效甚微。一旦高耗能产品有市场，高耗能产业的能耗就明显反弹，控制高耗能产业总是处在博弈的状态。因此，在控制高耗能产业扩张的过程中，必须加大相应的差别电价政策、调整出口退税政策等经济手段配合，以市场经济的手段管理市场。

从这5年来的节能形势变化分析，外部经济环境对节能的影响不可忽视。在外部经济环境景气时，要防止高耗能产业的膨胀式发展；在经济发展外部环境不景气的情况下，也要防止一些不利于节能的倾向。一要防止能源产业因为产能过剩，对能源产品的促销活动，而削弱用能企业的节能积极性。例如，电力供应相对过剩时，电力企业为了保证其正常的经营，偿还银行贷款，就会进一步鼓励电力消费，而导致忽视节能。二要防止地方政府为保经济增长，对落后企业的保护。三要通过财税等政策调节消费倾向，抑制由此而产生的不合理能源消费。

第三节 当前我国节能降耗面临的形势

"十一五"期间各级政府始终坚持节能减排不动摇，把节能减排作为扩内需、保增长、调结构的重要内容，坚持不懈地推动节能工作，节能率持续提高，取得了显著成效，为今后的节能工作持续开展打下了良好的基础。同时，也提出了更加严峻的挑战。

"十二五"期间是我国转变经济发展方式、加快经济结构战略性调整的关键时期。《"十二五"规划纲要（草案）》提出未来5年我国将进一步加大节能减排力度，单位GDP能耗降低16%，这是规划纲要草案12个约束性指标之一。

虽然"十二五"规划的节能降耗指标较"十一五"规划有所下降，但是完成难度更大。这从2010年底某些地方政府在目标责任制的压力下，为了完成节能指标，实施拉闸限电、限产限电等各项极端措施就可以预见未来实现节能目标的难点所在。必须清醒地认识到，我国仍然处于工业化、城市化阶段，虽然中央政府一直在控制高耗能、高排放行业的扩张，但是高耗能产业仍保持一定的增长刚性。伴随着人们生活水准的提高要求等各种需求，我国的能源消费仍将稳步上升。而且，在过去的5年内，我国的节能减排力度已经很大，在能源消费总量增长的趋势下，实际"十二五"规划的节能量绝对值要更高。

无论从完成我国"十二五"期间节能目标任务的艰巨程度分析，还是从世界经济全球化、高油价下的新一轮节能高潮兴起，以及发达国家对我国出口产品严格的能耗标准要求趋势分析，我国今后节能降耗面临的形势仍然十分严峻。因此，我们需要客观、清楚地分析当前落实节能目标所面临的各种困难与问题，以寻求正确的解决困难的思路。

一　结构问题

直接影响单位 GDP 能耗的结构因素有能源结构、产业结构以及行业结构、产品结构等。然而，这些结构问题在我国粗放型的经济发展方式中体现突出，严重影响我国的能源消费，而且不是在短期内就可以解决的。

（一）能源生产结构分析

我国能源生产量增长很快，2010 年一次能源生产总量为 29.9 亿吨标准煤，为 2005 年的 1.35 倍。但是，能源生产结构以煤为主的状况仍然没有改善，"十一五"期间煤炭在一次能源生产中的比重均在 77% 左右（见表 3－4）。这主要是由于我国能源受资源条件所限，在资源勘探方面没有大的进展，为了满足能源需求量的增长，只能依靠增加煤炭生产，因而造成能源生产结构难以改善。

表 3－4　2000～2010 年我国一次能源生产量及构成

年份	能源生产总量（万吨标准煤）	占能源生产总量的比重（%）		
		煤炭	石油	天然气
2010	299000	76.8	9.6	4.3
2009	274618	77.3	9.9	4.1
2008	260552	76.8	10.5	4.1
2007	247279	77.7	10.8	3.7
2006	232167	77.8	11.3	3.4
2005	216219	77.6	12.0	3.0
2000	135048	73.2	17.2	2.7

资料来源：国家发改委、国家统计局、国家信息中心等，中国经济网数据中心整理，2011 年 6 月。

油气等优质能源与煤炭相比，无论从开发还是使用等环节都可以有效地降低能源消耗强度。以煤为主的生产结构带动了相应的消费结构，因此优质能源比重偏低的能源结构状况造成了我国工业产品的能耗水平偏高和污染严重的状况，也是我国能源消耗强度高于其他发达国家的主要原因之一。要优化我国的能源结构，只能加快可再生能源的发展以及充分利用国际能源市场。但是要从根本上改变以煤为主的能源结构，在短期内是不可能的。目前我们可以做到的是加大洗煤率，提高煤炭产品的质量。

（二）产业结构

第三产业的单位 GDP 能耗低，第二产业的单位 GDP 能耗高，因此从产业结构调整入手，尽可能压缩第二产业的比重是促进整体经济单位 GDP 能耗降低的主要措施。发达国家的经验就是如此，要降低单位 GDP 能耗，其中重要的一个环节就是要落实产业结构的调整与升级。从统计数据看，自从改革开放以来我国一直在努力调整产业结构，第一产业、第二产业、第三产业的比重已从 1978 年的 28.2:47.9:23.9，调整到 2005 年的 12.1:47.4:40.5，以及 2010 年的 10.2:46.8:43.0。30 多年以来，第一产业比重的下降基本上转移到了第三产业，然而单位 GDP 能耗最大的第二产业比重只有 1 个百分点的下降。可见，产业结构并不能完全依照人们理想规划的目标实现调整，这一产业结构现象在"十一五"期间的统计数据上表现得更为突出。英国经济学家克拉克和美国经济学家西蒙·库兹涅茨在 20 世纪 40 年代对三次产业结构的历史演变进行过详细的研究，由此获得诺贝尔奖。之后，诸多学者对三次产业结构的变迁规律进行了深入探索。研究表明：①三次产业的发展都受制于各自的"先决条件"。第一产业的发展会受到土地资源、气候和水利条件等的制约；第二产业的发展则受原材料的数量和质量以及价格、矿床数量和质量、人力资源的数量和素质、技术水平和市场容量等的制约；第三产业的发展一方面要以其他部门的发展以及对第三产业的需求为基础，另一方面取决于第三产业自身所能提供服务的技术手段与效用，以及第三产业自身的扩大能力，即当时已经达到的技术水平及其发展能力。②随着国民经济的发展、人均国民收入水平的提高，经济发展会自然而然地从第一产业向第二产业转移；当人均国民收入水平进一步提高时，第三产业便转变成为经济发展的最主要部门。劳动力的转移与产业发展重点的转移是保持一致的①。我国发展历程的客观现实也有力地证明了以上论证。全社会第三产业的发展主要依赖于经济发展下国内消费需求的增长来拉动。有些地区的第三产业则是依赖于资源条件，依靠外部经济发展对其资源的需求而发展，例如，我国海南省依靠得天独厚的优美自然环境，吸引外地经济条件较

---

① 白泉：《国外单位 GDP 能耗演变历史及启示》，《中国能源》2006 年第 12 期。

好的游客发展旅游产业，第三产业是当地的经济支柱。从目前我国全社会情况看，只有社会保障体系完善，房地产市场经营规范、房价合理，教育、医疗体系完善，使老百姓的基本生活有保障，老百姓才有安全感，才敢于消费，国内的市场才能活跃，第三产业才能发展。

可以说，虽然经过长期的努力，但是我国长期积累的结构性矛盾仍未从根本上改变，高耗能的第二产业比重居高不下，这样就难以改变工业能源消费需求增长的势头。因此，也难以大幅度降低全国整体经济的单位 GDP 能耗。我国正处于工业化和城镇化、推进新农村建设的发展阶段，各方面对工业产品仍有极大的消费需求。三次产业结构变动以至工业内部的行业结构、产品结构变动基本上是市场行为的结果，短期内要人为地降低第二产业比重的难度很大，只能在政策上进行产业结构调整的引导。例如，利用现代信息技术大发展的有利时机，将信息服务业与物流行业结合，将合同能源管理与节能技术推广结合，将新能源发展与现代建筑一体化结合，向生产服务性发展。结构调整是需要资源条件、经济环境支持和一个较长时间过程的。

二 高耗能行业市场需求旺盛

从近年来国家统计局发布的全国能源消费的行业数据分析，我国工业能耗占全国总能耗的 70% ~ 71%，其中，钢铁、化工、水泥、电力、石化、有色冶金行业能耗总量位于前列，这六大高耗能行业总计占比各年度均超过50%。高耗能产业发展过快，最直接的影响是加快了我国能源消费的增长，给我国能源供应和实现节能降耗目标带来巨大压力，不利于我国经济发展模式的转变。虽然政府三令五申控制部分高耗能行业的快速扩张，但是高速发展的经济与城镇化建设对钢材、水泥等高耗能产品的刚性需求，国内铝、铁等偏低的原材料价格，以及出口退税的政策等，为高耗能行业提供了巨大利润空间，难以令企业放慢发展，加大了淘汰落后产能的阻力。资源的"价格扭曲"主导了高耗能行业无序扩张，使得我国高耗能主导的重型工业结构在短时期内难以改变。虽然在"十一五"期间一直将高耗能产业作为调控重点，但是直到"十二五"开局仍呈现增长趋势，出现反弹现象。2011年上半年，我国国民经济增长 9.6%，全社会用电量同比增长 12.2%。主要原因就是高耗能行业在 2010 年底受节能减排政策抑制后的恢复增长。六大高耗能行业用电绝对量占第二产业用电量的 2/3，占全社会用电量的 1/2 以上。高耗能产业的持续发展趋势必然会拉动能源需求增长，同时对实现全国单位 GDP 能耗大幅下降的目标造成一定的困难。

因此，如何正确抑制高耗能行业的能源需求快速增长是需要认真思考的问题。只要有市场需求，就有企业生产。在有市场需求的环境下，很难控制企业的产量，实施监管高耗能企业的行政成本过高。2011 年高耗能产业的反弹就有力地说明了行政指令是难以征服市场力量的。政府需要做、可以做的是引导，尽可能减少不合理需求。目前，我国一方面以高价从国外进口铁矿石，一方面把附加值低的普通钢材出口，虽然外贸有利于经济增长，但这种高耗能加工出口的方式对于整个国家的资源、环境压力是巨大的。从长远来看，遏制高耗能还需要调整我国的外贸结构。

政府要利用市场存在竞争的特点，尽快理顺价格形成机制。加强环保、能耗等因素考量，将外部成本计入企业的生产成本，提高我国高耗能行业准入门槛，以市场机制淘汰其中的落后产能，推动行业高新技术以及新进技术的运用。积极引导企业改善高耗能的产品结构，延伸高耗能产品的加工链，发展高附加值的产品，降低单位产品能耗。

目前在我国中西部地区，已见到利用能源资源丰富的优势发展高耗能企业的势头。要避免再产生落后产能，就必须要技术高起点，向节能的高新技术方向发展，而不能再是落后产能的大转移和规模的扩张。

三 区域经济发展不平衡

从统计数据看到，我国各省份单位 GDP 能耗差异很大。从区域产值能耗的情况看，经济相对欠发达地区的单位 GDP 能耗水平要高于经济发达地区。以 2005 年的基数分析，单位 GDP 能耗最低的广东为 0.79 吨标准煤/万元，最高的贵州为 3.25 吨标准煤/万元，两者相差 3 倍之多。单位 GDP 能耗低于全国平均水平的省份有 10 个，它们分别是广东、北京、上海、浙江、江苏、海南、福建、江西、天津、安徽，其他绝大部分省份的单位 GDP 能耗均较高，排在后 3 位的依次是贵州、青海、宁夏，经济相对欠发达地区的节能降耗任务更加艰巨。

比较各省份单位 GDP 能耗，探讨影响我国各省份单位 GDP 能耗的主要因素，可以发现，造成我国各地单位 GDP 能耗存在很大差异的原因很多，这是长期以来社会经济发展各方面因素积累效应的体现。

（一）经济发展水平对单位 GDP 能耗的影响明显

单位 GDP 能耗 = 能源消耗总量/GDP = 人均能源消耗量/人均 GDP

单位 GDP 能耗的另一种计算方式可以表示为人均能源消耗量与人均地区生产总值之比。这个关系式可揭示出单位 GDP 能耗与地区经济发展水平之间的关系。在作为分子的人均能源消耗量差异不大的情况下，单位 GDP 能耗水平则决定于人均地区生产总值的大小。作为分母的人均地区生产总值越小，单位 GDP 能耗越高。人均地区生产总值高或低是衡量地区经济发展水平处于发达或落后的重要指标之一。

到 2007 年，单位 GDP 能耗低于全国平均水平的省份共 11 个，广西也列入了其中。宁夏、贵州和青海的单位 GDP 能耗仍处于高位。从 2007 年各地区的人均生产总值与单位 GDP 能耗关系的分析图 3 - 1 可以看到，虽然不是绝对形成"人均地区生产总值最高，单位 GDP 能耗最低"或者"人均地区生产总值最低，单位 GDP 能耗最高"的具有一定比例关系的反向分布趋势，但是总的趋势仍然呈现这一特点：人均地区生产总值与单位 GDP 能耗的数值点位置呈明显的反向分布，两者之间的关系是负相关，即人均地区生产总值高，单位 GDP 能耗低。

分析表 3 - 5 中 2007 年各地区的人均生产总值与单位 GDP 能耗的具体数值（按照各地区的人均生产总值，从不足 10000 元至超过 45000 元，分为 5 个等级），可以直观地得出以下结论。

其一，人均地区生产总值大于 30000 元的地区均是直辖市和沿海地区，单位 GDP 能耗水低于当年全国平均水平 1.16 吨标准煤/万元。

其二，全国大部分地区的人均生产总值为 10000 ~ 20000 元，其单位 GDP 能耗总体水平偏高于全国平均水平，而且在这些地区之间的单位 GDP 能耗水平差异较大。这表明除了经济发展水平阶段影响的因素之外，产业结

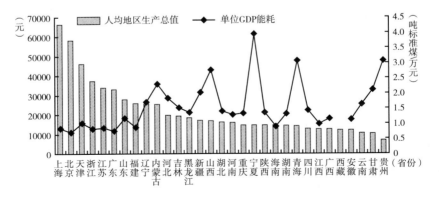

图 3 - 1　2007 年我国各地区的人均生产总值与单位 GDP 能耗关系

构等因素的影响也是十分关键的，需要深入研究。

其三，我国人均地区生产总值差异显著，单位 GDP 能耗差异也明显。我国中西部地区的人均生产总值明显偏低。人均地区生产总值最高的上海超过了66000 元，而最低的贵州只有6915 元，不足全国平均水平的1/3 左右，仅为上海的1/10 左右。这两个地区之间的单位 GDP 能耗水平也相差2.6 倍之多。

表 3 - 5　2007 年我国各地区的人均生产总值与单位 GDP 能耗关系

地　区	人均地区生产总值(元)	单位 GDP 能耗(吨标准煤/万元)
人均地区生产总值大于 45000 元		
上　海	66367	0.833
北　京	58204	0.714
天　津	46122	1.016
人均地区生产总值大于 30000 元		
浙　江	37411	0.828
江　苏	33928	0.853
广　东	33151	0.747
人均地区生产总值大于 20000 元		
山　东	27807	1.175
福　建	25908	0.875
辽　宁	25729	1.704
内蒙古	25393	2.305
人均地区生产总值大于 10000 元		
河　北	19877	1.843
吉　林	19383	1.520
黑龙江	18478	1.354
新　疆	16999	2.027
山　西	16945	2.757
湖　北	16206	1.403
河　南	16012	1.285
重　庆	14660	1.333
宁　夏	14649	3.954
陕　西	14607	1.361
海　南	14555	0.898
湖　南	14492	1.313
青　海	14257	3.063
四　川	12893	1.432
江　西	12633	0.982

续表

地　区	人均地区生产总值(元)	单位 GDP 能耗(吨标准煤/万元)
广　西	12555	1.152
西　藏	12109	—
安　徽	12045	1.126
云　南	10540	1.641
甘　肃	10346	2.109
人均地区生产总值小于 10000 元		
贵　州	6915	3.062

(二) 区域经济结构与单位 GDP 能耗的关系密切

单位 GDP 能耗还可以用另一种计算方式表示为：

单位 GDP 能耗 = 能源消耗总量/GDP = 各产业能源消耗量之和/各产业 GDP 之和

上式经过推导后可表示为：

$$单位 GDP 能耗 = \sum_{i=1}^{n} D_i W_i$$

其中，D 为各产业单位 GDP 能耗；W 为各产业 GDP 比重。

通过这个计算公式，可以清楚地揭示地区单位 GDP 能耗与经济结构之间的关系。我国 2007 年三次产业的比重为 11.3∶48.6∶40.1，产业结构仍是以第二产业为主，经济发展主要依靠工业拉动。而且，由于第二产业的单位增加值能耗相对其他产业高出 5~6 倍，因此在影响地区单位 GDP 能耗的各种经济因素中，地区第二产业结构比重的大小就基本决定了地区单位 GDP 能耗水平。

图 3-2 显示了 2007 我国各地区第二、第三产业结构与单位 GDP 能耗关系 (各地区依据第二产业比重由低至高排序)。

根据 2007 年国民经济统计，我国第二产业比重低于 30% 的只有北京、西藏和海南。绝大多数地区的第二产业比重在 40% 以上，超过 55% 的地区是河南、江苏、山东、天津、山西 (山西达到了 60%)。由图示明显可见，除了西藏地区缺乏能耗统计数据之外，第二产业比重低的北京和海南单位 GDP 能耗水平分别为 0.714 吨标准煤/万元和 0.898 吨标准煤/万元，明显低于全国平均水平 1.16 吨标准煤/万元 (北京的第三产业比重高达 72.1%，海南的三次产业比重为 29.5∶29.8∶40.7)。这些地区的单位 GDP 能耗低主要得益于第二产业比重低。

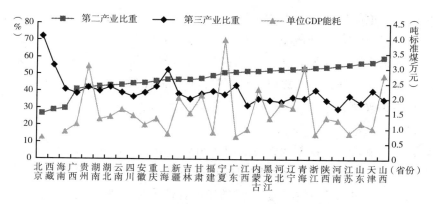

图 3 - 2 2007 年我国各地区产业结构与单位 GDP 能耗关系

同时，还可以从图中观察到，在第二产业比重相近的各个地区，地区单位 GDP 能耗也存在较大的差异。因此还要相应地关注和分析在这些地区的第三产业比重影响。从地区第三产业比重与地区单位 GDP 能耗的曲线走势可以看到，在第三产业比重稍高的地区，地区单位 GDP 能耗相对较低，如上海、广东、浙江等地。此外，还应具体分析第二产业的结构问题（图 3 - 1 无法描绘产业结构内部情况）。如果高耗能低效益的高耗能行业在工业中的比重大，地区单位 GDP 能耗就会偏高。因此，工业内部结构的调整也是降低单位 GDP 能耗的一个极为重要的因素。

总体上观察，第三产业比重高的地区相对第三产业比重低的地区，地区单位 GDP 能耗明显偏低。但是我国只有极少数地区经济以第三产业为主导。第三产业比重高于 50% 的只有北京（72.1%）、上海（52.6%）和西藏（55.2%）。其余大多数地区的第三产业比重均为 30% ~ 40%。

（三）资源型产业为主的地区经济发展方式相对粗放

山西、内蒙古、贵州等地区煤炭资源丰富，是我国重要的煤电生产基地。资源型产业为主的经济结构形成了单位 GDP 能耗偏高的局面。但这只是问题的一个方面。山西的第二产业比重为全国之首，占到了 60%，是一个典型的工业经济地区。如果从山西的工业结构与单位 GDP 能耗分析，还可以看到能源产地的经济发展方式相对粗放。从经济发展的质量上看，一些在山西经济中占有重要地位的产业，其单位增加值能耗明显高于全国平均水平。例如，钢铁行业占山西工业增加值的 16% 左右，而其单位增加值能耗比全国平均水平要高 40%；有色金属行业占山西工业增加值的 5% 左右，但其单位增加值能耗是全国平均水平的 2 倍；化工行业占山西工业增加值的 4% 左右，但其单位增加值能耗是全国平均水平的 3.2 倍。这 3 个行业在很大程度上抬高了山西的单位 GDP 能耗①。这反映出资源丰富的地区对资源的珍惜程度相对较低，节能意识相对较差，资源高消费、经济低效益的发展模式没有得到改观。

（四）小结

我国北方地区气候寒冷，生活用能相对比南方高。由于生活能耗也要计入地区能源消耗总量中，会相对增加这些地区的单位 GDP 能耗。虽然气候条件对单位 GDP 能耗存在一定程度的影响，但不是主要因素。

从地区单位 GDP 能耗比较可以得出以下结论：我国各地区的人均生产总值差异比人均能源消耗量的差异显著。而且，作为分母计算的产值增加，相对作为分子计算的能耗量而言，其影响作用更为显著。人均地区生产总值与地区的产业结构、经济发展阶段密切关联。因此，降低单位 GDP 能耗的关键在于提升地区经济发展水平，改善产业结构，包括产业内的结构以至产品结构。只有加快地区经济的科学发展，才可有效地减小各地区之间单位 GDP 的能耗水平差异。

地区单位 GDP 能耗的比较并不能完全说明地区的能源利用效率，只能更清晰地说明经济发展结构与经济发展水平对单位 GDP 能耗的影响，可为进一步提高全国范围的节能降耗提供政策措施参考。如果要对地区之间的能源利用效率进行比较，还应采用同样工业产品的单位产品能耗进行比较，结论将更科学。

我国区域经济发展极不平衡，能源效率也存在较严重差异。2007 年人均地区生产总值最高的上海与最低的贵州相差近 9 倍，单位 GDP 能耗的排位也是位居先进与落后的两头。今后需要更加关注的是各地区自身单位 GDP 能耗的下降与变化趋势。

经济欠发达地区基础设施落后，技术、设备水平陈旧，节能投资缺乏以及人才短缺等问题，在短时期内都难以得到解决。而且，伴随城市产业的梯次转移，即从经济发达地区向欠发达地区转移，从沿海地区向内陆地区转移，从城市向县城、乡镇、村庄转移，需要高度重视新落户工业企业的节能减排问题，经济欠发达地区节能降耗的压力明显更大。

---

① 白泉、戴彦德：《单位 GDP 能耗与节能降耗》，《世界环境》2007 年第 3 期，第 17～21 页。

四　淘汰落后产能的巨大压力

单位产品的耗能水平是工业节能指标的重要体现，也是与国际能耗标准进行比较、找差距争议最少的指标。进入 21 世纪以来，伴随技术进步与加强节能，我国工业单位产品耗能持续下降。已收集到的高耗能单位产品能耗统计数据表明，多数产品的节能率显著得到提高（见表 3 – 6）。

从主要高耗能产品单位能耗的中外比较可以看到，我国工业节能的确取得了显著成效，单位产品能耗水平在逐步向国际先进水平靠拢，但仍存在不小的差距，还需要进一步找原因，挖潜力。

表 3 – 6　主要高耗能产品单位能耗中外比较

项目	中国（2000 年）	中国	国际水平
火电厂供电煤耗 （克标准煤/千瓦时）	392	356（2007 年） 340（2010 年）	312（日本，2003 年）
乙烯综合能耗 （千克标准油/吨）	787.4	690（2005 年） 592（2011 年 1 月）	629（日本，2003 年）
合成氨综合能耗 （千克标准煤/吨）	1326.6（大型装置）	1300（2005 年） （大型装置）	970（美国，2000 年）
	1482.46（2006 年）；1425.83（2009 年）		
吨钢综合能耗 （千克标准煤/吨）	898	741（2005 年） 619（2009 年）	646（日本，2003 年）
水泥综合能耗 （千克标准煤/吨）	172	158（2007 年） 151（2008 年）	128.4（日本，2003 年）

资料来源：①国际数据来源于《中国能源统计年鉴 2007》。

②中国 2000 年和 2005 年数据来源于谭忠富、于超《我国高耗能产业出口对能源价值的影响分析》，《中国能源》2007 年第 10 期，第 14 ~ 18 页。

③中国 2007 年数据来源于刘静茹等《我国节能事业稳步推进成绩显著——改革开放 30 年回顾》，《中国能源》2009 年第 2 期，第 17 页。

④2008 年后的数据来源于杨敏英、彭绪庶、吴滨《中国能源战略发展报告——"十一五"部分高耗能行业节能降耗分析（下）》，载于汪同三、何德旭主编《中国社会科学院数量经济与技术经济研究所发展报告（2011）》，社会科学文献出版社，2011。

⑤乙烯 2011 年的数据来源于李诗晓《中国石化乙烯能耗创新低》，《中国石化报》2011 年 3 月 9 日第 1 版。

我国能源效率较低的原因较多。专家分析主要有：①能源结构以煤为主，相对油气为主的能源结构效率低。例如，中国合成氨原料中煤占 65%，而日本是 100% 的天然气，煤制合成氨的单位能耗比天然气要高出 60%。

②能源质量差。例如，炼焦精煤平均灰分，中国为 9.92%，而美国仅为 7%；发电用煤平均灰分，中国为 26%，美国仅为 10.3%。③用能设备落后，效率低。我国装备的技术水平低，要多消耗能源。例如，中小电动机运行效率，中国为 87%，美国则为 92%。④先进生产工艺尚不普及。例如，水泥生产中窑外分解窑技术的产量，中国只占 40%，日本则占 98%，此项技术的热耗仅为湿法窑的 60%。⑤资源再生比重低，要多消耗能源。例如，废钢占粗钢产量的比重，中国只占 25%，世界平均占 43%，与铁矿石制铁炼钢相比可节能 58%；再生铝比原生铝节能 92%~96%；废纸占造纸原料的比重，中国只占 33% 左右，日本则占 60.3%，废纸再生能耗比用木材造纸少 80%。⑥我国工业部门小型企业数量多，占产量比重大，是影响最大的因素。我国中小型工业企业的产品单耗比大型企业高 30%~60%。⑦资源品位低，冶炼生产过程消耗能源多。例如，我国铁矿、锰矿多为贫矿，铁矿以贫铁矿为主，占 99%。⑧管理水平落后。缺乏节能服务产业对能源需求侧的企业节能咨询、监测以及节能设计等专业服务[1]。在这些因素中，如能源结构、能源质量差、资源品位低等都是由于自然资源的特定条件决定的，是很难甚至无法改变的，所以我国的单位产品能耗比世界先进国家水平高一些并无不合理。但是这并不意味我国的工业产品能耗没有改进的余地。

排除以上那些不可抗拒因素，不少专家学者指出主要差距是：①目前我国整个工业体系中，产业集中度低，技术和设备水平相对较低的中小企业仍占绝对主体。例如，2008 年，我国合成氨生产企业共有 522 家，产能不足 30 万吨的企业共 489 家，占 93.68%，产能小于 8 万吨的小型企业 321 家，比重高达 61.49%。我国炼油、化肥、农药、甲醇、电石、氯碱、纯碱等行业的企业数量都多达数百家甚至上千家，产能总和位居世界前列，但企业平均规模却远低于世界先进水平。②高新技术产业所占比重偏低，缺乏拥有自主知识产权的先进成套技术，大多数仍处于追随和仿制阶段，传统产业仍居主导地位。大批高能耗、高物耗、高污染的落后工艺和设备还在运行。资源再生、能源回收利用技术较少，产品深度开发力度不足。

因此，如何提高产业集中度以及淘汰落后产能就成为我国工业提高能源效率的主要问题。我国政府在"十一五"期间就将淘汰落后产能作为实现节能降耗目标的强力措施，将淘汰落后产能指标分解到各行业，并取得了显

---

① 朱成章：《节能：中国与国际比较中的误会》，《能源思考》2007 年第 8 期。

著成效，并且仍将淘汰落后产能作为实现"十二五"期间节能目标的利剑。淘汰落后产能在我国已经成为一个"永恒"的主题①。这一方面源于我国经济正处于高速发展阶段，世界范围内技术进步很快，产品技术标准在不断提高，落后产能所涵盖的范围也在不断地调整更新，技术淘汰周期在缩短；另一方面源于我国市场经济体制尚处于不断健全和完善的过程当中，在淘汰落后产能工作当中难免存在着各种各样的体制性问题。从"十一五"期间淘汰落后产能的过程就可以看到其中存在着许多障碍。

第一，中央与地方政府的利益目标不一致。长期以来，追求 GDP 增长是各级政府的主要目标。在我国的投资管理体制下，地方政府为了快上项目，规避审批制度，往往热衷于上一些小规模的项目。特别是在这过程中，经济相对落后地区接纳了经济发达地区淘汰的落后设备，而这些被转移的高耗能设备所在企业往往就是当地财政收入的主要支柱，而且还为当地提供了一些就业岗位。在这些地方，淘汰落后产能就是砍掉了 GDP 和财政收入的重要来源，地方政府除了局部经济利益受损之外，还需要承担解决淘汰落后产能所带来的种种社会问题。因此，地方政府在没有为经济增长找到新的出路之前，不但不会对落后产能企业实行监管，甚至会与中央淘汰落后产能的政策进行博弈，想方设法为这些企业保驾护航，政令很难畅通。中小企业多处于我国经济发展落后区域。关闭小企业，但是又上不了大企业，意味着这些落后地区的工业发展与经济发展将陷入一个两难的境地。而且，对协调区域经济的平衡发展也提出了新的挑战。

第二，市场竞争机制尚不完善，为落后产能提供了一定的生存空间。落后产能在产品质量能够达到基本要求的条件下，虽然生产设备与工艺落后，所消耗的能源较多，但是由于其所造成的环境等外部成本尚未纳入价格形成机制，而且所承担的社会责任与负担相对国有大型企业较低，总的生产成本相比后，差异并不是很大。在有巨大市场需求的形势下，落后产能企业的产品仍然有较大的市场空间。

第三，落后产能企业设备固定资产损失额补偿问题。多数落后产能企业的设备只能报废，如果设备仍处在其寿命期内，而且尚未回收其投资，可能会给银行造成债务问题，造成与之相关的其他企业产业链断裂问题，因此落后产能的停产关闭会给企业造成一定的经济损失。如果强制性地让拥有落后

---

① 李拥军：《四大体制性问题制约淘汰落后》，《中国冶金报》2010 年 10 月 9 日第 2 版。

产能的企业退出，解决不好资产补偿问题，以及设备更新需要的投资，包括人员培训的投资费用来源等一系列问题，企业仍会坚持继续使用落后的产能设备，即使在强硬的行政指令下停产或关闭，也会择机恢复生产。

第四，落后产能所属企业员工安置问题。淘汰落后产能企业，必然导致企业转产或停产，员工将面临着重新培训或者失业的可能。目前我国的社会保障体系尚不完备，如果就业或者下岗的补偿问题解决不好，就有可能影响社会的和谐稳定，地方政府要直面这些巨大的压力，这将直接影响落实中央对落后产能企业退出政策的积极性。

第五，淘汰或限定落后产能发展的相关法律法规尚不完善，执行不力。当前淘汰落后产能的要求和政策主要由政府相关部门下发行政文件，采用分解淘汰指标、与地方政府签订责任书的形式，更多强调各级地方政府、各行业领导的责任和义务。但行政文件代替不了法律，有些基层政府出于局部利益，对落后产能甚至采取默许或瞒报支持态度。如中央已经将节能减排指标纳入了地方政府的政绩考核体系，但是大部分地级市没有建立能源平衡表，缺乏客观真实的能耗数据，考核指标也就容易成为"数字游戏"。缺少可操作性的行政问责机制又造成行政调节手段很难贯彻到位，或者执行起来打折扣。对违反政策的行为制止或惩罚缺乏法律依据[①]。如何有效贯彻《节约能源法》，实施淘汰落后产能，需要细则指导。

第六，难以处理好中小企业与大型企业的关系、民营企业与国有企业的关系。长期以来，由于投资资金所限，以及我国投资体制中对"上大压小"的限制，国有大型企业在投资规模以及审批方面占有优势，地方、民营企业则多是中小型的，所用设备的规模也偏小。因此，淘汰落后产能所涉及的企业必然多数是地方、民营企业。我国正处于经济体制改革深化阶段，个体私营企业、股份制企业和外资企业的比重不断上升，企业所有制结构日趋多元化。如何避免"国进民退"的现象，防止垄断，深化经济体制改革，也是淘汰落后产能过程中所要面临的问题之一。

第七，行业规模多元化配置以及固定资产积累问题。设备规模大与小，是否就是衡量先进与落后的唯一标准？这个问题需要认真分析。可以肯定地回答：并不是所有大设备就是先进的，关键要看设备选用的技术是否达到了标准综合能效。目前在淘汰落后产能方面有一个明显的趋向，即主要以规模

---

① 李拥军：《四大体制性问题制约淘汰落后》，《中国冶金报》2010 年 10 月 9 日第 2 版。

来限定淘汰范围。中小型设备的能耗相对大型设备较高,有的可以通过实施余热、余压利用技术,提高能源利用效率。实施简单的规模淘汰一刀切标准,不利于发挥企业的技术改造积极性,特别是拥有这些中小型设备的大多数中小企业的发展。由于淘汰设备直接影响企业和地方政府近期的经济发展,影响社会资产财富的积累,必然会增加来自各方的阻力,加速设备淘汰的行政管理成本也会增加。更重要的是,若采用产品的全生命周期分析,加快设备淘汰速率,也会降低设备使用期的净能源产出效率,实质也是浪费能源。对于设备的淘汰应实施综合考核标准,不仅要考核主产品的能耗,而且要考核设备余热、余压的利用情况,鼓励发展跨行业的循环经济模式,提高资源的综合利用效率①。需要处理好规模与效率问题,协调好"压小"与"上大"和"改造"的关系,特别需要加强将"压小"与"改造"相结合的工作。例如,电力工业可对尚在寿命期内的小机组,改造为供热机组或供热加掺烧秸秆的机组。充分利用未到寿命期的小机组也是对全国节能的一份贡献,因为电厂的建设也要耗费大量的能源②。此外,小型的热电机组相对单纯供电和供热的锅炉,综合能耗是低的。淘汰落后产能,不是简单地将其炸掉,而是要做好经济技术评价,通过设备改造,尽可能发挥其作用,减少固定资产的浪费。

第八,在不断实施淘汰落后产能的政策方针下,淘汰的设备规模也在逐步升级,加快淘汰落后产能的空间与难度将越来越大。以电力工业为例,继2006~2009年累计关停5545万千瓦小火电机组,已提前一年半完成"十一五"规划关停5000万千瓦小火电机组的目标。国家能源局提供资料显示,全国30万千瓦及以上的火电机组占火电总装机的比重从"十一五"初期的43.37%提高到67.11%,为全国节能减排目标的实现做出了决定性贡献。目前我国还有20万千瓦及以下纯凝火电机组约8000万千瓦③,其中单机10万千瓦以下的纯凝机组只剩下1466万千瓦④。2010年再度部署关停1000万千瓦小火电,压力越来越大。主要难点在:①随着关停工作的不断深入,可

---

① 杨敏英、彭绪庶、吴滨:《中国能源战略发展报告——"十一五"部分高耗能行业节能降耗分析(下)》,载于汪同三、何德旭主编《中国社会科学院数量经济与技术经济研究所发展报告(2011)》,社会科学文献出版社,2011,第4页。
② 杨敏英:《"十一五"前期电力工业的节能降耗》,《能源政策研究》2009年第4期,第19~32页。
③ 《电力行业节能减排将驶入快车道》,《中国能源报》2010年5月17日第18版。
④ 王秀强:《小火电关停遇阻 监管层剑指自备电厂》,《21世纪经济报道》2010年5月26日。

关停机组已经较少；②相当一部分机组处于电网的末端，或者是独立电网，承担当地主要的供电任务，短期内难以关停；③很多 10 万千瓦以上的机组还未达到服役期限；④现役小火电机组分布地域分散，资产关系复杂，债务处理和人员安置更加困难；⑤小火电机组关停指标跨地区使用难，集中建设难度进一步加大，影响了地方政府和企业关停的积极性。尽管 2010 年的关停已存在如此多的障碍，在"十一五"期间还是超额完成了关停机组任务，总计已关停 7200 多万千瓦机组[①]。由此可见，未来关停小火电机组的行政管理成本与资产损失也将加大，而且 2011 年初电力供应紧张的局面，也会加大进一步关停机组的难度，必须针对上述实际问题提出有效的政策措施。其他行业的淘汰落后产能也面临着类似的问题，需要政策制定者全面慎重地提出应对措施，尤其要减少由此激发的各种社会矛盾。

由于存在上述诸多的障碍，落后产能的退出壁垒较高。"上大压小"是政府在"十一五"期间对高耗能产业多次采用的重要节能措施，突出了我国宏观调控、行政管理强势的特色。但是，由于存在地方利益与国家全局利益的冲突，地方政府政绩考核中的经济、就业等指标与关闭落后产能的指标难以协调等矛盾，加大了措施实施和监管成本。我国高耗能产业的发展状况是与经济形势密切相关的，只要市场需求高耗能产品，高耗能产业就会发展。而伴随着关闭落后产能的规模升级，关小的难度将越来越大。"十二五"期间，在淘汰落后产能涉及面较广、总量较大而且规模等级不断升高的情况下，行政指令淘汰落后产能的方式必然成本很高，并且会有很大的副作用，面临的压力会越来越大。

第四节　政策建议

由于我国正处在工业化和城镇化快速发展阶段，一个显著的特点是高耗能产品的生产将保持一定的规模，才能满足此阶段的社会经济发展，特别是城市化发展的市场需求以及现阶段国际贸易对高耗能产品的市场需求。由于落后技术的改进和设备的更新等路径依赖问题，还需要资金、技术创新和时间来逐步克服，以及对能耗影响较大的整体经济结构调整等诸多原因，我国

---

① 工信部公布"十二五"和 2011 年我国工业节能减排四大约束性指标，新华网，2011 年 3 月 28 日。

的节能还有很长的路要走。

"十一五"期间，我国政府采取了一系列强有力的节能减排政策措施，取得了显著成效。在这个过程中，人们越来越深刻地认识到，节能降耗已不单纯是解决我国经济发展与资源、环境尖锐矛盾的国内经济发展模式问题，而且涉及减少能源消耗的碳排放量、减缓气候变化的全球性问题。

事实上，能源消耗和污染排放水平与经济发展阶段的产业结构、技术水平密切相关，与经济发展方式、消费模式、政策管理水平等也有密切的关系，分析它们之间的内在关系，是研究降耗减排问题的重要基础。在推进节能减排的工作中，我国政府于 2007 年在《中国的能源状况与政策》白皮书中就已明确要做到"六个依靠"：依靠结构调整，这是节能减排的根本途径；依靠科技进步，这是节能减排的关键所在；依靠加强管理，这是节能减排的重要措施；依靠强化法制，这是节能减排的重要保障；依靠深化改革，这是节能减排的内在动力；依靠全民参与，这是节能减排的社会基础[①]。下面将针对当前我国的能源与经济发展形势和存在的难点问题，探讨近期内加大节能降耗力度需要关注的重点，并提出如何落实"六个依靠"，处理发展中的各种关系以及重视建立节能长效机制和模式创新的具体政策建议。

一　正确处理"扩大消费"与"节约能源"的关系，引导节约型的消费结构

单位 GDP 能耗的降低，一方面要极力提高产值总量，另一方面就要尽可能地降低能源消耗总量。然而，扩大消费在促进经济增长的同时也增加了能源消耗量，在能源消耗总量中包含非生产性的能源消耗量。因此，必须要处理好"扩大消费"与"节约能源"这一对矛盾的关系。在调整经济结构的过程中，特别要关注消费结构的调整，减少不必要、不合理的消费，引导全民节约型的消费方式，这对于我国的节能以及经济发展方式的转变尤为重要。

发展观念不改变，发展模式也不可能发生转变。转变经济发展方式，首先要在正确的经济消费观念下，选择国家的发展模式和发展道路。消费是拉动经济增长的动力，满足人们生活需求的消费究竟是什么样的标准？是满足

---

① 国务院新闻办公室：《中国的能源状况与政策》白皮书，2007 年 10 月。

社会需求的节俭型消费，还是实现消费最大化？欧美等发达国家的消费水平是否就是中国未来经济增长所追求的消费水平？经济增长的终极目标是什么？一系列关于消费观念带有哲理性的问题都值得深究。

发达国家的经济发展和生活水准令世人艳羡，但是人均资源消耗水平过高，特别是能源资源消耗量过大，已经为今后的社会经济发展埋下了隐患。例如，汽车轮上的美国生活方式使得美国政府为了保证石油的供应，不得不把从政治、经济等方面加强中东等石油产地控制作为其外交的核心。当前发达国家对已走过的经济发展道路的反思具体体现在，不少欧洲国家实行高昂的燃油税，以及为了解决城市汽车过多的交通拥堵状况而征收道路费，重新开辟自行车道，鼓励节能的自行车和公共交通发展等举措①。这反映出世界经济对高耗能生活方式的质疑与对旧的发展模式的重新审视。当前，节能降耗已经成为世界经济发展的新潮流。因此，不能再重蹈发达国家的老路，包括生活方式西化、超大城市规划的效仿等。我国在经济发展模式的选择上也需要发挥后发优势，实现跨越式地发展，创新符合国情的发展新理念。

最重要的是，我们必须要清楚地认识到经济增长的终极目标是什么。如果为了追求经济的数量型增长，在粗放型的资源利用方式下，就会加快资源的耗费速率，并增加废料和污染气体产出量，以致超过了环境自我恢复能力的程度，那么必然会带来人类生活环境与质量的下降，失去经济增长的根本意义。要治理污染、保护环境，首先要从杜绝资源不合理开发利用的源头做起。

全面慎重地分析思考资源的可持续利用与发展战略，改变生存方式的发展理念，包括对舒适度的理解，对节约型消费观的确立，减少对资源的过度消耗，充分体现资源、环境与社会的协调发展，才能对未来中国经济可持续发展模式做出明智的抉择。

二　实施全方位节能战略

工业是能耗大户，也是节能的重点关注对象。同时我们也必须关注其他行业的能源消耗量一直在呈不断增长的趋势。《中国统计摘要2011》的综合能源平衡表表明，2005～2009年，各行业的能源消耗总量除了个别年份有

---

① 　杨敏英：《英国的交通节油政策》，《中国社会科学院要报领导参阅》2001年第31期。

小的波动外，基本上呈增长趋势。除了农、林、牧、渔、水利业年均增速不足1%之外，交通运输、仓储和邮政业的年均增速与工业相近，建筑业、批发零售业、住宿餐饮业、生活消费及其他能源消耗量的年均增速均超过了工业。因此，不仅要关注工业节能，还需要将节能目光拓展到其他领域（如建筑和运输环节），实施全方位的节能战略。

三 重构社会价格体系——在减轻总体税负水平的条件下，调高资源税和环境税水平[①]

价格机制是市场经济的核心，主导着全社会的生产和消费行为。各项经济政策，包括税费等优惠政策，最终都是通过价格机制发生作用的。因此，要扭转目前我国自主性节能动力偏弱的现象，必须抓住要素价格扭曲的源头。

我国能源效率低的现象多数发生在经济发展落后的地区或者中小企业，主要原因是投资的起点较低造成了技术设备落后。然而，这些能耗高的产品却在价格方面比先进工艺设备所生产的产品有着较大优势。这主要是由于我国各地区经济发展的不均衡造成劳动力价格、土地价格有较大的差异，部分地方中小企业的平均税负远低于国有大型企业，加上缺乏环境与社会外部成本的资源价格也相对较低，产品的运营成本存在较大的差异。落后产能具有总体投资少、分摊成本低和人工费用低的特点，虽然其产品单位能耗高于先进产能，但是仍有较大的利润空间，只要保障产品质量，在市场上就具有竞争力，即使在中央政府淘汰落后产能的严厉指令下，也很难完全退出市场。利益驱动造成了控制落后产能的巨大社会管理成本。

与强制性的行政手段相比，价格、税收手段通过改变价格信号调节市场供需，造成的扭曲比较小，也减少了寻租的机会，产生的税收收入还能补贴环保和新能源开发等，优越性是显而易见的[②]。在自然资源日益紧缺、环境容量日益紧张的背景下，我国经济要想实现可持续发展，必须重新构建鼓励资源节约、促进环境友好、推动技术创新的社会价格体系。应加快推进资源性产品价格的市场化改革进程，建立能够反映能源资源稀缺程度、市场供求

---

① 杨敏英、阎林、刘强：《中国能源战略发展报告——节能降耗形势》，载于汪同三、郑玉歆主编《中国社会科学院数量经济与技术经济研究所发展报告（2009）》，社会科学文献出版社，2009。

② 朱敏：《创造市场空间 推进节能减排产业化》，《市长决策要参》2008年第2期。

关系和环境成本等完全成本的价格形成机制，将低成本使用能源的鼓励政策改为高成本使用能源的约束政策，增加消费能源的成本，激发节能的积极性。

成本价格机制是在一定制度和政策框架内运行的。通过制度创新，可以重新构建有利于能源节约和环境保护的新的价格体系。不改变相关要素的价格结构和不同利益主体的成本结构，就不能促使企业和消费者形成节约资源和减少废物排放的自觉行为。但是如果只是调高资源和环境税水平，而其他税种继续保持高水平的话，将严重影响中国企业的国际竞争力，加大企业负担，使企业无力进行研发创新活动，从而不利于经济发展和结构升级。价格形成机制不完善，是我国目前建设资源节约型和环境友好型社会政策中最大的缺陷。国务院在 2007 年发布的《节能减排综合性工作方案》特别强调，要抓紧出台资源税改革方案，改进计征方式，提高税负水平。目前我国资源税改革方向为由从量计征改为从价计征，征收范围在石油、天然气的基础上将扩展到其他资源产品，并逐步在全国推行。

我国的总体税负水平并不低，但是历史遗留下来的资源税赋/收费水平却很低，环境税则根本没有，只有象征性的排污费。根据学者研究，如果适度提高资源税、能源税和环境税，就能收到比较好的节能降耗和污染减排效果①。另外，我国实施的增值税体系和财政分配体制，在客观上起到了鼓励工业项目发展、抑制服务业，鼓励工业投资、抑制消费的效果，是推动地方政府大上工业项目的主要原因。

因此，建议在经过科学的定量测算基础上，加快我国资源和能源价格体系的改革，从而把循环利用废弃物转变为企业降低环境使用成本一个经济途径，可以提高循环利用废弃物的比较经济效益，激励企业发展循环经济，实现广义节能。

基于以上分析，有以下几点建议。

（1）改革"上级吃下级"的财政分配体制。地方政府承担着越来越多

---

① 中国社会科学院数量经济与技术经济研究所参加的世界银行意大利信托基金项目《促进中国循环经济发展的政策研究》，利用可计算一般均衡模型（CGE）对资源税和排污费的经济影响进行了模拟。结果表明，资源税通过市场价格机制的作用，可较大幅度降低资源消耗和国内资源消耗，对 GDP 只有很小的负影响。征收税额为煤炭石油不变价产值 20% 的煤炭石油综合资源税，可降低 6.4% 的煤炭消耗，降低 8.9% 的国内煤炭资源消耗，降低 10.2% 的国内石油资源消耗，而 GDP 降低不到 0.1%。所以，资源税是达到节约资源的良好政策工具。

的社会责任，应给地方政府留有较多的财政收入。建议实施"省管县"制度，取消地级市对县域的财政分配权，使各地能够通过自身经济发展获得公共财富。

（2）改革增值税体制，改为以消费税为主。在消费终端征收消费税，对不同商品可以实施差别化的税率，如资源消费品施以较高的税率，生活必需品施以较低的税率甚至补贴，奢侈品施以高税率等。消费税应在中央、省、县（市、区）三级按合适比例分配，并向地方倾斜。

（3）降低企业利润所得税水平，给企业留有更多的财力进行研发活动和增加劳动要素收入。不合理的税率只能迫使企业靠压榨劳动工资和破坏环境求得生存和发展。

（4）按照资源紧缺程度收取资源税，对石油、煤炭、天然气、各种矿产、水资源收取资源税，形成反映资源稀缺程度、供求关系和环境成本的价格形成机制，稳步推动资源性产品价格改革。市场经济国家政府逐步取消了对能源价格的直接管制以及补贴等扭曲市场的做法；同时，出于对支持实现本国节能环保政策目标的考虑，往往针对特定的能源品种课税并内置于能源价格中，从而有效地保持政府对能源价格的间接控制①。应把资源税列为县级地方税种，由所在地用于资源保护、生态恢复和居民补偿。

（5）征收环境税。对污染气体和固体物排放、温室气体排放、垃圾填埋征收环境税。推出环境税，则会抬高国内商品的价格基础，必然会造成人民币实际升值。因此在国际谈判中，应充分予以说明，以减缓名义币值的升值压力。

（6）注意新旧税种的衔接。由于我国税负水平已经较高，因此在开征新税种的时候，要注意与旧有税种的衔接，尽量有征有减。应及时调整整个税收体系，避免重复征收、过度征收。财政收入不是越多越好，根据财政学原理，过度税收起到了涸泽而渔的作用，不利于社会进步和社会公平。具体来讲，应该逐步以环境税替代各种资源费，以消费税逐步替代增值税。

（7）应逐步降低税收总水平。在中央财政增收迅速的情况下，应该逐

---

① 戴彦德、周伏秋、朱跃中、熊华文：《单位 GDP 能耗降低 20% 途径和措施研究》，《中国投资》2008 年第 2 期。

步降低税收总水平,实行藏富于民的政策,要逐步降低中央财政在总体税收盘子中的比重,向地方政府尤其是负责基层社会服务的县级政府倾斜财力,改变很多县级财政沦为吃饭财政的状况。

有效控制价格上涨,调整社会利益分配。开征环境税等政策必然会带来上游产品的涨价压力。如果任由这种压力传导到最终消费品,不可避免地会导致通货膨胀,影响社会福利水平。因此,应该采取两方面的政策进行社会利益的调整。

第一,降低垄断部门的利润空间,避免垄断企业对上下游企业利润的过度剥夺。如电力价格中,约有2/3来源于运营成本相对低的电网公司。

第二,应采取措施鼓励社区商业发展,限制大型商场对流通环节的垄断能力,防止大型商场对商品的过度加价,保护消费者的利益。比如,目前很多商品在国外的销售价明显低于国内销售价,这种情况是很不正常的,应尽快改变。

四 继续加大调整产业组织结构和推进技术创新的力度

产业组织结构代表着产业的规模经济性,而技术水平决定了一个企业的能耗水平和环境保护水平。从某种意义上说,产业的组织结构直接决定了行业的整体技术水平。市场经济环境下,产业政策是发挥产业结构调整的人为因素,只能起到引导作用,而市场的需求与竞争是产业结构变动的内在动力。建议中央政府继续加大产业组织结构调整和推进技术创新为主导的政策力度。

(一) 改变管理策略,淘汰落后产能,调整产业组织结构

第一,淘汰落后产能要从源头抓起。我国能源消耗和污染排放重点领域——重化工产业的产业组织结构还很分散,大量技术落后的小企业充当着行业的主体。事实上,近几年新上马的大量小规模的落后企业,多数是为躲避限制产能过剩行业的国家审批而形成的。出于良好设想的项目审批制度对节约能源和污染减排起到了反作用。因为新建大型规模经济企业需国家审批,流程复杂,所需时间长,而投资规模小的企业仅由地方政府投资主管部门核准,流程简单、快捷,快速上马可满足经济快速增长和市场的需要。这样政策实施的实际效果就是"控大放小",激励各地上马了大量技术水平较低的小项目,导致先进产能无法建立,保

护了落后产能①。淘汰落后产能首先要从源头抓起，改变这种投资管理体制，否则小企业丛生，就难以使我国产业规模化得到快速的发展。不要待出现大量的落后产能后，再实施淘汰政策，这既不利于财富积累，也不利于社会稳定。建议项目审批制度改革要从投资规模控制改为技术标准控制，提高行业准入门槛制度的规定和要求，这将有利于提升我国工业的产业规模水平与技术水平。

第二，采取针对性措施克服淘汰落后产能的障碍。淘汰工业落后产能的阻碍力量除了市场需求因素之外，主要是地方政府和产能落后企业。这源于牵涉地方经济发展、社会就业、小企业生存等诸多复杂的利益关系问题，因而阻力大。必须有针对性地出台相关政策措施，才可摆脱淘汰落后产能中行政监管成本高的难题。"十一五"期间电力工业超额完成淘汰落后产能的经验表明，只要政策具有可操作性，淘汰落后产能就有出路。

第三，通过市场机制实现落后产能的自动退出。落后产能基本等同于技术水平落后、成本高或质量差的企业，缺乏竞争力，在市场完全公平竞争的环境下难以生存。应尽可能通过市场机制实现落后产能的自动退出，避免过度应用高成本的行政管理手段。例如，日本官方发布的《七十年代展望》就曾指出，应严格抑制过分的政策干预和产业的过度保护，产业政策的应用应限定在市场失败的领域②。

第四，加强行业管理的信息化。在现代信息技术快速发展的年代，行业政策、生产、销售、对外贸易、新技术等各项信息的及时交流与发布，可以有效地避免过剩产能或落后产能转移造成的浪费。行业协会要依据行业发展最新情况，快速更新行业准入的技术标准，这有利于推广先进技术，提升行业节能降耗的效益。利用信息技术促进行业管理的创新和升级，加强对淘汰落后产能的社会监督，带动行业结构的调整与优化。

（二）激励企业创新机制，促进技术节能

影响能源消耗的三种主要因素是结构性、技术性和制度性。我国目前正处于工业化高速发展阶段，伴随着落后产能设备淘汰的速率加快，我国可淘

---

① 杨敏英：《以"煤制油"项目为例，论我国投资管理体制改革》，《煤炭经济研究》2006 年第 4 期。

② 李拥军：《发达国家如何淘汰落后产能？》，《中国冶金报》2010 年 10 月 9 日。

汰的设备空间也会逐步缩小，结构性调整的空间不大，未来实施高耗能产业节能降耗的战略方向就必须转向产品结构的升级。能源的消耗都是通过技术设备来完成的，能源的消耗量就取决于技术设备的效率、人员的技术和管理水平，而节能则和技术设备的更新紧密结合，因而需要加大科技研发和具有能源知识的管理人员培养的力度，以开发适应市场需求的产品种类，增加高耗能产品附加值，发挥技术进步对节能的积极推动作用，促进产品耗能持续下降，这在一定程度上又取决于相应的激励政策和措施。可以从以下几个方面着手。

第一，依靠技术创新，提高产品附加值。我国高耗能产业的单位 GDP 能耗高，主要原因：一是落后产能的技术与设备比重大；二是产品结构中高附加值的产品种类偏少、数量比重小。因此，降低单位 GDP 能耗的途径之一就是提高单位产品的附加值。

第二，加大科技投入，科学规划新兴产业发展。"十二五"期间开始实施的新兴产业战略多数与节能相关。新兴产业关键在"新"，要具有新理念、新技术、新模式，要科学指导。

第三，组织开展共性技术和关键技术的研发。我国尚缺乏节能减排的关键技术和核心技术，如初级产品的深加工技术等。今后在推进节能减排的工作中，将会越来越受到技术瓶颈的限制。一般而言，中小企业的科研能力偏弱，对共性技术、关键的核心技术等研发需要相关部门以招标等方式组织，集中优势科研力量攻关，加快高技术产业的发展，并通过示范项目，逐步推广。

第四，以点带面，积极推广先进技术。"十一五"期间千家企业节能取得了显著成效，要及时总结经验，推广到各家企业，特别要提高中小企业装备的技术水平和管理水平，普及先进的生产工艺技术。

第五，充分重视生产过程创新，适度增强优惠政策的灵活性。节能以及资源综合利用是目前技术创新较为活跃的领域，尽管我国在相关政策中强调了对享用优惠政策认定条件适时调整，但属于技术创新成熟的事后阶段运用税率优惠及税额减免等进行鼓励的方式，较难实现与技术创新同步，而技术创新过程和推广初期通常更需要政策的支持。因此，建议在相关优惠政策中适当增加更为灵活的标准。例如，增加新技术和新产品认定条款，对于经过有关部门鉴定和认定，确实能够增强效率且具有推广价值的技术和产品同样提供优惠政策。

第六，健全技术创新奖励机制。建立节能减排技术遴选、评定及推广机制和奖励机制。除了国家层面的奖励机制之外，积极推进省和地市层面技术创新奖励机制，加大奖励力度，缩短申报流程，提高效率，及时有效地给予技术创新适当支持，与相关优惠政策相互补充，共同构成技术创新政策体系，引导企业相关技术创新活动的开展①。

五　建立有效的节能减排技术推广服务和监管体系

目前我国工业单位增加值能耗同比降低的成效主要体现在年主营业务收入 500 万元及以上的规模企业。实际上，占据较大比重的中小企业相对大企业能源效率低，是降低我国单位 GDP 能耗的重点对象。2007 年国有中小企业 4200 多万家，贡献了全国 GDP 的 60%、税收的 50%、就业机会的 75%，已经成为我国经济发展的中坚力量。然而，相对于大型企业而言，中小企业的设备落后、技术研发能力弱，例如建材行业，落后工艺 80% 以上集中在中小企业②。但是，关闭小企业面临着较大的难度，而且不是提高能效唯一的措施。因此，从提高我国工业的整体生产水平角度看，更多需要的是通过对中小企业实施技术改造，减少企业之间以及地方发展的不公平性。为数众多的中小企业节能需求更迫切。

降低能源消耗量的快速增长速率，加强能源需求侧管理（DSM）是完全必要的。这一概念是 20 世纪 90 年代初从发达国家引进的，它是以先进的技术设备为基础，以经济效益为中心，以法制为保障，以政策为先导的能源需求管理，而且曾获得可观的节能成效。如何进一步在我国深入开展能源需求侧管理，提高我国的能源效率是持续开展节能活动需要研究的课题。

建立有效的节能减排技术推广服务和节能监管体系现在已有大量的国际（瑞典、美国、德国、日本等）经验可以参照。要加强系统的研究，解决我国发展中存在的障碍问题。可以先从以下几个方面着手节能技术推广服务和监管体系的组织建设。

第一，要注重发挥行业协会在节能体系中的作用。在行业协会建立节能咨询机构，对专业性强、能够抓住行业内节能的主要问题，提出针对性的方案。

第二，政府为企业和公众提供节能咨询服务，包括建立高效节能咨询机构。咨询机构及时宣传政府制定的节能目标和出台的政策措施，公示产品能

---

① 杨敏英、吴滨：《调整煤矸石发电政策　促技术创新》（待发表），2011 年 7 月。
② 《我国节能服务业将迎来巨大商机》，中国节能网，2008 年 1 月 30 日。

耗标准，提供咨询人员专业培训与考核，组织各行业协会与专家实施节能规划和攻克节能技术改造中遇到的关键性问题，及时宣传节能的先进经验，协助企业与国内外相关企业、科研院所合作，实施技术改造等。

第三，建立能效标识制度。每年对用能产品强制实行检测与能效标识制度，使消费者可以了解能效等级，利用市场竞争，优胜劣汰，鼓励产品的更新和产品标准的进步升级。

第四，加快信息化的新型管理建设。"十一五"期间我国的高耗能产业总是处在产能过剩与行业政策的调整中。重复建设与产能过剩这一现象强烈地反映出我国行业发展机制的不健全，其中既存在地方政府经济指标考核带来的制度问题，也存在没有充分利用现代信息化的手段采集行业数据、针对供求市场状况及时发布信息造成的交流不对称等行业管理水平问题。因此，加强我国高耗能行业的信息化建设是促进市场化节能的重要手段之一。无论是政府还是企业，都要充分利用现代化信息技术，开展信息的收集、沟通与交流，朝着现代化的企业与政府管理模式努力。政府与行业的信息情报网不仅要宣传行业发展的方针政策，还要大力宣传业内先进的节能技术和管理方法，实施能源计量与监测的管理，提高企业的管理水平[①]。

第五，健全企业的节能合同管理体系。节能服务与管理的专业化，可以有效地推广节能技术，使目前大量技术上可行、经济上合理的节能技改项目，及时地通过商业性的、以赢利为目的的能源管理公司来实施，减少企业节能技术研发的投入，达到节能成本最小化。而且，节能服务管理公司可以通过"合同能源管理"从中获得发展，促进社会专业化的能源服务体系的建立。这种节能服务机制不仅关系到推进节能的深入发展，有助于实现政府制定的预期节能目标，而且还关系到加快发展第三产业，改善我国产业结构的战略。为了让节能服务业更好地发展，除了国家在财政奖励和税收优惠政策等方面增加节能服务公司融资需求的支持力度之外，还需要研究如何建立诚信体系，增强节能服务业的规范化，以加大用能单位对合同能源管理的接受程度。健全企业的能源合同管理体系比节能服务公司数量的增长更为重要，因为这将直接关系到这个服务行业的信誉与未来的发展前景，需要抓好

---

① 杨敏英、彭绪庶、吴滨：《中国能源战略发展报告——"十一五"部分高耗能行业节能降耗分析（下）》，载于汪同三、何德旭主编《中国社会科学院数量经济与技术经济研究所发展报告（2011）》，社会科学文献出版社，2011。

试点工作。

第六，加快人才培养，发展高耗能产业节能技术研发与管理服务。随着我国各级政府对合同能源管理机制支持力度的加大，当前社会上已涌现出一些以合同能源管理机制实施节能项目的节能服务公司，要使这种趋势健康发展，必须尽快解决专业人才短缺的主要问题。当前要抓紧节能专业人才的培养工作。首先需要设置企业节能管理员制度，设立节能培训班，加强企业现有能源管理人才的专业技能培训与考核；同时要在大专院校设立能源专业，设置有关能源开发与利用的技术、工艺和管理等课程。采用多种方式培养专业节能人员，由国家统一认定能源管理人员的从业资格，在我国建立起一支新的节能服务产业队伍。节能是任重道远的，创新是手段，人才是关键。

六　加强节能的技术经济分析[①]

节能在我国能源发展战略中处于优先地位，也是当今世界能源发展的方向和国家社会经济发展的战略选择。节能不仅要降低当期的单位产值能源消耗，而且要降低全社会的累积能源消耗，最终目的是要减缓能源资源的耗竭速率，减少能源消费对大气环境的影响。节能不仅是单纯地减少能源消费量，低成本、高效益是其追求的根本目标。关注节能的技术经济问题研究，是推动节能自主性、可持续性发展的关键。

如何有效地开展节能工作？节约能源一方面需要从身边的点滴做起，杜绝浪费；另一方面又需要积极创新，开发改进节能的新技术与新设备，获得技术的支持。然而，无论新技术的研发，还是原有设备的更新换代都需要大量资金投入。从经济学观念看，节能不仅要看设备能源利用的效率，而且要进行节能资本投入的分析，只有二者结合最优才可被市场接受。因此投融资问题的核心就离不开费用效益分析，以判断技术的可行性与风险性，确定改进技术的设备应用与推广的范围和程度，判断是否可尽快收回投资并获得效益。

能源效率问题的实质就是要低成本、高效益。在我国就存在节能却不节钱的普遍现象，如绿色照明工程中，消费者购置节能灯具，虽然可以节省一些电费，却因为节能设备昂贵，总投入不减，甚至由于劣质节能设备的频繁更换而增加费用。如果高额的投入成本没有在低运行费中回收，人们是不会使用这种节能设备的。因此，如何进一步提高能源效率，有效降低节能的成本是十

---

① 杨敏英：《节能的技术经济关注点》，《中国能源》2011 年第 4 期，第 13～15 页。

分敏感的焦点问题，这直接关系节能的政策力度与节能的可持续性。

在目前进一步深入开展节能活动中，应强化节能的技术经济研究，需要关注以下几个主要问题：能源效率的研究、节能项目的评价、能源项目延伸的循环经济可行性论证与评估方法的改进、节能减排的潜力与途径分析、节能指标要具有技术经济分析基础。

七　减排温室气体，促进节能

当前国际社会关心的重大全球性问题之一是气候变化，这主要是由人类发展问题而引发的环境问题。普遍认为，能源的大量开发和利用，是造成环境污染和气候变化最为主要的原因。我国正处于经济快速发展阶段，能源消耗量连年持续增长，在缓解全球气候变化、减排二氧化碳的目标下面临更大的压力。我国政府将应对全球气候变化的挑战视为加快我国经济发展方式转变和经济结构调整的重大机遇，积极参与应对气候变化的国际合作，并作为国家经济社会发展的重大战略，于2009年底向全世界宣告了"到2020年，单位国内生产总值二氧化碳排放量比2005年下降40%～45%"的减排二氧化碳目标，并将减排目标列为"十二五"期间政府考核的约束性指标之一，与节能指标并列，共同作为今后工作的重点。

减排二氧化碳的目标与节能降耗的目标具有很强的关联性。首先，要实现低碳经济，就必须强化节能。在我国全面开展节能降耗的过程中，人们越来越深刻地认识到，节能降耗已不单纯是解决我国经济发展与资源、环境尖锐矛盾的国内经济发展模式问题，节能既可以减缓能源消耗总量的增速，又可以减少化石燃料引起的温室气体排放问题。其次，要加快发展可再生能源作为替代能源的低碳经济。

由此可见，减排二氧化碳与节能降耗实质上是一个经济与社会发展的全局性、系统性问题。需要研究转变经济发展方式与降耗减排的关系，加强研究节能潜力与减碳量的关系，探讨实现经济增长、减缓气候变化与降耗减排多重目标的可行途径。要抓住全球重视减排温室气体的机遇，结合加快实现建设低碳经济的目标，大力发展节能环保低碳产业，促进节能在更广泛的领域中开展。

八　健全节能的统计与监管

"十一五"期间，明确节能目标责任评价考核结果，是我国干部综合考核评价的重要依据。2010 年 5 月温家宝总理要求，各地区各部门要把思想统一到中央的决策部署上来，加强组织领导，形成一级抓一级、层层抓落实的工作格局。地方各级政府主要领导、企业主要负责人要切实负起对本地区、本企业节能减排工作第一责任人的责任。要强化行政问责，对各地区节能目标完成好的要给予奖励，未完成的要追究主要领导和相关领导责任，根据情节给予相应处分，直至撤职。要严防弄虚作假，对任何地方和企业，一经发现数据造假、做表面文章，都要坚决严肃处理，确保单位 GDP 能耗数据的真实性、准确性和一致性。

节能统计工作仅从政府官员的考核角度就可以看出其重要性。实际上，统计工作对于全国人民更为重要，它直接关系到国民经济的重大决策。只有相关部门和各地区做好了月度、季度单位 GDP 能耗降低情况的统计，才能做好分析和预测预警工作，研究出台政策措施以及制定合理的节能目标。具体措施建议如下。

第一，建立较为完善的节能统计体系。为确保统计数据准确、及时，促进行业节能降耗数据的信息公开，为行业统计和政策研究提供更好的支持作用，必须加强节能减排管理，完善节能评估审查制度。各地能源管理部门应充实必要的人员，促进企业建立节能计量和统计制度，切实加强对月报、季报、年报的能源统计与核查制度。行业协会要强化对所属企业生产总值能耗指标的审核，尽快完善统计制度，改进统计方法，建立较为完善的节能统计体系。

第二，完善责任考核体系。单位 GDP 能耗指标，一方面与 GDP 相关，另一方面与能源消耗量相关，而能源消耗量包括非生产性的能源消耗量。"十一五"末是考核各级政府节能目标完成的关键。某些地方政府为完成节能减排目标，采用拉闸限电，强制性减少能源使用，给企业生产和居民生活带来了不便，并且使得原本是利国利民的节能目标的实现产生了严重的负面社会影响，在一定程度上也考验了政府责任人的为官理念。中央政府的管理制度不仅要对那些玩弄数字游戏、弄虚作假的官员坚决严肃处理，而且对于那些不是通过合理节能举措，即使实现了预期节能目标的、为保官职的官员，也应该有相应的惩罚。否则，不利于今后节能的深入开展。今后，对各级政府的责任考核，既要对约束性指标进行考核，也要对节能措施进行评价。需要尽快研究建立完善的责任指标评价体系，这样才能使我国的节能走上科学合理的可持续道路。

九　逐步建立节能的长效机制

（一）　建立节能长效机制的必要性

节约能源是我国缓解资源约束的现实选择。推进能源节约，是我国经济社会发展长期而艰巨的战略任务。在完成"十一五"节能目标的过程中，我国节能减排工作仍然是中央政府主导，直至各地方政府，主要是采用了行政问责制为主的行政手段，包括依靠节能减排指标的层层分解来推动地方政府和企业实施节能，建立严格的监管考核队伍、执法队伍，等等。从经济学角度分析，虽然以政府为主导的行政手段强制性节能见效快、效果显著，但是监管的成本过高、代价过高，包括某些地方政府限制居民用电所造成的社会负面影响等。在政府节能管理模式上，市场经济国家大多以市场机制为主，采用推行能源合同管理、节能基金、资源价格调控等各种经济管理手段来引导节能，创造适当的政策环境，激发能源消费者的节能自觉性、主动性。因此，相对采用市场经济手段的节能管理，以行政手段为主的节能管理，一旦缺乏压力，则难以持续，是缺少长效机制的。

我国正处于向市场经济转型时期，要改进当前政府以行政手段为主的节能管理模式。必须认识到，我国的设备技术条件相对于发达国家仍处于落后水平，能源效率的提高关系到技术、结构等许多方面，绝不可能在短期内通过突击性运动就可以实现理想的节能目标，而是需要长期坚持不懈的努力，才能在技术和管理水平上逐步缩小与世界先进水平的差距。节能不是某一届政府的工作任务，而是政府一项长期艰苦的工作任务。因此，必须将节能从政府的短期行为转为长期行为，逐步建立起基于市场手段、符合经济规律的节能长效机制，才能变节能的局面由"被动"为"主动"，落实国家节能优先的能源战略。

因此，更加需要强调从体制、机制建设入手，来激励各级政府、企业以及民众的节能意愿，着眼长远，建立起节能减排的长效机制。这种长效机制不是强迫型的，而是自觉型的，即它不是单纯依靠政府的行政命令与各级政府间节能指标的责任考核，而是需要形成一种全社会自发的节能意愿与行动。

（二）　将节能转变为自觉的行动

只有在节能形成一种氛围，不仅对社会有效益，而且对企业、个人都有效益时，才可能实现效益最大化。只有加快节能机制的创新，建立起自觉行动的节能减排长效机制,才能从根本上改变高消耗、高污染的粗放型经济发展模式,实现我国经济发展方式的转变。实际上,节能不仅是国家的大政方针,也是企业节约生产成本、提高竞争力的根本。节能本身也是经济问题。首先,节能有益于企业节约生产所消耗的能源成本。其次,在市场公平竞争的环境下,落后产能的企业在缺乏保护的情况下,自然难以生存,遭到淘汰。只要加大技术节能力度和产品结构调整力度,就可以增强企业的市场竞争力。经济问题还需要利用经济手段解决。要将节能转变为自觉的行动,就必须更多地依靠经济手段去激发。因此,政府要更充分利用市场经济手段,协助企业建立起自觉节能的长效机制。

从强迫型的节能到自觉型的节能必定是个漫长的过程,它首先需要依靠政府的宣传与节能法、节能政策和措施来逐步引导。一方面,各级财政应当加大节能减排投入,引导建立起以企业为主和社会参与的节能投入机制;另一方面,在向市场经济体制转型的过程中,需要更多地依靠市场手段来解决节能机制问题,改善金融、财政税收等各个管理环节的政策,建立符合市场经济原则的政策体系。要鼓励和引导金融机构加大信贷支持节能改造工程,使得节能投入有依靠,这样就可以在一定程度上加快这个转换进程。

企业追求的是效益最大化,如果节能不能实现利润的增加,企业就没有节能的内在动力。因此,要造就全社会自觉型的节能,就需要尽可能利用经济规律,采取经济手段。对于节能降耗,应该更多地利用企业追求利益最大化的特征,依靠市场的竞争机制去解决。因为能源和资源都是企业生产成本的重要组成部分,节能降耗是降低成本的重要途径,是企业内部性问题,只要市场竞争是公平和充分的,企业就具有节能降耗的内在动力,政府没有必要把过多的精力用于直接进行能耗控制。节能降耗目标应主要通过进一步深化改革和完善市场竞争机制来实现。我国尚未完成工业化和城市化,就业压力很大,地区差距和城乡差距还在日渐扩大,发展仍然是第一要务,不应把发展政策过度地聚焦于能耗控制而忽略了其他战略目标。

我们必须在完善市场机制的基础上,通过强化市场竞争,并制定相互配套的节能减排政策体系,才能真正建立长效的节能减排的市场运行机制,而不是过分地强调节能减排的短期目标和业绩。国务院已经于2007年6月发布了《节能减排综合性工作方案》。该方案提出了43项具体政策措施,涵盖了结构调整,加大行政管理力度,实施节能环保重点工程,加强节能减排投入,加强节能减排技术研究开发与推广应用,加快建立节能技术服务体系，推进资源节约与综合利用，深化循环经济试点，加强节能减排技术标准建设和监督管理体系，加大税收、投融资、价格收费等的经济调控手段的改革力度，加强立法管理和宣传等诸多方面。为了使这些政策措施能够落到实处，克服在实际执行中还存在的很多制度和体制方面的障碍，有必要进一步研究与之相配套的体制改革。

（三）建立排除节能障碍的长效机制

众所周知，节能对保护资源、改善居住环境都是有意义的，节能对于企业而言，还可以降低生产成本中的能源投入，节能对于社会各方面均有益处。但是为什么节能工作难以开展？关键是人们对能源以及能源设备的使用有一种依赖性，在经济学上称为"路径依赖"。无论是企业还是老百姓，要改变使用能源的方式，必然要改变使用能源原有的路径，就需要投入设备改造费用，对于企业还要投入技术研发费用以及人力等。这些投入往往在初期是一笔不菲的开支，特别是节能技术研发资金是否可以回收，存在一定的风险。对于以经济效益为首要目的的企业，节能技术经济分析的投入资金回收期和资金来源，决定了节能行动的积极性。为解决路径依赖的障碍，在节能降耗没有转化为企业的自觉行动时，政府不得不加大行政手段的管理成本，但是决非长久之计。在市场经济体制下，政府在推进节能降耗政策措施的制定上，要注重采用有法可依的鼓励性措施和惩罚性措施，施行宏观引导和强化管理，减少对企业的直接行政干预。降低能源消耗强度和污染治理实际上都要涉及经济问题，经济问题必须用经济手段去解决。解决节能资金投入的障碍问题，需要建立节能资金投入的长效机制，这是推动节能技术发展，提高能源技术创新的基本保障。具体措施建议如下。

第一，加强政府财政对企业节能技术改造的支持力度。要发挥政府资金的引导作用，鼓励企业通过市场直接融资和利用国际金融组织、外国政府贷款等途径获取节能资金。

第二，建立节能专项资金，带动社会投资。通过节能专项资金的设立和投入使用，鼓励企业的节能技术改造。首先要严格制定和实施产品的能效标准和能效标识制度，作为准入的门槛。其次，在专项资金信贷方面实行辅以产品节能标准为条件的优惠贷款政策。若达不到节能目标，仍以普通贷款计息，要补足贷款计息的差额；对达到节能目标的，要退返贷款计息的差额。以此项措施来鼓励、监督企业将节能优惠贷款政策落到实处。

第三，对企业节能投资提供税收优惠，对节能产品减免部分税收，促进节能型设备和产品的推广应用。在运用税率优惠及税额减免等方式的政策时，要紧跟技术创新步伐，一方面要及时调整税费优惠目录的项目，实行事后鼓励，另一方面要充分运用加速折旧、投资抵免等手段实行过程扶持，充分调动企业从事节能技术研发的积极性，使提高能源效率成为企业技术进步的主要推动力。

（四）强化《节约能源法》实施力度，有利于节能长效机制的建设

市场经济同时也是规制经济。规制实际上有两层含义：一是有足够的法律、规章、标准，二是有必要的执行机制。没有严格的规制，市场经济就会变成一种没有秩序的混乱状态，市场将会被假冒伪劣商品充斥，最终导致"劣币驱逐良币"效应。因此，在市场经济环境下，除了经济手段外，实现节能与环保目标的关键除了需要建立法律，更关键的是要执行法律，减少社会经济发展的外部成本，并保障局部利益服从整体利益。

我国的市场经济规制体系还处于初级阶段，各项有关的法律、法规、标准都不够健全、完善，而且还没有健全的市场规制。企业面临复杂多变的政策环境，缺乏对未来的稳定预期，也就没有意愿制定长期的发展规划，进行长期的投资和研发创新活动，这不利于企业的节能改造与长期发展。例如，在"十一五"期间的各项节能措施中，各行业实行"压小上大"限制高耗能的力度最大，很快就取得了显著的节能成效。但是，这同时也表明了我国投资管理体制有很大的缺陷，存在着"放小压大"的行政审批问题，造成我国小型企业过多、资源过度耗费的粗放型发展现状。为了当期的节能降耗目标实现，过度提前缩短设备的运行寿命，既不利于资本的积累，也是对物质资源的极大浪费。

《节约能源法》的修订与开始实施，奠定了良好的法制建设基础与环境氛围，下一步重要的是如何贯彻、实施与监察，还需要详尽的实施细则与措施跟上。这样，建设节约型社会才能有实施的法律约束和激励效应，节能才能有望从强制性向自觉性转化，节能的长效机制才能逐步建立起来。

第四章
"十一五"污染排放形势与
减排政策评价

第一节　引言

　　"十五"期间，党中央、国务院高度重视环境保护，将改善环境质量作为落实科学发展观、构建社会主义和谐社会的重要内容，把环境保护作为宏观经济调控的重要手段，采取了一系列重大政策措施。各地区、各有关部门不断加大环境保护工作力度，淘汰了一批高消耗、高污染的落后生产能力，加快了污染治理和城市环境基础设施建设，重点地区、流域和城市的环境治理不断推进，市场化机制开始进入环境保护领域，全社会环境保护投资比"九五"时期翻了一番，占 GDP 的比例首次超过 1%。在经济快速发展，重化工业迅猛增长的情况下，部分主要污染物排放总量有所减少，环境污染和生态破坏加剧的趋势减缓。

　　但是，我国的环境形势依然严峻。"十五"期间力图解决的一些深层次环境问题没有取得突破性进展，产业结构不合理、经济增长方式粗放的状况没有根本转变，环境保护滞后于经济发展的局面没有改变，体制不顺、机制不活、投入不足、能力不强的问题仍然突出，有法不依、违法难究、执法不严、监管不力的现象比较普遍。"十五"期间环境保护计划指标没有全部实现，二氧化硫排放量比 2000 年增加了 27.8%，化学需氧量排放量仅减少 2.1%，未完成削减 10% 的控制目标（见表 4-1）。主要污染物排放量远远超过环境容量，环境污染严重。

表4-1 "十五"环保计划主要指标完成情况

序号	指标名称	2000年	2005年计划目标	2005年	"十五"增减情况(%)
1	二氧化硫排放量(万吨)	1995	1800	2549	27.8
	其中:两控区内排放量	1316	1053	1354	2.9
2	烟尘排放量(万吨)	1165	1100	1183	1.5
3	工业粉尘排放量(万吨)	1092	900	911	-16.6
4	化学需氧量排放量(万吨)	1445	1300	1414	-2.1
5	工业固体废物排放量(万吨)	3186	2900	1655	-48.1
6	工业用水重复利用率(%)	—	60	75	
7	工业二氧化硫排放量(万吨)	1613	1450	2168	34.4
8	工业烟尘排放量(万吨)	953	850	949	-0.4
9	工业化学需氧量排放量(万吨)	705	650	555	-21.3
10	工业固体废物综合利用率(%)	51.8	50.0	56.1	4.3
11	设区城市空气质量达到国家二级标准比例(%)	36.5	50.0	54.0	17.5
12	城市污水处理率(%)	34.3	45.0(生活)	52.0	17.7
13	城市建成区绿化覆盖率(%)	28.1	35.0	33.0	4.9
14	自然保护区面积占国土面积比例(%)	9.9	13.0	15.0	5.1

资料来源:《国务院关于印发国家环境保护"十一五"规划的通知》(国发〔2007〕37号)。

因此,《"十一五"规划纲要》提出了"十一五"期间单位GDP能耗降低20%左右、主要污染物排放总量减少10%的约束性指标。污染减排的两项约束性指标为,到2010年,化学需氧量和二氧化硫排放量均比2005年下降10%,即全国化学需氧量排放量由2005年的1414.2万吨减少到1272.8万吨,二氧化硫排放量由2549.4万吨减少到2294.4万吨。这意味着主要污染物排放总量在这5年内要以年均约2.1%的速度下降。无疑,对于正处于工业化和城市化加速发展阶段的我国来说,这是一个十分积极但也十分艰巨的任务。

现在,"十一五"已经过去了,主要污染物减排的指标也顺利完成。"十一五"期间的污染减排形势是如何变化的?哪些政策措施对污染减排的变化趋势产生了重要影响？我们应当怎样看待"十一五"期间的减排工作和减排政策？对这些问题的分析有助于我们今后更好地协调经济发展与环境保护之间的关系，也是本章的主要内容。

本章后续部分安排如下：第二部分对"十一五"期间污染物排放进行年度分析；第三部分对年度减排政策措施进行归纳，并结合定量分析方法对其实施效果做简要评述；第四部分讨论"十一五"期间减排工作中存在的问题，并提出"十二五"减排工作的政策建议。

第二节 "十一五"期间年度污染物排放形势及减排政策评价

一 年度污染物排放形势[①]

（一）2006 年污染物排放年度形势分析

2006 年是"十一五"规划的开局之年。由于一系列政策措施尚在酝酿中或刚刚实施，因而 2006 年没有完成既定的污染物减排计划。如表 4 - 2 所示，2006 年全国二氧化硫排放量为 2588.8 万吨，比 2005 年增长 1.5%；化学需氧量排放量为 1428.2 万吨，比 2005 年增长 1.0%。不过，2006 年污染物排放量的增长速度开始下降。与 2005 年增幅相比，2006 年二氧化硫和化学需氧量排放量分别回落了 11.6 个百分点和 4.6 个百分点。这在一定程度上表明，相关的政策措施已经开始发挥作用。

《中国环境统计年报 2006》列入了我国 31 个地区主要污染物排放的情况。在这 31 个地区中，有 12 个地区的二氧化硫排放量下降。其中下降速度最快的是北京，达到 7.9%。天津、江苏和甘肃的二氧化硫排放量也减少了 3% 以上。但是，有 18 个地区的二氧化硫排放量不降反升。山东、河南、内蒙古、河北和山西是二氧化硫排放量最多的 5 个地区。在这 5 个地区中，内蒙古和河北的二氧化硫排放量比 2005 年分别增加了 6.9% 和 3.3%，而其余 3 个地区的二氧化硫排放量则有所下降。此外，西藏的二氧化硫排放量基本没有变化。

---

① 如无特别说明，本部分主要数据来源于历年《中国环境统计年报》和环保部。

表4-2 近年来我国主要污染物实际排放量

单位：万吨

年份	化学需氧量			二氧化硫		
	排放总量	工业	生活	排放总量	工业	生活
2000	1445.0	704.5	740.5	1995.1	1612.5	382.6
2001	1404.8	607.5	797.3	1947.8	1566.6	381.2
2002	1366.9	584.0	782.9	1926.6	1562.0	364.6
2003	1333.6	511.9	821.7	2158.7	1791.4	367.3
2004	1339.2	509.7	829.5	2254.9	1891.4	363.5
2005	1414.2	554.7	859.5	2549.4	2168.4	381.0
2006	1428.2	541.5	886.7	2588.8	2234.8	354.0
2007	1381.9	511.1	870.8	2468.1	2140.0	328.1
2008	1320.7	457.6	863.1	2321.3	1991.4	329.9
2009	1277.6	439.7	837.9	2214.4	1865.9	348.5
2010	1238.1	434.8	803.3	2185.1	1864.4	320.7

资料来源：历年《中国环境统计年报》；2008年、2009年数据来自《中国统计年鉴》（2010年）；2010年数据来自《中国环境状况公报》（2010年）。

化学需氧量排放量有所下降的地区也有12个。其中下降速度最快的仍是北京，达到5.2%。江苏、甘肃、宁夏和天津的化学需氧量排放量也减少了2%以上。这12个地区中有8个地区的二氧化硫排放量也是下降的，因而与前面提到过的12个地区具有较大的相似性。不过，也有17个地区的化学需氧量排放量有所上升。在这31个地区中，广西、广东、江苏、湖南、四川的化学需氧量排放量最多。而其中只有广东和江苏的化学需氧量排放量有所下降，其余3个地区的化学需氧量排放量则有所上升。

总体来看，2006年主要污染物减排的形势十分严峻。二氧化硫和化学需氧量的排放总量都有所增加，而大部分地区的主要污染物排放量也呈现增加的态势。这增加了"十一五"其余年份的减排压力。

（二）2007年污染物排放年度形势分析

2007年，各地区、各部门高度重视污染减排工作，积极推进工程减排和结构减排，认真落实管理减排措施，工作力度明显加大。当年，环保部（当时的国家环保总局）确定的污染减排工作目标主要有：实现设市城市新增污水处理能力1200万吨/日，再生水利用能力100万吨/日，形成化学需氧量减排能力60万吨/年；现有燃煤电厂投运脱硫设施3500万千瓦，形成二氧化硫减排能力123万吨/年；实现节能3150万吨标准煤，减排二氧化硫40万吨；加大造纸、酒精、味精、柠檬酸等行业落后生产能力淘汰力度，实现减排化学需氧量62万吨。

从目标实现情况来看，2007年全国有1.2亿千瓦燃煤脱硫机组建成投产，脱硫机组装机容量达到2.66亿千瓦，全国装备脱硫设施的燃煤机组占全部火电机组的比例由2005年的12%、2006年的32%提高到48%；新增城市污水处理能力1300万吨/日，城镇污水处理率由52%提高到60%。

而主要污染物排放量实现双下降，首次出现"拐点"。其中，全国化学需氧量排放总量1381.9万吨，比2006年下降3.2%；二氧化硫排放总量2468.1万吨，比2006年下降4.7%。电力行业二氧化硫排放量比2006年下降9.1%，国家五大电力集团公司二氧化硫排放量下降13.2%。

2007年度各省、自治区、直辖市和五大电力集团公司主要污染物减排工作取得了成效。其中，31个被考察地区中，除海南、青海、西藏、新疆维吾尔自治区和兵团外，二氧化硫排放量都出现不同程度的下降。其中，山东、河南、内蒙古、河北和山西等二氧化硫排放大省的二氧化硫排放量都有较大幅度的下降。例如，山东的二氧化硫排放量同比下降了7.1%。五大电力集团中，中国大唐集团公司的二氧化硫排放量相对下降幅度最大，达到16.6%；而相对下降幅度最小的中国电力投资集团公司也达到7.70%。此外，除海南、西藏、青海、新疆维吾尔自治区和兵团外，所有地区的化学需氧量排放量也都有所下降。

但仍有一些地方和企业在污水处理、脱硫设施运行等方面存在问题。突出的是：①江西省鹰潭市、海南省三亚市、广西壮族自治区河池市、云南省玉溪市的城市污水处理厂建设严重滞后或长期处于低负荷运行或无故不运行。②华润电力控股有限公司湖北蒲圻电厂、贵州省金元股份有限公司黔北总厂的金沙电厂和习水电厂、山西省国际电力集团有限公司柳林电厂，未按照《"十一五"二氧化硫总量削减目标责任书》的要求在2007年底前建成运行脱硫设施。③深圳能源集团股份有限公司沙角B厂、中国大唐集团公司洛阳双源热电有限责任公司、洛阳豫港电力开发公司伊川二电厂、河南三门峡陕县惠能热电有限公司、中国国电集团公司重庆恒泰（万盛）电厂、中国电力投资集团公司重庆合川发电公司、中国华电集团公司贵州大龙发电有限公司7家电厂脱硫设施运行不正常。

总的来看，2007年，在党中央、国务院的统一部署下，各地区、各部门深入贯彻落实科学发展观，采取综合措施推进污染减排，化学需氧量和二氧化硫排放量实现双下降，污染防治由被动应对转向主动防控，环保历史性转变迈出坚实步伐。

（三）2008年污染物排放年度形势分析

在2007年主要污染物排放出现历史性转变的形势下，2008年环保部确定的污染减排工作目标主要有：实现新增城市污水处理能力1200万吨/日，形成化学需氧量减排能力60万吨/年；现有燃煤电厂投运脱硫设施3000万千瓦，完成10台规模1000平方米钢铁烧结机烟气脱硫工程，形成二氧化硫减排能力150万吨/年；加大小火电、炼钢、水泥、炼铁、造纸、酒精、酿造、柠檬酸等行业落后生产能力淘汰力度，实现减排二氧化硫60万吨，减排化学需氧量40万吨。

从目标完成情况来看，2008年全国城镇污水处理率由2007年的62%提高到66%；脱硫机组装机容量达到3.63亿千瓦，装备脱硫设施的火电机组占全部火电机组的比例由2007年的48%提高到60%。2008年全国化学需氧量排放量为1320.7万吨，比2007年下降4.42%；二氧化硫排放量为2321.3万吨，比2007年下降5.95%。与2005年相比，化学需氧量和二氧化硫排放量分别下降6.61%和8.95%。

2008年度各省、自治区、直辖市和五大电力集团公司中，除青海、西藏、新疆维吾尔自治区和兵团外，二氧化硫排放量都出现不同程度的下降。五大电力集团中，中国大唐集团公司的二氧化硫排放量相对下降幅度继续保持最大，达到21.23%；而相对下降幅度最小的中国华能集团公司也达到15.18%。除西藏外，所有被考察地区的化学需氧量排放量都出现不同程度的下降。

总的来看，2008年由于党中央、国务院的高度重视，地方各级党委和政府的真抓实干，进一步加大了产业结构的调整力度和减排工程的建设力度，考核上实行了严格的问责制，促进减排的经济政策措施纷纷落实到位，加之金融危机使部分高耗能产业受到影响，因而主要污染物排放不仅继续保持了双下降的良好态势，而且首次实现了任务完成进度赶上时间进度。这大大缓解了"十一五"最后两年完成减排任务的压力。

（四）2009年污染物排放年度形势分析

2009年是实现"十一五"节能减排目标具有决定性意义的一年。当年，环保部确定的污染减排工作目标主要有：化学需氧量和二氧化硫排放量分别比 2008 年下降 3% 和 2% 以上，比 2005 年下降 8% 和 9%，新增削减化学需氧量 112 万吨、二氧化硫 190 万吨。确保新增城市污水处理能力 1000 万吨/日，新增燃煤电厂脱硫装机容量 5000 万千瓦以上，新增 20 台（套）钢铁烧结机烟气脱硫设施。同时，狠抓已投运的 3 亿多千瓦燃煤电厂脱硫机组、1300 多座污水处理厂的稳定运行和 6000 多家国控重点污染源在线监测系统国家与省联网工作。通过工程减排，新增削减化学需氧量 75 万吨、二氧化硫 140 万吨。分别淘汰炼铁、炼钢、造纸和电力落后生产能力 1000 万吨、600 万吨、50 万吨和 1500 万千瓦，实现新增削减化学需氧量 37 万吨、二氧化硫 50 万吨。

从目标完成情况来看，2009 年全国化学需氧量排放总量为 1277.6 万吨，比 2008 年下降 3.27%；二氧化硫排放总量为 2214.4 万吨，比 2008 年下降 4.60%，继续保持了双下降的良好态势。与 2005 年相比，化学需氧量和二氧化硫排放总量分别下降 9.66% 和 13.14%，化学需氧量的减排进度已经十分接近"十一五"减排目标要求，而二氧化硫的减排进度则已超过"十一五"减排目标要求。

2009 年度各省、自治区、直辖市和五大电力集团公司中，除海南、青海、西藏、新疆维吾尔自治区和兵团外，二氧化硫排放量都出现不同程度的下降。五大电力集团中，中国电力投资集团公司的二氧化硫排放量相对下降幅度位居第一，达到 31.16%；而相对下降幅度最小的中国大唐集团公司也达到 17.73%。除青海、西藏、新疆外，所有被考察地区的化学需氧量排放量都出现不同程度的下降。

（五）2010 年污染物排放年度形势分析

2010 年是"十一五"规划的最后一年，也是最终考核"十一五"减排目标能否实现的年份。当年，环保部确定的污染减排工作目标主要有：二氧化硫排放量力争比 2009 年再削减 40 万吨，化学需氧量减排在完成"十一五"目标的基础上，力争再削减 20 万吨以上。确保新增城市污水处理能力 1000 万吨/日以上，新增燃煤电厂脱硫装机容量 5000 万千瓦，新增 30 台（套）钢铁烧结机烟气脱硫设施。通过工程减排，新增削减化学需氧量 80 万吨、二氧化硫 100 万吨以上。分别淘汰炼铁、电力、水泥、焦化和造纸落后生产能力 2000 万吨、1000 万千瓦、5000 万吨、2000 万吨和 52 万吨。

从目标完成情况来看，2010 年全国化学需氧量排放总量为 1238.1 万吨，比 2009 年下降 3.08%；二氧化硫排放总量为 2185.1 万吨，比 2009 年下降 1.32%。与 2005 年相比，化学需氧量和二氧化硫排放总量分别下降 12.45% 和 14.29%，均超额完成 10% 的减排任务。

二 "十一五"期间污染物排放的因素分解——以工业二氧化硫为例

"十五"以来，我国生态保护和建设取得初步成效，国家控制的污染物排放增长趋势得到初步遏制。2005 年，全国烟尘、工业粉尘、废水中化学需氧量及氨氮排放量均比 2000 年有不同程度的降低，主要污染物排放总量得到初步控制。

在"十五"期间，中共中央提出并确立了"全面落实科学发展观"的重大战略决策，这是我国在保持改革开放、发展经济、改善人民生活前提下做出的一个重大的战略调整。这是我国在经历了 20 世纪 90 年代"转变经济增长方式"的思考和实践后，对发展模式、对经济与社会协调关系的一次更全面、更彻底的调整。这一战略的确立是对"以人为本"的国家价值观的具体阐述，而对于我国环境保护与生态建设则更是一种根本意义上的推动，这种意义已经在"十一五"规划中得到了明确的体现。

在此背景下，"十一五"期间全国主要污染物排放总量减少 10% 成为 2006 年制定的《"十一五"规划纲要》确定的约束性指标。这意味着到 2010 年，全国化学需氧量排放量由 2005 年的 1414.2 万吨减少到 1272.8 万吨，二氧化硫排放量由 2005 年的 2549.4 万吨减少到 2294.4 万吨。这是我国首次将降低单位能耗、减少主要污染物排放量的"节能减排"指标写进了政府的工作绩效目标中，这种以数字作为衡量考核标准在中国以往 30 多年的环境保护历史上是前所未有的。

总的来看，"十一五"期间，通过淘汰落后产能、实施重点节能环保工程和加强监督管理等措施，节能减排取得显著进展，并超额完成了"十一五"主要污染物减排目标。那么，哪种政策措施是"十一五"期间污染物排放量下降的主要原因呢？为了深入分析这一问题，我们可以先对污染物排放的历史变化进行分解分析，以确定各种因素对污染物排放变化的贡献。

考虑到数据的可获得性，这里将以工业排放的二氧化硫为例，对"十一五"期间我国污染物排放的变化进行因素分解。表 4-2 显示，"十一五"期间工业二氧化硫排放量约占二氧化硫排放总量的 85% 左右，并且与二氧化硫排放总量的变化特征相一致。因此，选择工业排放的二氧化硫作为案例进行研究，能够充分反映各种政策措施的减排效果。

第二章中曾经提及，关于污染物排放的因素分解主要包括指数分解方法（Index Decomposition Analysis，IDA）和投入产出结构分解方法（Structural Decomposition Analysis，SDA）。由于产业水平上加总的数据就可以满足 IDA 的要求，而这里主要是对工业二氧化硫排放的变化进行年度的因素分析，因此指数分解方法更符合研究的需要。

具体地，这里采用 Ang（2004）推荐的对数均值 Divisia 指数（Log-Mean Divisia Index，LMDI）方法。首先，工业二氧化硫排放总量可以表示为如下恒等式：

$$E_e = \sum_i \frac{E_{ei}}{E_{ai}} \frac{E_{ai}}{Y_i} \frac{Y_i}{Y} Y = \sum_i D_i I_i S_i Y \qquad (4-1)$$

其中，E_e、E_{ei}、E_{ai}、Y_i、Y 分别为工业二氧化硫排放总量、部门 i 的二氧化硫排放量、部门 i 的二氧化硫产生量（包括排放量与去除量）、部门 i 的总产值、工业总产值；D_i、I_i 及 S_i 分别为部门 i 的二氧化硫排放率、二氧化硫强度及其产值比重。然后，应用 LMDI，可将工业二氧化硫排放总量在时点 T 和 0 之间的变化分解如下：

$$\Delta E_e = E_{ei}^T - E_{ei}^0 = \Delta D + \Delta I + \Delta S + \Delta Y \qquad (4-2)$$

其中，ΔD、ΔI、ΔS 及 ΔY 分别为排放率变化、强度变化、结构变化及规模变化对工业二氧化硫排放变化的贡献。我们不妨将 ΔD、ΔI、ΔS 及 ΔY 依次命名为工程减排效应、强度效应、产业间结构效应及规模效应，它们的表达式如下：

$$\Delta D = \sum_i w_i \ln(D_i^T/D_i^0)$$
$$\Delta I = \sum_i w_i \ln(I_i^T/I_i^0)$$
$$\Delta S = \sum_i w_i \ln(S_i^T/S_i^0)$$
$$\Delta Y = \sum_i w_i \ln(Y^T/Y^0)$$

其中，$w_i = (E_{ei}^T - E_{ei}^0)/(\ln E_{ei}^T - \ln E_{ei}^0)$ 为权重。

限于数据的可获得性，我们将整个工业部门分为 39 个细分部门（部门代码及名称见附录），各部门的二氧化硫排放和处理数据以及总产值来自历年《中国统计年鉴》[①]。由于统计原因,有一部分工业二氧化硫排放难以确认其归属,因而工业分部门的二氧化硫排放量合计值比工业二氧化硫排放总量要低15%左右。我们按比例将这部分二氧化硫排放分配给各细分的工业部门。同时,我们将研究时期定为2001~2010年,涵盖了"十五"和"十一五"两个时期,便于我们进行对比。

表4-3显示了分阶段的二氧化硫排放分解结果。很明显,排放率变化一直对我国的二氧化硫减排起着积极作用。而排放率变化主要反映了工程措施(如脱硫设备的安装)的影响。一般情况下,工程措施的加强会降低排放率(见图4-1)。随着"十一五"期间工程减排措施的实施力度加大,这一作用也进一步得以加强,是"十一五"期间工业二氧化硫排放下降的主要原因之一。

表4-3 工业二氧化硫排放变化的分解

单位:万吨

阶　　段	工程减排效应	强度效应	产业间结构效应	规模效应	合计
2001~2002年	-43.4	-175.4	-43.6	257.8	-4.6
2002~2003年	-10.0	-93.4	-37.1	369.9	229.4
2003~2004年	-171.1	-821.5	550.0	542.7	100.1
2004~2005年	-80.1	-69.3	48.7	377.7	277.0
2005~2006年	-139.5	-260.3	4.5	461.7	66.4
2006~2007年	-346.4	-252.9	24.2	480.2	-94.9
2007~2008年	-215.5	-303.3	32.1	338.1	-148.6
2008~2009年	-321.6	34.0	-91.3	253.4	-125.5
2009~2010年	-167.1	-242.8	33.5	374.9	-1.5

强度变化主要反映了产业的内部结构调整(主要是对小火电、炼钢等落后产能的淘汰)和一定程度的技术进步的影响。不过,可以初步判定,落后产能的淘汰会是导致特定产业部门二氧化硫强度变化的主要因素,因为

[①]　其中2001~2003年其他矿采选业和工艺品及其他制造业这两个部门的总产值数据确实,我们假定这几年它们的二氧化硫排放强度与2004年相同,并据此估计其这几年的总产值。2001~2003年,废弃资源和废旧材料回收加工业的二氧化硫排放及总产值数据均缺失,我们假定其二氧化硫排放及总产值变化趋势在2001~2005年不变,从而将其相关数据补齐。由于这些部门的二氧化硫排放量和总产值在整个工业部门中的比重都非常小,因此,上述数据处理不会影响分析的客观性。

短期内技术进步的影响是非常有限的。"十一五"期间，各部门二氧化硫产生的强度总体上呈不断下降的趋势（见图4-2）。这也是工业二氧化硫排放

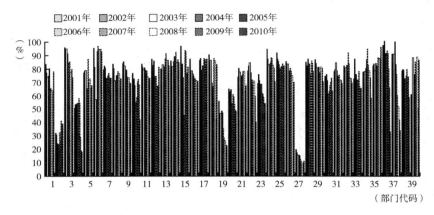

图4-1 各部门二氧化硫排放率变化

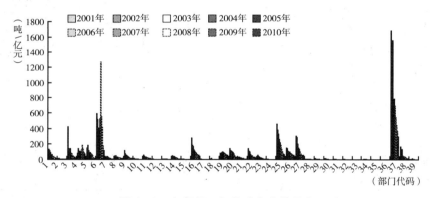

图4-2 各部门二氧化硫产生的强度

下降的重要原因，但它并不总是发挥积极的减排作用。 结构变化主要是产业间结构变化带来的。当二氧化硫密集型产业的比重下降时，产业间结构变化将有利于降低二氧化硫排放，反之亦反。"十一五"期间，产业间结构变化的影响相对较小，且方向也存在不确定性。

而工业部门的总体规模通常都是二氧化硫排放的最重要影响因素。当其他条件不变而工业规模迅速增加时，工业二氧化硫排放量一般也会随之快速上升。"十一五"期间，工业生产规模的不断扩张，也导致工业二氧化硫排放量持续增加。

三 中央与地方政策跟踪及实施效应分析[①]

下面,我们将结合上一部分的定量分析结果,对年度政策措施的减排效果进行评价。

(一)2006年主要政策措施及效果分析

《"十一五"规划纲要》要求各地区要将上述指标相应纳入本地区经济社会发展"十一五"规划并制订年度计划,分解落实到市(地)、县,落实到排污单位,严格执行。为了实现这一目标,国务院已经将单位GDP能耗降低、主要污染物排放总量减少指标纳入对各地区领导干部的政绩考核,并相继制定了一系列规划、政策和法规,如《国务院关于加快发展循环经济的若干意见》。

减少化学需氧量排放总量的主要针对性工程措施是加快和强化城市污水处理设施建设与运行管理。减少二氧化硫排放总量的主要针对性工程措施是加快和强化现役及新建燃煤电厂脱硫设施建设与运行监管。

综合性的应对措施主要是加大工业污染源治理力度,严格监督执法,实现污染物稳定达标排放。新建、扩建、改建项目要积极采用先进技术,严格执行"三同时"制度(同时设计、同时施工、同时投产使用),根据国家产业政策促进产业结构调整升级,实现增产不增污或增产减污。在电力、冶金、建材、化工、造纸、纺织印染和食品酿造等重点行业大力推行清洁生产,发展循环经济,降耗减污。

经济激励政策措施也得到国家有关部门的重视,如国家发改委、环保部(当时的国家环保总局)制定的《燃煤发电机组脱硫电价及脱硫设施运行管理办法》,国家发改委发布的《关于降低小火电机组上网电价促进小火电机组关停工作的通知》,环保部(当时的国家环保总局)、央行、银监会联合发布的《关于落实环保政策法规防范信贷风险的意见》,央行发布的《关于改进和加强节能环保领域金融服务工作的指导意见》,等等。

从表4-3我们可以看到,2006年工程减排措施带来的排放率下降,使工业二氧化硫排放减少了约140万吨,明显好于"十五"期间的工程减排效应。主要由综合治理带来的工业部门二氧化硫强度的下降,使工业二氧化硫排放减少了约260万吨,也明显好于"十五"期间大多数年份的强度效

[①] 如无特别说明,本部分所用数据来源于《中国环境状况公报》(2006~2010年)。

应，是当年最重要的二氧化硫减排因素。不过，由于政策措施生效有一定的时滞性，因而在中央确定将节能减排作为约束性目标的2006年，政策措施的效果并未完全显现，产业间结构效应尤其小。与此同时，工业规模仍然处于"十五"后期以来的强劲扩张态势。因此，2006年工业二氧化硫排放相对于2005年的水平仍然有所增加。

（二）2007年主要政策措施及效果分析

2007年，国务院成立了由温家宝总理任组长的国家应对气候变化及节能减排工作领导小组。国务院召开了全国节能减排工作电视电话会议，印发了《节能减排综合性工作方案》，批转了《节能减排统计监测及考核实施方案和办法》，各地区、各部门高度重视，出台了一系列推进污染减排的政策措施，工作力度明显加大。各省、自治区、直辖市分别召开了节能减排工作会议，对节能减排工作进行安排部署，加强对节能减排工作的领导和协调。此外，还颁布了《节能减排全民行动实施方案》。除此以外，国家还制定和采取了一系列具体的政策措施，包括针对性的工程措施和综合性的应对措施。

由于"环境欠账"成为社会关注的焦点，2007年国家进一步加强了减排工程建设力度。全年新建成城市污水处理厂482座，新增污水处理能力1300万吨／日，城镇污水处理率由2006年的57%提高到60%，2700家重点工业企业新建了废水深度治理工程。建成并投入运行345台、装机容量1.2亿千瓦的燃煤脱硫机组，脱硫机组装机容量达到2.66亿千瓦，占全部火电机组的比例由2006年的32%提高到48%。建成一批烧结机烟气脱硫、炼焦煤气和炼油烟气硫黄回收等工程。

在产业结构调整方面，政府部门强调从再生产全过程制定环境经济政策，综合运用财政、税收、金融、信贷、价格、贸易等多种经济手段，建立激励污染减排的长效机制。修订并颁布了一系列排放标准和清洁生产标准，提高了电力、钢铁、石化等13个高耗能、高排放行业建设项目的环境准入条件，积极推进淘汰落后产能，对总投资近1.5万亿元的377个项目做出了不予审批或暂缓审批的决定。对全国9000多个新开工项目开展了环保专项清理检查，对不符合环评要求的1194个项目依法予以严肃处理。进一步严格企业上市环保核查，仅全年就否决或暂缓10家企业84亿元的上市融资申请。采取"区域限批""流域限批"措施，暂停10个市、2个县、5个开发区和4个电力集团的环评审批。有关部门进一步采取法律和行政措施，关停落后造纸企业 2018 家，关闭化工企业近 500 家、纺织印染企业 400 家。关停小火电机组 1438 万千瓦，淘汰落后水泥产能 5200 万吨、炼铁产能 4659 万吨、炼钢产能 3747 万吨、平板玻璃产能 650 万重箱。

加强了减排监管体系建设。中央财政设立主要污染物减排专项资金，重点支持污染减排统计、监测和考核"三大体系"建设，为减排工作提供了坚实的保障。印发了《主要污染物总量减排计划编制指南（试行）》《"十一五"主要污染物总量减排核查办法（试行）》《主要污染物总量减排核算细则（试行）》，建立了减排计划的审核与备案、减排工程的现场核查、季度调度、预警以及减排数据的会审、考核、发布等管理制度。同时，把强化清洁生产审核作为促进减排的重要手段，加强电解锰等重点行业清洁生产审核和环境管理，培训清洁生产管理和技术人员 2746 人，公布强制性清洁生产审核重点企业 1855 家。各地区的污染减排统计、监测和执法监管能力普遍得到加强，省级环保部门污染源在线监控系统陆续建成，并与脱硫设施、城市污水处理厂、国家重点监控企业等实现联网，企业达标排放水平稳步提高。

从表 4 - 3 的结果来看，2007 年工程措施减排效应进一步明显加强，使工业二氧化硫排放减少约 346 万吨，成为最重要的减排措施。通过淘汰落后产能带来的强度效应也仍然发挥着重要的减排作用，使二氧化硫排放减少了约 253 万吨，但其效果没有工程减排措施效果明显。不过，产业间结构效应与 2006 年相当，仍不太突出。由于工程减排效应、强度效应和产业间结构效应都有利于二氧化硫减排，且其综合影响效果超过了规模效应，因而 2007 年工业二氧化硫排放相对于 2006 年有所下降。

（三）2008 年主要政策措施及效果分析

2008 年，国务院召开了节能减排工作领导小组第二次会议，国务院办公厅印发了《2008 年节能减排工作安排》。发布了 2007 年各省、自治区、直辖市和五大电力集团公司主要污染物总量减排考核结果，及 2008 年上半年各省、自治区、直辖市主要污染物排放量指标公报，对问题突出的部分地区和企业分别做出暂停建设项目环境影响评价、责令限期整改或经济处罚。

地方各级政府进一步转变观念，变被动减排为主动减排，采取多种责任追究手段，有力地推动了污染减排工作的深入开展。山东、河北等地对未完成年度目标的市县主管领导给予了行政记过或撤职处理，安徽、福建、江西等地对减排工作进展不力的县区实施了区域限批。广东和北京等地通过财政补贴支持企业淘汰落后产能，上海、宁夏、陕西等地通过以奖代补激励企业减排。

2008 年，工程减排、结构减排和监管减排三大措施进一步得到加强并稳步发挥效益。全国燃煤脱硫机组脱硫综合效率由 2007 年的 73.2% 提高到 78.7%，提高了 5.5 个百分点。工程减排方面，全国新增城市污水处理能力 1149 万吨/日，新增燃煤脱硫机组容量 9712 万千瓦。此外，还新建成一批废水深度治理工程、钢铁烧结机烟气脱硫设施等。通过工程治理措施，全国新增化学需氧量减排量 121 万吨、二氧化硫减排量 135 万吨。

结构减排方面，淘汰和停产整顿污染严重的造纸企业 1100 多家，关闭小火电机组 1669 万千瓦，淘汰了一批钢铁、有色、水泥、焦炭、化工、印染、酒精等落后产能。通过淘汰关停落后产能，全国新增化学需氧量减排量 34 万吨、二氧化硫减排量 81 万吨。

监管减排方面，中央财政继续加大污染减排三大体系建设和环境保护能力建设资金投入力度。随着减排的深入推进，全国"三大体系"能力建设项目进展顺利，各地加快了监测预警体系和执法监管体系建设步伐，到 2008 年底累计下达 116.69 亿元资金。主要成效有以下几点。

第一，环境监察执法标准化建设项目全面实施。两年来中央投资 16 亿元，是 2006 年以前投资总和的 5 倍。2008 年，新增配备执法车 1979 辆，应急指挥车 30 辆，取证仪器设备 24616 台（套）。

第二，国控重点污染源自动监控能力建设项目取得阶段性成果，部分污染源监控中心已经投入试运行。截至 2009 年 3 月底，全国已建成 324 个省级、地市级监控中心，在重点监控企业一万多个排放口安装了自动监控设备，实现了对 85% 的国控重点污染企业的自动监控。

第三，国家环境信息与统计能力建设项目全面启动，污染源监督性监测项目继续实施，中央财政每年对国控重点源监测补助运行费约 4 亿元，有效解决了运行困难问题。中央和地方财政在几年时间里，大规模投入环境监管能力建设，加快建立科学、一流的减排统计监测考核体系，各地减排统计监测和执法监管能力进一步加强，省级环境保护部门污染源在线监控系统陆续建成，企业达标排放水平稳步提升，为推进污染减排提供了有力的保障。

表 4-3 的结果显示，由于受到全球金融危机的影响，2008 年规模效应与 2007 年相比有所下降，而其他三种效应的综合减排效果超过了规模效应，因而 2008 年二氧化硫排放相对 2007 年也有所下降。其中，2008 年工程减

排效应仍然十分突出，使工业二氧化硫排放减少了约216万吨，但与2007年相比有明显下降。主要由2008年度淘汰关停落后产能所引起的强度效应，使二氧化硫排放减少了约303万吨，成为当年二氧化硫减排的最重要因素。产业间结构减排效应也有所增强，达到"十五"以来的最好水平。

（四）2009年主要政策措施及效果分析

2009年是实现"十一五"节能减排目标具有决定性意义的一年。为此中央政府特别下发了《国务院办公厅关于印发2009年节能减排工作安排的通知》（国办发〔2009〕48号），要求："各地区、各部门……继续把节能减排作为调整经济结构、转变发展方式的重要抓手，作为应对国际金融危机，扩内需、保增长、调结构的重要内容，作为减缓和适应全球气候变化、促进人类可持续发展的重要举措，全面落实各项节能减排政策措施，进一步加大工作力度，务求取得更大成效，确保节能减排目标完成进度与'十一五'规划实施进度同步。"按照国家发改委发布的《2009年以来节能减排工作成效及主要措施》的总结，主要的减排政策措施包括如下三个方面。

第一，加大重点工程实施力度。"十一五"头3年，安排中央预算内投资336亿元、中央财政资金505亿元支持节能减排重点工程建设，这些项目实施效果进一步显现。2008年第四季度以来安排的三批中央投资中，节能减排和生态环境建设方面安排了224亿元。其中，城镇污水、垃圾处理设施和污水管网工程130亿元；淮河、松花江、丹江口库区等重点流域水污染防治40亿元；十大重点节能工程、循环经济和重点工业污染治理54亿元。

第二，推进结构调整和产业升级。一是在落实新增中央投资中，严格执行国家产业政策和项目管理规定，严格用地、节能、环保要求，提高"两高"行业资本金比例，遏制"两高"行业低水平重复建设。二是淘汰落后产能力度进一步加大。2009年上半年"上大压小"、关停小火电机组1989万千瓦，提前一年半完成"十一五"规划关停任务；2009年计划淘汰落后炼铁产能1000万吨、炼钢产能600万吨、水泥产能5000万吨。三是在中央投资中安排自主创新和结构调整资金342亿元，主要用于新技术、新材料、新工艺、新装备改造，提升传统产业，提高技术装备水平，发展高附加值产品，促进节能减排。

第三，强化节能减排目标责任和监督检查。国务院有关部门对省级政府2008年度节能目标完成情况和措施落实情况进行了评价考核，评价考核结果向社会做了公告。公布了2008年度各省、自治区、直辖市和五大电力集团主要污染物总量减排考核结果，对 8 个城市、5 家电厂责令限期整改，并进行处罚。2008 年底，对未完成 2007 年度节能目标的地区，以及环评区域限批的地区开展了节能减排专项督察。2009 年，对部分地区自行出台的高耗能企业优惠电价政策进行了清理。

由于中央政府和各地区、各部门的重视，并随着这些政策措施的落实到位，取得了显著的成效。2009 年，工程减排方面，全国新增城市污水处理能力 1330 万吨/日，超额完成年初确定的 1000 万吨/日的任务；新增燃煤脱硫机组装机容量 1.02 亿千瓦，超额完成年初确定的 5000 万千瓦的任务。此外，还新建成一批废水深度治理工程、钢铁烧结机烟气脱硫设施等。通过工程治理措施，全国新增化学需氧量减排量 116.6 万吨、二氧化硫减排量 173.4 万吨。

结构减排方面，"上大压小"关停小火电装机容量 2617 万千瓦，分别淘汰炼铁、炼钢、焦炭和水泥等落后产能 2113 万吨、1691 万吨、1809 万吨和 7416 万吨，关闭造纸、化工、酒精、味精和酿造等企业 1200 多家。通过淘汰关停落后产能，全国新增化学需氧量减排量 26.3 万吨、二氧化硫减排量 84.2 万吨。

表 4 - 3 的结果显示，由于加大了工程实施力度，2009 年工程减排效应相比 2008 年有所加强，使工业二氧化硫排放减少约 322 万吨，是当年最重要的二氧化硫减排因素。但强度效应却没有像往年一样导致工业二氧化硫排放减少，反而使其增加了 34 万吨。进一步的分析显示，这主要是黑色金属冶炼及压延加工业以及石油加工、炼焦及核燃料加工业的二氧化硫强度上升带来的。不过这一年的产业间结构效应却是"十一五"期间首次对工业二氧化硫排放起到了抑制作用，使工业二氧化硫排放减少约 91 万吨，成为工业二氧化硫减排的第二大因素。此外，由于全球金融危机的影响仍未消失，2009 年规模效应进一步下降。因而在工程减排和产业升级的带动下，2009 年工业二氧化硫排放相比 2008 年有所下降。

（五）2010 年主要政策措施及效果分析

2010 年，国务院发布了《关于进一步加大工作力度确保实现"十一五"节能减排目标的通知》，国务院办公厅印发了《2010 年节能减排工作安排》，对节能减排提出了明确要求。国务院组成 6 个督查组对 18 个重点地区进行了节能减排专项督查，有力地促进了节能减排工作。2010 年，先后印发了《关于贯彻落实环境保护部污染减排工作部署电视电话会议精神的通知》、

《关于印发〈环境保护部 2010 年贯彻落实国务院节能减排工作任务分解表〉的通知》和《关于火电企业脱硫设施旁路烟道挡板实施铅封的通知》等文件，积极推进污染减排工作。发布了 2009 年各省、自治区、直辖市以及国家电网公司和五大电力集团公司主要污染物总量减排考核结果，以及 2010 年上半年各省、自治区、直辖市主要污染物排放量指标公告，对 30 多个地区和企业实行了区域限批、挂牌督办及经济处罚等一系列处理措施。结合国民经济运行数据，每季度开展减排形势分析和工作调度，对 2010 年上半年污染减排出现反弹的 7 个省份进行预警通报，约谈当地政府领导，进行督查指导。

2010 年，全国工程减排、结构减排和管理减排三大措施继续稳步推进，全面发挥效益。工程减排方面，2010 年，全国新增燃煤脱硫机组装机容量 1.07 亿千瓦，火电脱硫机组装机容量达到 5.78 亿千瓦，占全部火电机组的比例从 2005 年的 12% 提高到 82.6%；新增城市污水处理能力 1900 万吨/日，污水处理能力达到 1.25 亿吨/日，城市污水处理率由 2005 年的 52% 提高到 75% 以上；钢铁烧结机烟气脱硫设施累计建成运行 170 台（套），占烧结机台（套）数的比例由 2005 年的 10% 提高到 15.6%。

结构减排方面，累计关停小火电机组 7210 万千瓦，提前一年半完成关停 5000 万千瓦的任务；钢铁、水泥、焦化及造纸、酒精、味精等高耗能、高排放行业淘汰落后产能均超额完成任务。2010 年，全国电力行业 30 万千瓦以上火电机组占火电装机容量比重从 2005 年的 47% 提高到 70% 以上，火电供电煤耗下降 9.5%；造纸行业单位产品化学需氧量排污负荷下降 45%。

管理减排方面，"十一五"期间中央财政投入 100 多亿元，用于支持全国污染减排"三大体系"和环保监管能力建设，建成污染源监控中心 343 个，对 1.5 万家企业实施自动监控，配备监测执法设备 10 万多台（套），环境监管能力显著增强。南方电网公司和多个省份开展节能减排发电调度，对燃煤脱硫机组实行投运率考核并扣减脱硫电价，投运率由 2005 年不足 60% 提高到 95% 以上。

表 4-3 的结果显示，2010 年工程措施减排的效果仍然很突出，但相比 2007~2009 年已经明显下降。产业内结构调整（如关停小火电机组）力度的加大所带来的强度变化则再次成为最主要的减排因素。产业间结构变化也像 2009 年以前一样，不利于二氧化硫的减排。同时，由于全球金融危机对中国的影响逐渐消退，强劲的工业规模扩张对二氧化硫的减排产生了较大的

不利影响。由于总体上工程减排和产业内结构调整的减排作用超过了产业间结构变化和工业规模扩张的不利影响，因而 2010 年工业二氧化硫排放比 2009 年略有下降。但很明显，2010 年工业二氧化硫的减排幅度已远远小于前几年。这似乎意味着通过工程减排和综合治理减排的空间已经越来越有限，因而未来我国减排的难度也越来越大。

第三节 "十一五" 减排遗留的问题及 "十二五" 减排的政策建议

一 "十一五" 减排工作遗留的问题

尽管"十一五"期间的减排工作已经顺利完成，但是结构不合理的问题仍然突出，第三产业比重偏低，高耗能工业增速较快。工作层面也还存在着认识不到位、激励政策不完善、机制不健全、监管不到位、基础工作薄弱等问题。这些问题的存在使"十二五"期间的减排工作显得艰巨而复杂，"十二五"的污染物减排形势依然严峻。

第一，认识尚未完全到位。一些地方领导干部特别是基层领导干部对落实科学发展观的思想认识还不到位。由于科学的干部政绩考核体系尚未完全建立，许多地方对干部的考核仍主要侧重于经济增长、招商引资等内容，加之现行财税体制方面的问题，一些地方片面追求经济发展，把 GDP 增长作为硬任务，把节能减排作为软指标，特别是一些市（地）和县（市）还不够重视，还没有制订节能减排总体性方案，责任不够明确，措施也不够具体。

第二，经济增长方式仍然粗放。目前第二产业仍然是我国经济发展的主导力量，按 GDP 来算，第二产业在我国三次产业中的比重接近 50%，其比重不仅远高于西方发达国家的 20%～30% 的水平，而且明显高于中等发达国家的平均水平，甚至还高出印度约 10 个百分点。在第二产业内部，重化产业比重约为 60%，占据主要地位，并且一直保持较快的增长势头，由于经济结构和粗放型增长方式短期内难有大的调整，这势必导致能源消耗快速增长，给污染减排带来持续压力。

第三，污染排放呈现新特征。随着污染排放日趋分散，面源污染和农村污染的不断突出，这些新情况已经对过去沿用的环境管理手段和环境治理手段提出了严峻的考验。随着污染结构的调整和环境投资的相对集中，我国的整体环境质量和生态保护都将面临新的更加严重的困难局面。

第四，淘汰落后产能总体进展缓慢，我国落后产能比重较大，问题依然严重。一方面，除淘汰小火电工作按计划进行，淘汰落后钢铁、有色、水泥产能工作正在推进之中外，造纸、酒精、味精、柠檬酸等落后产能淘汰工作起步晚，进展迟缓；另一方面，淘汰不彻底，一旦市场行情好转，落后产能容易死灰复燃。在当前国内外市场需求旺盛和资金等要素支撑条件较好的情况下，一些地方比项目、扩产能的意图比较强烈。有的地方出现了盲目上高耗能、高排放项目的苗头，有的地方擅自出台高耗能行业电价优惠政策，钢铁、水泥等高耗能产业重复建设、产能过剩的问题仍十分突出。

第五，节能减排重点工程建设滞后，同时重点工程减排空间逐渐下降。节能减排需要加快建设一些节能减排重点工程，现在这些工程设施在积极实施，但还存在资金、政策上不配套的问题。与此同时，随着各重点工程的落实，其潜力已不断释放出来，因而依靠重点工程减排的空间也逐渐下降。

第六，激励政策不完善。环境管理依然主要依仗行政手段，环境保护与国家的经济发展缺乏内在的统一与和谐，环境经济手段虽然研究多年，对其意义和可能的效果也都具备应有的了解和判断，但没有真正得到落实和实施，致使通过管理而达成的环境控制效果十分低下和脆弱。鼓励研发、生产和使用节能环保产品以及抑制高耗能、高排放产品的财政税收政策还不完善，影响了节能环保技术、设备、产品的研发和推广。环境治理和生态保护无法获得来自污染者内在的持续推动力。

第七，市场调节机制不健全。一些资源性产品的价格不能充分反映资源稀缺程度和市场供求关系。资源性产品的前期开发成本、环境污染的治理成本和资源枯竭后的退出成本没有在价格中得到充分体现，企业开发利用资源的外部成本没有内部化。资源性产品价格水平普遍偏低，如煤炭价格、居民用电价格、供水价格没有反映资源补偿和环境成本。

第八，监管不到位。覆盖各省份的节能监察体系至今尚未建立，节能执法主体不明确，节能监察队伍能力建设滞后，法规政策的实施没有监督保障。现有环境法律法规对违法行为处罚力度弱，环保部门缺乏强制执行权。有的地方政府保护环境违法企业，干扰环境执法。

第九，基础工作薄弱。能源计量、统计等基础工作严重滞后，能耗和污染物减排统计制度不完善，有些统计数据准确性、及时性差，科学统一的节能减排统计指标体系、监测体系和考核体系尚未建立，各级政府部门能源统计力量不足，统计经费落实困难，不适应节能减排工作的要求。

第十，"十一五"减排政策对整体环境质量的改善力度有限。自大力实施减排政策以来，虽然我国的主要污染物排放得到了初步控制，但全国环境质量的改善力度仍然有限。其中一个重要原因就是当前的减排目标主要集中于二氧化硫和化学需氧量，各地在集中精力完成这两项污染物减排目标的过程中或多或少地对其他一些重要污染物排放的防控有所忽略或放松。而这些污染物对人民群众的身心健康危害往往比二氧化硫和化学需氧量更加直接也更加严重，甚至已经造成了一系列影响严重的环境事件。

二 "十二五"减排工作的政策建议

"十二五"期间保持主要污染物排放总量稳定下降具备一些有利条件和因素。但也要清醒地认识到，推进减排的结构性矛盾仍然十分突出：城镇化和工业现代化加速将产生大量的化学需氧量排放，将大量消耗水泥和钢铁，减排压力巨大；工程和结构减排后劲不足；已采取治污措施的部分企业开工不足，减排能力得不到充分发挥；促进减排政策落实不到位，到位的政策执行不彻底；企业环境监管面临严峻挑战。

为保证节能减排任务的顺利完成，必须下更大的决心，花更大的力气，采取更加有力的措施，积极落实《节能减排综合性工作方案》中的各项要求。根据前面的分析，应从四个大的方面来落实污染物减排这一政策目标。

（一）政府积极主导，加强制度建设

节能减排政府要起主导作用。现在中央已经把节能减排的所有目标分解到各级政府，政府要实行责任制和问责制。政府的一把手是第一责任人，政府责任要非常明确，要通过综合手段，运用经济、法律、技术和必要的行政手段来实现政府的主导作用。同时，企业是重点，因为节能减排的很多任务都需要通过企业来完成。企业首先要实行清洁生产，通过企业技术改造、加强管理，把在生产过程中能源资源消耗、污染排放减到最小。

建立健全环境影响评价制度和"三同时"制度。严格环境准入，把总量削减指标作为建设项目环评审批的前置条件，新上建设项目不允许突破总量控制指标；加强重点行业建设项目环境管理，严格纺织、汽车、电力等十大国家重点调控行业的准入条件，凡是不符合国家产业政策要求的，一律不批；加强"三同时"管理，对不履行"三同时"制度的，一律责令停产；开展全国环评执行情况专项检查，全面清理整顿新开工项目，对违反环评和"三同时"制度的，坚决依法停建、停产。对超过总量指标和重点项目没有达到目标责任要求的地区，暂停环评审批新增污染物排放的建设项目，强化环评审批向上级备案制度和向社会公布制度。

加强减排工作中的公共财政职能。目前我国大部分的城市污水处理系统是事业单位或事业单位企业化运作，一般通过政府收费给污水处理单位拨款的方式进行管理。问题是，一方面，由于体制的原因造成城市污水处理设施建设投资渠道单一，有些地方政府对出让土地和行政事业性收费有积极性，而对公共基础设施投入缺乏积极性；另一方面，有些污水处理设施运行成本较高，造成亏损运营。因此，核定污水处理设备的运行成本，以及及时收缴排污费也是问题。针对污染物处理设施建设和运行问题，以我国目前的群众收入水平和政府财政收入状况，公共财政支出应该对此肩负更多的职责，而不是更多地推向市场。

建立环境信息公开制度，让环境保护成为公众的共同利益。政府环境信息和企业环境信息的公开，便于公众了解政府相关机构和企业的工作过程和行为，理解环境保护工作的难度和进程；便于社会对环境保护的监督；也便于人民群众提高环境意识。因此，强制性地要求政府和企业公开自己的环境信息，应该成为减排和环境保护的必要措施。

（二）积极推进经济结构调整

落实减排政策，要在结构调整上寻求突破。严格按照国家对小火电、小钢铁"上大压小"的要求和其他政策规定，督促各地采取强硬措施，进一步淘汰落后产能。加紧推进造纸行业结构调整和污染减排工作。对于国家规定 2007 年底应淘汰的年产 3.4 万吨以下草浆生产装置、2005 年底应淘汰的年产 1.7 万吨以下化学制浆生产线和排放不达标的年产 1 万吨以下以废纸为原料的造纸企业，依法取缔或关闭；加大挂牌督办和流域限批力度，加大执法和责任追究力度，建立完善后督察制度，形成对造纸企业环境管理的长效机制，促进产业结构优化升级。

（三）建立减排长效机制

首先，减排长效机制的建设可以从完善约束机制入手。综合运用价格、收费、财政、税收、贸易等多种政策，发挥合力，使高耗能、高污染和资源性产品承担起应当支付的环境成本和资源成本，压缩其赢利空间。主要措施有：理顺煤炭价格成本构成的机制，推进成品油、天然气的价格改革，实施有利于节能减排的电价政策；对国家产业政策明确的限制、淘汰类高耗水企业实施惩罚性水价，加大水资源费征收力度；提高排污单位排污费的征收标准，加强排污费的征收管理，全面开征城市污水处理费，并提高收费标准。

其次，督促加快治污工程建设，确保稳定运行。加大重点行业污染削减力度，以火电行业为重点，大力削减石化、钢铁、有色、水泥行业的大气污染物排放；以造纸行业为主攻方向，重点抓好化工、酿造、印染等行业的水污染物削减工作。加大生活污染治理力度，加快推进城镇污水处理厂和管网配套建设，监督污水处理厂严格执行排放标准，做到长期稳定。

最后，既要重视生产领域的环境保护政策，又要加强需求（或消费）领域的环境保护政策。当前这些行业的扩张势头之所以仍不能完全得到遏制，其中的根本原因是当前还存在着对这些行业产品的强劲需求。因此，在完善社会主义市场经济体系建设的过程中，政府仍然有必要重视研究和采取适当的政策措施引导消费和需求，真正从源头上遏制高耗能、高污染行业的非理性扩张。政府可以对个人采取一些鼓励、号召、倡导性的措施。比如，鼓励个人少开汽车，多坐公交车、骑自行车、步行上下班，减少浪费，减少污染，选择环保产品，等等。

（四）狠抓监督和执法检查，促进政策落实

加大减排执法检查的力度。政策、法律、法规如果不能得到贯彻执行则形同一纸空文。我国减排工作的最大问题可能正在于此，因此对于地方各级政府对减排政策的执行，中央需要加强监督。目前，国家发改委正在会同六个部委开展高耗能、高污染行业的大检查，主要是针对钢铁、水泥、电力、焦炭等高耗能、高污染行业，重点对落实行业调控政策、差别电价政策、限制出口政策以及行业准入条件和淘汰落后产能情况，开展全面检查。此外，国家发改委还将和有关部门、地方政府一道，组织开展节能减排的专项检查和监察行动，严肃查处各类违法违规行为。这些措施需要继续加强。同时，

为了加强执法的能力，需要设立监察机构，实时对重点违规企业进行检查，并要加强环保执法队伍的建设。

全国已投运的城镇污水处理设施超过 1600 座，能力近 9700 万吨/日，年削减化学需氧量能力约 600 万吨，85% 的城镇污水处理厂安装了自动在线监控装置；已投运燃煤脱硫设施装机容量 4 亿多千瓦，年削减二氧化硫能力 1500 多万吨，100% 的脱硫机组安装了自动在线监控装置。要巩固减排已取得的成果，必须加强对这些治污设施的监管。建设好、运行好三大体系，特别是污染源自动监控系统，是巩固减排成果的关键。当前，虽然污染源自动监控工作存在设备安装、监测点位、数据质量、信息传输、经费保障等诸多现实问题，但只要认识到位，常抓不懈，就能发挥其对治污设施的监管作用。推进各地市建设好、运行好各类治污设施，一是要将三大体系建设和运行纳入 2009 年减排考核；二是在省级监控平台建设质量高、重点企业联网率高的地方，有选择地以在线监测数据核定减排量；三是对于未按照国家有关规定建成运行监控系统的重点企业，要下达限期整改书，并考虑扣减减排量。

（五）需要将一些危害更直接、更严重的环境污染指标纳入减排目标

如前所述，一些污染物如机动车尾气、重金属污染物、持久性化学污染物等对人民群众的身心健康影响比二氧化硫和化学需氧量更为直接也更为严重，因此有必要将这些污染指标也纳入国家发展规划的减排目标。不过，当前对这些污染物还存在底数不清以及监测体系不健全的问题。因此，当务之急是先摸清这些污染物的总体排放状况，建立健全相关的监测体系，然后将这些污染物纳入减排指标，制定相关的政策措施进行减排。

参考文献

刘世昕：《我国 10 亿专项资金提速重金属污染治理》，《中国青年报》2010 年 1 月 11 日。

王苑：《重金属污染物的危害、来源及处理方法研究》，《商情》2008 年第 5 期。

徐国泉、刘则渊、姜照华：《中国碳排放的因素分解模型及实证分析：1995～2004》，《中国人口·资源与环境》2006 年第 6 期。

张友国：《中国贸易增长的能源环境代价》，《数量经济技术经济研究》2009 年第 1 期。

Ang, B. W., "Decomposition Analysis for Policy Making in Energy: Which is the Preferred Method?", *Energy Policy*, 32, 2004.

附录　工业细分部门名称及代码

行业代码	行业名称	行业代码	行业名称
1	煤炭开采和洗选业	21	医药制造业
2	石油和天然气开采业	22	化学纤维制造业
3	黑色金属矿采选业	23	橡胶制品业
4	有色金属矿采选业	24	塑料制品业
5	非金属矿采选业	25	非金属矿物制品业
6	其他矿采选业	26	黑色金属冶炼及压延加工业
7	农副食品加工业	27	有色金属冶炼及压延加工业
8	食品制造业	28	金属制品业
9	饮料制造业	29	通用设备制造业
10	烟草制品业	30	专用设备制造业
11	纺织业	31	交通运输设备制造业
12	纺织服装、鞋、帽制造业	32	电气机械及器材制造业
13	皮革、毛皮、羽毛(绒)及其制品业	33	通信设备、计算机及其他电子设备制造业
14	木材加工及木、竹、藤、棕、草制品业	34	仪器仪表及文化、办公用机械制造业
15	家具制造业	35	工艺品及其他制造业
16	造纸及纸制品业	36	废弃资源和废旧材料回收加工业
17	印刷业和记录媒介的复制业	37	电力、热力的生产和供应业
18	文教体育用品制造业	38	燃气生产和供应业
19	石油加工、炼焦及核燃料加工业	39	水的生产和供应业
20	化学原料及化学制品制造业		

第五章
2010年实现节能减排的
方案设计和测算

—— 基于投入产出的分析

第一节　引言

节省能源消耗、减少污染排放是关系到国民经济能否实现可持续发展的重要方面。我国"十一五"规划提出的目标是，到2010年单位GDP能耗要比2005年下降20%，污染排放下降10%，这是一个十分艰巨的任务。本章将从投入产出角度研究节能减排问题。

能源消耗与污染排放虽然涉及两个不同的对象，但都与国民经济活动有关，两者之间存在着密切的关系，分析过程也很相似，下面主要从能源消耗和节能的角度进行讨论，其分析方法基本上也适用于污染排放和减排。

国民经济由许多行业组成，如农业、轻工业、重工业、建筑业、交通邮电通信业、商业服务业等。每个行业在生产活动过程中都需要消耗能源，从而构成总能耗。然而，由于各行业的性质不同，能源消耗强度差别很大，故有高耗能行业（如钢铁、化工行业等）和低耗能行业（如商业、服务业等）之分。在生产技术不变的情况下，降低能源消耗强度的一个直观办法是，努力发展低耗能行业，使低耗能行业的比重加大；与此同时，抑制或限制高耗能行业，使高耗能行业的比重减小。这样，在获得相同的增加值时，单位增加值所消耗的能源却下降了。

第二产业的单位GDP能耗远高于第三产业，降低第二产业的比重，加大第三产业的比重，就可使单位 GDP 能耗降下来。根据我国 2005 年的数据测算，GDP183867.9 亿元，消耗能源总量 224682 万吨标准煤，万元 GDP 能耗为 1.2220 吨标准煤。其中，工业增加值 77230.8 亿元，消耗能源 159492 万吨标准煤，工业单位 GDP 能耗 2.0651 吨标准煤/万元；第三产业增加值 73432.9 亿元，消耗能源 30351 万吨标准煤，第三产业单位 GDP 能耗 0.4133 吨标准煤/万元。工业单位 GDP 能耗大致是第三产业单位 GDP 能耗的 5 倍。如果把 2005 年工业占 GDP 的比重从 42.0% 降低为 41.0%，把第三产业的比重从 39.9% 提升为 40.9%，单位 GDP 能耗将从 1.2220 吨标准煤/万元下降为 1.2055 吨标准煤/万元，节能率为 1.35%，即 1.35 个百分点。这种通过改变各产业之间的结构比例关系实现单位 GDP 能耗下降的途径，就是结构节能。

随着全球经济的一体化（或称经济全球化），各国经济的联系日益紧密。一国可以通过对外贸易出口有竞争力的产品、进口短缺产品来满足国内经济发展的需要。如果有选择地调整对外贸易产品的结构，鼓励多出口低耗能产品以加快国内低耗能产业发展，鼓励多进口高耗能产品来抑制或限制国内高耗能产业的发展，也可以促进国内产业结构的调整，达到单位 GDP 能耗下降的目的。这是通过调整对外贸易的产品结构，进而调整国内产业结构达到的节能，同样是结构节能。

结构节能涉及产业结构的调整。从我国目前的情况来看，2005 年第三产业的比重只占 GDP 的 40%，大大低于美国（76%）、日本（69%）、德国（70%）、英国（75%）、法国（77%）、意大利（71%）、加拿大（65%）等发达国家，甚至低于很多发展中国家，如"金砖四国"（BRIC）中的巴西（64%）、俄罗斯（55%）、印度（54%），以及墨西哥（70%）、南非（67%）等（见表 5-1）。由于我国第三产业占国民经济的比重较低，有着巨大的提升空间，因而结构节能有着巨大的潜力。"十一五"规划提出，到 2010 年第三产业的比重要比 2005 年提高 3 个百分点，这是与节能减排同样重要的目标。

结构节能说起来容易，做起来却不容易。因为国民经济是一个有机的整体，各行业之间的比例关系有其内在的规律性。各行业之间相互依存、相互影响，不可以简单地让某个行业加快或减慢发展。如果这样做就会引起该行业的产品过剩或短缺，造成国民经济各行业发展的比例失调。如何调整行业结构，既要保证国民经济协调发展，又要尽量减少能源消耗？从方法论上讲，孤立地分别分析高耗能行业或低耗能行业很难做到兼顾并保持一致，必须从国民经济的总体出发综合考虑，这就自然而然地引出我们所要采用的方法：投入产出分析（或投入产出模型）。

表 5 - 1　各国服务业占 GDP 比重

单位：%

国　　家	1971 年	1975 年	1980 年	1985 年	1990 年	1995 年	2000 年	2005 年
中　国	24	22	21	29	31	33	39	40
美　国	62	63	64	67	70	72	75	76
日　本	49	53	55	57	58	64	66	69
德　国	50	55	57	59	61	67	68	70
英　国	54	57	55	58	63	66	71	75
法　国	57	60	63	66	70	72	74	77
意 大 利	53	54	56	61	64	66	69	71
加 拿 大	61	59	59	61	66	66	65	65
俄 罗 斯	—	—	—	—	35	56	56	55
巴　西	49	48	45	43	53	67	67	64
印　度	38	39	40	44	46	46	50	54
墨 西 哥	56	56	57	55	64	66	68	70
南　非	56	51	45	51	55	61	65	67
世　界	54	55	56	59	61	65	67	69

资料来源：世界银行世界发展指数（WDI）数据库。

投入产出模型是建立在投入产出表基础上的线性数学模型，国民经济各部门（包括能源部门）之间的投入产出关系通过近似的线性关系来反映，这为计算带来极大的便利。一张投入产出表，包括了国民经济中的所有部门（行业），各部门之间的生产联系一目了然，既从投入角度反映各部门在生产过程中对其他部门产品的消耗，又从产出角度反映各部门产品的流向和使用。中间产品、最终产品和总产出之间的关系，中间投入、初始投入、总投入之间的关系，通过简单的线性数学模型就可以清楚地表达出来。投入产出表中通常都划分出若干能源部门（煤、油、电、气等），因而可以从部门（行业）层面反映能源部门产品的去向或各部门对能源产品的消耗。由于投入产出模型把中间产品、最终产品和总产出联系在一起，任一部门（行业）最终产品（消费、投资、出口）的变动都会引起所有部门的总产出发生变动，是名副其实的"牵一发而动全身"，其中包括了对能源消耗引起的变动。有了最终产品变动与能源消耗变动之间的对应关系，就可以分析如何通过最终产品的变动来改变产业结构，进而达到节能降耗的目的。

第二节　投入产出分析原理

一　单位最终产品引起的能源消耗

下面从最终产品出发分析能源消耗，教科书上给出了投入产出的基本公式[①]：

$$X = (I - A)^{-1}Y \qquad\qquad (5-1)$$

式（5-1）中，X 是总产出，A 是直接消耗系数矩阵，Y 是最终产品，$(I-A)^{-1} = B$ 是列昂惕夫逆矩阵，其元素 $\bar{b}_{ji}$ 是 i 部门提供 1 单位最终产品时需要消耗的 j 部门产品（对 j 部门的完全需求），其中既包括了对 j 部门产品的直接消耗，又包括了对 j 部门产品的间接消耗（j 部门产品需要消耗其他部门产品、其他部门产品再消耗 j 部门产品，如此循环至无穷）。

编制投入产出表时通常都已划分出了能源部门。例如，《2002 年中国投入产出表》（42 部门表）中的能源部门有 5 个：煤炭开采和洗选业，石油和天然气开采业，石油加工、炼焦及核燃料加工业，电力、热力的生产和供应业，燃气生产和供应业。

在直接消耗系数矩阵 $A = (a_{ij})$ 中，如果 i 部门是某能源部门，a_{ij} 就是 j 部门 1 单位总产出（总投入）所消耗的第 i 种能源量，不过直接消耗系数 a_{ij} 是通过价值型投入产出表计算而来。我们通常需要的是以实物标准煤表示的能源消耗量，为此需要编制各部门对标准煤能源量的消耗表，这可以根据能源平衡表，并结合价值型投入产出表编制得到。

假定国民经济划分为 n 个部门，其中第 1 到第 m 部门为能源部门，令 j 部门消耗第 k 种标准煤能源量为 q_{kj}，仿照直接消耗系数的定义，令 j 部门单位总产出（总投入）消耗的第 k 能源部门标准煤能源量为 $h_{kj} = \dfrac{q_{kj}}{X_j}$，则有

---

① 参见钟契夫、陈锡康主编《投入产出分析》，中国财政经济出版社，1987，第 74 页。

$q_{kj} = h_{kj}X_j$，$k = 1$，2，$\cdots$，m。把所有部门消耗的第 k 种能源加起来，就得到对第 k 种能源部门的标准煤能源消耗总量 Q_k 为：

$$Q_k = \sum_{j=1}^{n} q_{kj} = \sum_{j=1}^{n} h_{kj}X_j, k = 1, 2, \cdots, m \qquad (5-2)$$

式（5-2）写成矩阵形式为：

$$Q_{m \times 1} = H_{m \times n} X_{n \times 1} \qquad (5-3)$$

矩阵 $H = (h_{kj})_{m \times n}$ 称作标准煤能源消耗系数矩阵。把式（5-1）代入式（5-3）得：

$$Q = H(I - A)^{-1}Y = EY \qquad (5-4)$$

式（5-4）给出了最终产品 Y 与标准煤能源消耗量 Q 之间的关系。其中蕴涵的计算逻辑是，由最终产品 Y 引起总产出 X，再由总产出 X 到能源消耗 Q。然而，式（5-4）中的 $H(I-A)^{-1} = E_{m \times n}$ 本身也有相应的含义，它是标准煤完全消耗系数矩阵，其元素 e_{kj} 表示 j 部门提供 1 单位最终产品所完全消耗的第 k 种标准煤能源量。矩阵 E 的列和 E_j（$j = 1$，2，$\cdots$，n）就是 j 部门提供 1 单位最终产品所消耗的全部标准煤能源量。对矩阵 E 左乘一个元素均为 1 的行向量（1，1，$\cdots$，1），所得行向量 U 的各元素分别对应各部门 1 单位最终产品消耗的标准煤能源量为：

$$U = (U_1, U_2, \cdots, U_n) = (1, 1, \cdots, 1)E = (1, 1, \cdots, 1)H(I-A)^{-1} \qquad (5-5)$$

二 单位最终产品引起的污染排放

设在生产过程中某种污染物（如二氧化硫）的排放总量为 S，第 j 部门的污染排放量为 S_j，$S = \sum S_j$。令 j 部门单位总产出（总投入）的污染排放量即 j 部门的直接污染排放系数为 w_j，$w_j = \dfrac{S_j}{X_j}$，则有 $S_j = w_j X_j$，$j = 1$，2，$\cdots$，n。写成矩阵形式为：

$$S = WX \qquad (5-6)$$

式（5-6）中，$W = (w_1, w_2, \cdots, w_n)$ 是直接污染排放系数行向量，X 是总产出列向量。把式（5-1）代入式（5-6）得：

$$S = W_{1 \times n}(I-A)_{n \times n}^{-1} Y_{n \times 1} = F_{1 \times n} Y_{n \times 1} \qquad (5-7)$$

式（5-7）给出了最终产品 Y 与污染排放量 S 之间的关系。式（5-7）蕴涵的计算逻辑是，由最终产品 Y 引起总产出 X，再由总产出 X 到污染排放量 S。然而，其中的矩阵 $W(I-A)^{-1} = F = (f_1, f_2, \cdots, f_n)$ 有了新的含义，它是完全污染排放系数行向量，其中第 j 个元素 f_j 就是 j 部门提供 1 单位最终产品所产生的完全污染排放量。

三　对列昂惕夫逆矩阵的讨论

上面推导得到式（5-4）中的标准煤完全消耗系数矩阵 $E = H(I - A)^{-1}$、式（5-7）中的完全污染排放系数行向量 $F = W(I-A)^{-1}$，两者都用到的列昂惕夫逆矩阵 $(I-A)^{-1}$ 来自式（5-1），这里做进一步讨论。

式（5-1）反映的是没有进口品参与生产过程的情况。在经济全球化时代，对外贸易在国民经济中的比重越来越大，故必须考虑有进口品进入生产过程，此时式（5-1）的形式会有相应变化。目前国家统计部门公布的投入产出表都是所谓"竞争型"表，即在中间流量和最终产品中都包含国产品和进口品而存在"竞争"关系，同时在最终产品后面单独给出一列"进口"。此时投入产出表中的行平衡式为[①]：

$$\sum_{j=1}^{n} x_{ij} + Y_i - M_i = X_i, i = 1, 2, \cdots, n \tag{5-8}$$

式（5-8）中，x_{ij} 是 i 部门提供给 j 部门直接消耗的产品，Y_i 是 i 部门的最终产品，M_i 是 i 部门产品的进口，X_i 是 i 部门的总产出。令直接消耗系数 $a_{ij} = \dfrac{x_{ij}}{X_j}$，代入式（5-8）得：

$$\sum_{j=1}^{n} a_{ij}X_j + Y_i - M_i = X_i, i = 1, 2, \cdots, n \tag{5-9}$$

式（5-9）写成矩阵形式为 $AX + Y - M = X$，故有：

$$X = (I-A)^{-1}(Y-M) = (I-A)^{-1}Y - (I-A)^{-1}M \tag{5-10}$$

从表面上看，式（5-10）与式（5-1）的区别只是把式（5-1）中的

[①] 参见国家统计局国民经济核算司编《2002 年中国投入产出表》，中国统计出版社，2006，第 4 页。原文为"行平衡关系：中间使用＋最终使用－进口＋其他＝总产出"。此处略去了"其他"项。

最终产品 Y 改为（$Y-M$），故式（5-10）比式（5-1）多减去了一项（$I-A$）^{-1}M。有必要对其中的含义做进一步讨论。

最终产品 Y 可分为国产品（用上角 d 表示）Y^d 和进口品（用上角 m 表示）Y^m，即

$$Y = Y^d + Y^m \tag{5-11}$$

进口品 M 可分为中间使用部分 $\tilde{M}$ 和最终使用部分 Y^m，即

$$M = \tilde{M} + Y^m \tag{5-12}$$

把式（5-11）、式（5-12）代入式（5-10），得：

$$X = (I-A)^{-1}(Y^d - \tilde{M}) = (I-A)^{-1}Y^d - (I-A)^{-1}\tilde{M} \tag{5-13}$$

式（5-13）与式（5-10）等价，但式（5-13）中的最终产品 Y^d 全为国产品，$\tilde{M}$ 为中间使用的进口品。式中未出现最终使用的进口品 Y^m，表明 Y^m 对生产过程不起作用。一个值得思考的问题是，由国内最终产品 Y^d 拉动的总产出 X 为什么不是直接等于（$I-A$）$^{-1}Y^d$，而是还要减去（$I-A$）$^{-1}\tilde{M}$ 呢？这要从直接消耗系数矩阵 A 上去分析。由于竞争型表中的直接消耗系数矩阵 A 的含义不同于没有进口品时的情况。在有进口品进入生产过程时，中间流量 x_{ij} 中既有国产品，又有进口品，故直接消耗系数 a_{ij} 进而直接消耗系数矩阵 A 就同时包含了对国产品和进口品的消耗。列昂惕夫逆矩阵（$I-A$）$^{-1}$ 的元素 $\bar{b}_{ji}$ 是 i 部门提供 1 单位最终产品时对 j 部门的完全需求，即要求 j 部门的总产出，它是直接消耗与间接消耗之和，其中既有国产品产生的完全消耗，也有进口品（视同国产品）产生的完全消耗。然而，进口品不在本国生产，不会消耗本国其他部门的产品而产生间接消耗，应该把进口中间产品（视同国产品）而产生的完全消耗扣除掉，这就是式（5-13）中的（$I-A$）$^{-1}\tilde{M}$，并且以负值出现。

式（5-13）蕴涵的计算逻辑是，先把进口品视作国产品（得到了 A），计算由国内最终产品 Y^d 引起的总产出，再把不该计算在内的"由进口中间产品 $\tilde{M}$ 引起的完全消耗"扣除掉。造成这个绕弯计算过程的根子在于直接消耗系数矩阵 A，它既包含对国产品的消耗，又包含对进口品的直接消耗。要避开这个绕弯的计算过程，就需要只包含国产品直接消耗的系数矩阵 A^d，它来自非竞争型投入产出表，将在稍后讨论。

然而，式（5-13）的绕弯计算过程依然有其可取之处，那就是可以直

接引用相关的统计数据。式（5－13）由式（5－10）而来，因而直接考虑式（5－10）：$X = (I - A)^{-1}(Y - M)$。由于 $Y = C + IN + EX$，式中 C 是消费、IN 是投资（资本形成）、EX 是出口，故有：

$$X = (I - A)^{-1}[C + IN + (EX - M)] \qquad (5 - 14)$$

式（5－14）中的 C、IN、$(EX - M)$ 正是《中国统计年鉴》中支出法 GDP 中的最终消费支出、资本形成总额、货物和服务净出口（简称为消费、投资、净出口），这些指标都有历年的数据，使用起来很方便。

式（5－14）可有两个用途：一是假定 A 不变，进而 $(I - A)^{-1}$ 不变，引用统计年鉴中不同年份支出法 GDP 组成的数字就可测算不同年份的总产出，进而测算能源消耗和污染排放。二是如果改变消费、投资、净出口的比例关系（即改变最终消费率、资本形成率、净出口率），就可以分析这种改变对总产出的影响，进而分析对能源消耗和污染排放的影响。

需要注意的是，不能把式（5－14）右边括号中的消费 C、投资 IN、净出口（$EX - M$）拆分开来单独计算。假如把式（5－14）写成：

$$
\begin{aligned}
X &= (I - A)^{-1}[C + IN + (EX - M)] \\
&= (I - A)^{-1}C + (I - A)^{-1}IN + (I - A)^{-1}(EX - M) \qquad (5 - 15) \\
&= X^{C} + X^{IN} + X^{EX - M}
\end{aligned}
$$

并且认为 X^{C}、X^{IN}、$X^{EX - IM}$ 分别是由消费 C、投资 IN、净出口（$EX - M$）所引起的总产出，那就有问题了。原因有以下两个方面。

一是在消费 C 和投资 IN 中通常都包含进口品，这些直接作为最终使用的进口品不进入生产过程，故不会拉动产出；而且 X^{C} 和 X^{IN} 还含有进口中间产品（视作国产品）引起的完全消耗，未予扣除。所以 X^{C} 和 X^{IN} 高估了消费和投资的拉动作用。

二是相应的 $X^{EX - IM}$ 低估了净出口的拉动作用。因为：

$$X^{EX - IM} = (I - A)^{-1}(EX - M) = (I - A)^{-1}EX - (I - A)^{-1}M$$

上式中的 $(I - A)^{-1}M$ 是进口品（视同国产品）引起的总产出，是应予以扣除的部分。本来应在消费、投资引起的总产出中分别扣除一部分，却全在由出口引起的总产出中扣除了，因而低估了净出口的拉动作用。

综上所述，当最终需求 Y 与作为负值处理的进口 M 放在一起（$Y - M$），则可以直接使用由竞争型投入产出表得到的列昂惕夫逆矩阵 $(I - A)^{-1}$，因为它自动扣除了最终需求中的进口品和中间投入中进口品产生的完全消耗。如果要分别计算最终需求 Y 中各组成部分（消费、投资、出口）分别引起的总产出，则不能使用竞争型表的列昂惕夫逆矩阵，而必须使用由非竞争型投入产出表得到的、全部由国产品组成的列昂惕夫逆矩阵 $(I - A^d)^{-1}$。

四　非竞争型投入产出表

表 5 - 2 所示是非竞争型投入产出简化表，它与竞争型表的不同之处是，把竞争型表中的中间使用和最终使用都拆分为国产品（用上角 d 表示）和进口品（用上角 m 表示）。

表 5 - 2　非竞争型投入产出简化表

项　目	部门	中间使用 1　2…　n	最终使用 消费	资本形成	出口	合计	进口	总产出
国产品中间投入	1							
	2	x_{ij}^d	c_i^d	in_i^d	ex_i^d	Y_i^d	—	X_i
	…							
	n							
进口品中间投入	1							
	2	x_{ij}^m	c_i^m	in_i^m	ex_i^m	Y_i^m	M_i	—
	…							
	n							
增加值		V_j				—		
总投入		X_j						

根据表 5 - 2 中的相应符号可写出行平衡式：

$$\sum_{j=1}^{n} x_{ij}^d + Y_i^d = X_i,\ i = 1, 2, \cdots, n \tag{5 - 16}$$

令国产品的直接消耗系数为 $a_{ij}^d = \dfrac{x_{ij}^d}{X_j}$，$i = 1, 2, \cdots, n$，$j = 1, 2, \cdots, n$。代入式（5 - 16）得：

$$\sum_{j=1}^{n} a_{ij}^d X_j + Y_i^d = X_i,\ i = 1, 2, \cdots, n \tag{5 - 17}$$

式（5-17）写成矩阵形式为 $A^d X + Y^d = X$ ，进而可得：

$$X = (I - A^d)^{-1} Y^d \qquad (5-18)$$

式（5-18）中的 $(I - A^d)^{-1} = B^d$ 是国产品的列昂惕夫逆矩阵，其元素 $\bar{b}_{ji}^d$ 表示 i 部门 1 单位国内最终产品对 j 部门的完全消耗（完全需求）。

对于表 5-2 中的进口品来说，其行平衡式为：

$$\sum_{j=1}^n x_{ij}^m + Y_i^m = M_i, i = 1, 2, \cdots, n \qquad (5-19)$$

令进口品的直接消耗系数为 $a_{ij}^m = \dfrac{x_{ij}^m}{X_j}$, $i = 1, 2, \cdots, n$, $j = 1, 2, \cdots, n$ 。代入式（5-19）得：

$$\sum_{j=1}^n a_{ij}^m X_j + Y_i^m = M_i, i = 1, 2, \cdots, n \qquad (5-20)$$

式（5-20）写成矩阵形式为：

$$A^m X + Y^m = M \qquad (5-21)$$

式（5-21）中的 A^m 是进口品直接消耗系数矩阵，显然有 $A^d + A^m = A$ 。

把式（5-18）中的 X 代入式（5-21）得：

$$M = A^m (I - A^d)^{-1} Y^d + Y^m \qquad (5-22)$$

或

$$M - Y^m = A^m (I - A^d)^{-1} Y^d \qquad (5-23)$$

式（5-23）中的 $M - Y^m$ 是进口品用于中间投入部分， $A^m(I - A^d)^{-1}$ 是两个 n 阶方阵相乘，得到的仍是方阵，是对进口品的完全消耗系数矩阵 B^m ，其元素 $\bar{b}_{ji}^m$ 是 i 部门 1 单位国内最终产品对第 j 种进口品的完全消耗（完全需求）。

式（5-18）中的国内最终产品可表示为 $Y^d = C^d + IN^d + EX^d$ ，从而可得：

$$X = (I - A^d)^{-1} (C^d + IN^d + EX^d) \qquad (5-24)$$

把式（5-24）代入式（5-3）可得到国内最终产品 Y^d 与能源消耗 Q

之间的关系：

$$Q = H(I - A^d)^{-1}Y^d = H(I - A^d)^{-1}(C^d + IN^d + EX^d)$$
$$= H(I - A^d)^{-1}C^d + H(I - A^d)^{-1}IN^d + H(I - A^d)^{-1}EX^d \qquad (5-25)$$

把式（5-24）代入式（5-6）可得到国内最终产品 Y^d 与污染排放 S 之间的关系：

$$S = W(I - A^d)^{-1}Y^d = W(I - A)^{-1}(C^d + IN^d + EX^d)$$
$$= W(I - A^d)^{-1}C^d + W(I - A^d)^{-1}IN^d + W(I - A^d)^{-1}EX^d \qquad (5-26)$$

式（5-25）和式（5-26）的优点是可以分别计算国内最终产品的组成部分消费 C^d、投资 IN^d、出口 EX^d 引起的能源消耗和污染排放。困难点在于，国产品直接消耗系数矩阵 A^d、消费 C^d、投资 IN^d、出口 EX^d 等都没有直接可用的数据，需要自行推算。

第三节 2010 年实现节能减排的方案设计和测算结果

一 节能降耗研究思路

从最终产品出发，根据历年最终产品的结构和变化，设定 2010 年最终产品的合理结构，假设高、中、低三个方案，然后利用投入产出模型，测算各部门总产出及对能源产品的消耗。简言之，通过调整最终产品结构进而实现生产结构的调整，来分析结构节能的潜力。其技术路线见图5-1。

图5-1中的虚线框是考虑了技术进步、技术改造因素后，修改直接消耗系数，来实现节能降耗。把产业结构调整和技术进步这两个因素叠加起来，就得到全部节能降耗效果。国家统计局已经公布了《2002 年中国投入产出表》，这是分析计算的基础。

二 2002 年最终产品

2002 年投入产出表中各部门的最终产品见表 5-3。2002 年增加值合计（即 GDP）121254.7 亿元，其中消费、资本形成、净出口的比重分别是 59.1%、37.6%、3.3%。表 5-4 列出了各项最终产品的部门构成。

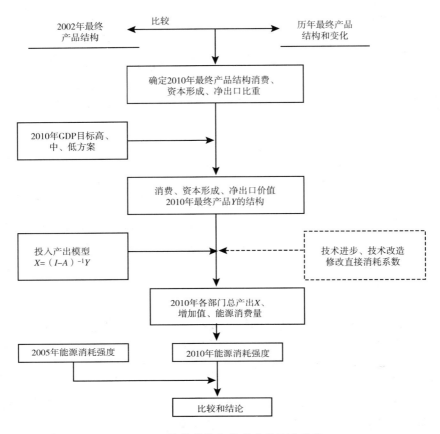

图 5-1 结构节能和技术节能研究路线

表 5-3 2002 年最终产品

代码	部门	消费(亿元)	资本形成(亿元)	净出口(亿元)	合计(亿元)
1	煤炭开采和洗选业	215.4	163.6	128.8	507.8
2	石油和天然气开采业	44.8	10.1	-974.7	-919.8
3	石油加工、炼焦及核燃料加工业	135.3	-55.3	-147.8	-67.8
4	电力、热力的生产和供应业	1062.7	0.0	-232.0	830.7
5	煤气生产和供应业	141.6	8.6	38.0	188.2
6	采矿业	25.0	18.7	-374.6	-330.9
7	食品制造及烟草加工业	7173.5	269.8	366.4	7809.7
8	纺织业	858.4	-6.4	1517.5	2369.5
9	服装皮革羽绒及其制品业	2372.6	19.0	2347.2	4738.8
10	木材加工及家具制造业	399.7	115.3	475.3	990.3

续表

代码	部　门	消费	资本形成	净出口	合计
11	造纸及纸制品业	113.7	72.8	-324.9	-138.4
12	印刷及文教用品制造业	310.0	27.6	764.9	1102.5
13	化学工业	1448.0	243.4	-1336.8	354.6
14	建材工业	559.8	-146.5	219.8	633.1
15	黑色金属冶炼及压延加工业	23.4	-18.0	-856.8	-851.4
16	有色金属冶炼及压延加工业	0.0	9.0	-271.3	-262.3
17	金属制品业	369.7	326.9	525.1	1221.7
18	通用、专用设备制造业	70.3	6392.1	-1827.7	4634.7
19	交通运输设备制造业	679.0	3000.5	-350.0	3329.5
20	电气机械及器材制造业	898.4	678.3	368.1	1944.8
21	通信设备、计算机及其他电子设备制造业	1221.1	2981.5	-599.4	3603.2
22	仪器仪表及文化、办公用机械制造业	83.5	273.6	-127.8	229.3
23	其他制造业	503.5	186.6	322.2	1012.3
24	水的生产和供应业	226.5	11.7	-135.7	102.5
25	农、林、牧、渔、水利业	10628.2	1104.7	-207.0	11525.9
26	建筑业	0.0	27275.4	24.8	27330.2
27	交通运输、仓储和邮政业	2076.9	240.0	1159.9	3476.8
28	批发、零售业和住宿、餐饮业	6269.2	1093.3	2884.1	10246.6
29	其他行业	33781.0	1268.8	622.8	35672.6
	合　计	71691.2	45565.1	3998.4	121254.7
	比重（%）	59.1	37.6	3.3	100.0
	其中：第一产业	10628.2	1104.7	-207.0	11525.9
	第二产业	18935.9	41858.3	-461.4	60332.8
	第三产业	42127.1	2602.1	4666.8	49396.0

表 5 - 4　2002 年消费、资本形成、净出口的部门构成

单位：%

代码	部　门	消费	资本形成	净出口	合计
1	煤炭开采和洗选业	0.30	0.36	3.22	0.42
2	石油和天然气开采业	0.06	0.02	-24.38	-0.76
3	石油加工、炼焦及核燃料加工业	0.19	-0.12	-3.70	-0.06
4	电力、热力的生产和供应业	1.48	0.00	-5.80	0.69
5	煤气生产和供应业	0.20	0.02	0.95	0.16
6	采矿业	0.03	0.04	-9.37	-0.27
7	食品制造及烟草加工业	10.01	0.59	9.16	6.44
8	纺织业	1.20	-0.01	37.95	1.95
9	服装皮革羽绒及其制品业	3.31	0.04	58.70	3.91

代码	部　门	消费	资本形成	净出口	合计
10	木材加工及家具制造业	0.56	0.25	11.89	0.82
11	造纸及纸制品业	0.16	0.16	-8.13	-0.11
12	印刷及文教用品制造业	0.43	0.06	19.13	0.91
13	化学工业	2.02	0.53	-33.43	0.29
14	建材工业	0.78	-0.32	5.50	0.52
15	黑色金属冶炼及压延加工业	0.03	-0.04	-21.43	-0.70
16	有色金属冶炼及压延加工业	0.00	0.02	-6.79	-0.22
17	金属制品业	0.52	0.72	13.13	1.01
18	通用、专用设备制造业	0.10	14.03	-45.71	3.82
19	交通运输设备制造业	0.95	6.59	-8.75	2.75
20	电气机械及器材制造业	1.25	1.49	9.21	1.60
21	通信设备、计算机及其他电子设备制造业	1.70	6.54	-14.99	2.97
22	仪器仪表及文化、办公用机械制造业	0.12	0.60	-3.20	0.19
23	其他制造业	0.70	0.41	8.06	0.83
24	水的生产和供应业	0.32	0.03	-3.39	0.08
25	农、林、牧、渔、水利业	14.82	2.42	-5.18	9.51
26	建筑业	0.00	59.86	0.62	22.51
27	交通运输、仓储和邮政业	2.90	0.53	29.01	2.87
28	批发、零售业和住宿、餐饮业	8.74	2.40	72.13	8.45
29	其他行业	47.12	2.78	15.58	29.42
	合　计	100.00	100.00	100.00	100.00
	其中:第一产业	14.82	2.42	-5.18	9.51
	第二产业	26.41	91.86	-11.54	49.76
	第三产业	58.76	5.71	116.72	40.72

在消费中,第一、第二、第三产业分别占 14.82%、26.41%、58.76%。大多数消费由第三产业提供。

资本形成主要由第二产业提供,其比重达 91.86%,建筑业就占了 59.86%。由此可以想到,如果改变最终产品结构,例如降低投资的比重,就意味着减少第二产业的最终产品,结果就是减少第二产业的总产出,能源消耗跟着减少。与此同时,第二产业的增加值跟着减少,即第二产业的比重下降。由此可以体会产业结构调整对能源消耗的影响。

2002 年的对外贸易,从总体上来说是出口大于进口,两者相抵以后顺差不大,仅占 GDP 的 3.3%。其中,第一、第二产业是逆差,第三产业是顺差。

三　1978～2005 年支出法 GDP 组成及 2010 年预测

为了预测 2010 年最终产品的组成，先观察 1978～2005 年的历史情况。GDP 增长率及消费、资本形成、净出口的组成见表 5－5。

表 5－5　1978～2005 年 GDP 增长率与支出法 GDP 组成及 2010 年预测

单位：%

年份	GDP 增长率	最终消费率	资本形成率	净出口率
1978	11.7	62.1	38.2	－0.3
1979	7.6	64.4	36.1	－0.5
1980	7.8	65.5	34.8	－0.3
1981	5.2	67.1	32.5	0.4
1982	9.1	66.5	31.9	1.6
1983	10.9	66.4	32.8	0.8
1984	15.2	65.8	34.2	0.0
1985	13.5	66.0	38.1	－4.1
1986	8.8	64.9	37.5	－2.4
1987	11.6	63.6	36.3	0.1
1988	11.3	63.9	37.0	－0.9
1989	4.1	64.5	36.6	－1.1
1990	3.8	62.5	34.9	2.6
1991	9.2	62.4	34.8	2.8
1992	14.2	62.4	36.6	1.0
1993	14.0	59.3	42.6	－1.9
1994	13.1	58.2	40.5	1.3
1995	10.9	58.1	40.3	1.6
1996	10.0	59.2	38.8	2.0
1997	9.3	59.0	36.7	4.3
1998	7.8	59.6	36.2	4.2
1999	7.6	61.2	36.2	2.6
2000	8.4	62.3	35.3	2.4
2001	8.3	61.4	36.5	2.1
2002	9.1	59.6	37.9	2.5
2003	10.0	56.8	41.0	2.2
2004	10.1	54.3	43.2	2.5
2005	10.2	51.9	42.6	5.5
2010 年高方案	9.5	60.0	38.0	2.0
2010 年中方案	8.5	62.0	36.0	2.0
2010 年低方案	7.5	64.0	34.0	2.0

注：表中 2005 年以前数据来自《中国统计摘要 2006》。其中 2002 年数据与《2002 年中国投入产出表》的数据略有不同。

由表 5 – 5 可知，在 20 世纪 80 年代，最终消费率为 62% ~67%，资本形成率为 32% ~38%，净出口率为 1% 左右。20 世纪 90 年代以后，最终消费率下降较大，资本形成率和净出口率都有所上升。进入 21 世纪以后，最终产品的组成有一个明显的变化：消费的比重逐年下降，资本形成的比重逐年上升，而净出口的比重则变化不大。资本形成所占比重的增大，是固定资产投资增速高于 GDP 增速的结果。针对当前固定资产投资增速居高不下，部分行业产能出现过剩的局面，国家正在采取宏观调控措施，控制固定资产投资规模和增速。

预测 2010 年的指导思想是，随着调控措施的落实和见效，在未来年份里，资本形成的比重应有所下降，消费的比重应有所上升。假定经过 5 年的宏观调控，消费和资本形成大致恢复到 2000 年的比例关系。故对 2010 年的中方案预测为，消费的比重上升到 62.0%，资本形成的比重下降到 36%，净出口的比重保持在 2.0%。另外，设定高方案为，最终消费 60.0%、资本形成 38.0%、净出口 2.0%；低方案为，最终消费 64.0%、资本形成 34.0%、净出口 2.0%。

在此基础上，再进一步推算各部门提供的最终产品 Y，进而利用投入产出公式 $X = (I - A)^{-1}Y$，计算各部门总产出 X，并计算万元 GDP 能耗。

四 2010 年 GDP 和最终产品构成

2010 年的中方案设定为，在 2005 年的基础上，假定 GDP 年均增长率为 8.5%。已知 2005 年 GDP 为 183084.8 亿元，折算成 2002 年价为 160662.5 亿元。当年均增长率为 8.5% 时，2010 年的 GDP 应为 241581.2 亿元（2002 年价）。按照表 5 – 5 中 2010 年最终产品的构成比重，可分别得到消费、资本形成、净出口总额，再根据各项最终产品在各自总额中的比重，推算得到各部门应该提供的最终产品。按同样的方法设定高方案（GDP 年均增长率 9.5%）和低方案（GDP 年均增长率 7.5%）。表 5 – 6（1）、表 5 – 6（2）、表 5 – 6（3）分别列出了高、中、低方案最终产品和构成。表中同时列出了 2002 年和 2010 年的部门最终产品构成，以资对比。

需要说明的一点是，表 5 – 6（1）至表 5 – 6（3）中 2010 年各部门的最终产品做了小量人工调整，目的是使计算得到 2010 年三次产业的结构较为合理。表 5 – 6（1）至表 5 – 6（3）中给出了 2010 年净出口的预测值，其中有些部门是顺差，有些部门是逆差，顺逆情况与 2002 年大致保持一致。

表 5 - 6（1）　　2010 年高方案（GDP 年均增长率 9.5%）最终产品和构成

代码	部　　门	消费（亿元）	资本形成（亿元）	净出口（亿元）	合计（亿元）	2010 年构成（%）	2002 年构成（%）
1	煤炭开采和洗选业	455.9	- 105.0	12.9	363.8	0.14	0.42
2	石油和天然气开采业	44.8	21.3	- 1733.0	- 1666.9	- 0.66	- 0.76
3	石油加工、炼焦及核燃料加工业	186.4	- 116.7	- 387.0	- 317.3	- 0.13	- 0.06
4	电力、热力的生产和供应业	1849.4	0.0	- 493.4	1356.0	0.54	0.69
5	煤气生产和供应业	649.7	118.2	48.1	816.0	0.32	0.16
6	采矿业	53.0	- 460.6	- 1974.0	- 2381.6	- 0.94	- 0.27
7	食品制造及烟草加工业	16384.6	969.2	2663.5	20017.3	7.91	6.44
8	纺织业	1817.0	136.4	1919.7	3873.1	1.53	1.95
9	服装皮革羽绒及其制品业	8172.2	740.1	4369.4	13281.7	5.25	3.91
10	木材加工及家具制造业	846.1	143.1	401.3	1390.5	0.55	0.82
11	造纸及纸制品业	40.6	- 96.4	- 1211.0	- 1266.8	- 0.50	- 0.11
12	印刷及文教用品制造业	56.2	58.2	467.6	582.0	0.23	0.91
13	化学工业	- 435.0	- 186.7	- 2991.1	- 3612.8	- 1.43	0.29
14	建材工业	1285.0	490.9	278.1	2054.0	0.81	0.52
15	黑色金属冶炼及压延加工业	- 550.4	- 637.9	- 2283.9	- 3472.2	- 1.37	- 0.70
16	有色金属冶炼及压延加工业	0.0	19.0	- 543.2	- 524.2	- 0.21	- 0.22
17	金属制品业	782.5	689.5	564.3	2036.3	0.81	1.01
18	通用、专用设备制造业	148.9	13482.8	- 2312.2	11319.5	4.48	3.82
19	交通运输设备制造业	2087.2	6278.9	957.2	9323.3	3.69	2.75
20	电气机械及器材制造业	4051.8	2430.7	2065.6	8548.1	3.38	1.60
21	通信设备、计算机及其他电子设备制造业	4084.8	6288.9	- 108.3	10265.4	4.06	2.97
22	仪器仪表及文化、办公用机械制造业	176.8	577.1	538.3	1292.2	0.51	0.19
23	其他制造业	15.8	- 6.4	- 692.4	- 683.0	- 0.27	0.83
24	水的生产和供应业	279.5	24.7	- 171.6	132.6	0.05	0.08
25	农、林、牧、渔、水利业	9997.2	1130.2	- 261.8	10865.6	4.30	9.51
26	建筑业	0.0	57531.8	31.4	57563.2	22.76	22.51
27	交通运输、仓储和邮政业	11896.4	506.2	1467.3	13869.9	5.48	2.87
28	批发、零售业和住宿、餐饮业	14870.3	2406.2	3648.5	20925.0	8.27	8.45
29	其他行业	72506.0	3676.2	787.9	76970.1	30.43	29.42
	合计	151752.7	96109.9	5058.2	252920.8	100.00	100.00
	比重（%）	60.0	38.0	2.0	—	—	—

表 5 - 6 (2)　　　2010 年中方案（GDP 年均增长率 8.5%）最终产品和构成

代码	部　门	消费（亿元）	资本形成（亿元）	净出口（亿元）	合计（亿元）	2010 年构成（%）	2002 年构成（%）
1	煤炭开采和洗选业	449.9	-137.8	5.6	317.7	0.13	0.42
2	石油和天然气开采业	43.5	19.3	-1677.8	-1615.0	-0.67	-0.76
3	石油加工、炼焦及核燃料加工业	182.7	-105.6	-378.6	-301.5	-0.12	-0.06
4	电力、热力的生产和供应业	1820.2	0.0	-480.3	1339.9	0.55	0.69
5	煤气生产和供应业	645.8	116.4	46.0	808.2	0.33	0.16
6	采矿业	52.3	-464.4	-1952.7	-2364.8	-0.98	-0.27
7	食品制造及烟草加工业	16187.3	915.1	2642.7	19745.1	8.17	6.44
8	纺织业	1793.3	137.7	1833.6	3764.6	1.56	1.95
9	服装皮革羽绒及其制品业	8106.9	736.3	4236.2	13079.4	5.41	3.91
10	木材加工及家具制造业	835.1	120.0	374.4	1329.5	0.55	0.82
11	造纸及纸制品业	37.5	-111.0	-1192.6	-1266.1	-0.52	-0.11
12	印刷及文教用品制造业	47.7	52.7	424.3	524.7	0.22	0.91
13	化学工业	-474.8	-235.5	-2915.3	-3625.6	-1.50	0.29
14	建材工业	1269.6	520.3	265.6	2055.5	0.85	0.52
15	黑色金属冶炼及压延加工业	-551.1	-634.3	-2235.3	-3420.7	-1.42	-0.70
16	有色金属冶炼及压延加工业	0.0	17.2	-527.8	-510.6	-0.21	-0.22
17	金属制品业	772.3	623.9	534.5	1930.7	0.80	1.01
18	通用、专用设备制造业	146.9	12200.5	-2208.5	10138.9	4.20	3.82
19	交通运输设备制造业	2068.5	5677.0	977.0	8722.5	3.61	2.75
20	电气机械及器材制造业	4027.1	2294.6	2044.8	8366.5	3.46	1.60
21	通信设备、计算机及其他电子设备制造业	4051.2	5690.8	-74.3	9667.7	4.00	2.97
22	仪器仪表及文化、办公用机械制造业	174.5	522.2	545.6	1242.3	0.51	0.19
23	其他制造业	2.0	-43.8	-710.7	-752.5	-0.31	0.83
24	水的生产和供应业	273.2	22.4	-163.9	131.7	0.05	0.08
25	农、林、牧、渔、水利业	11004.8	908.5	-250.1	11663.2	4.83	9.51
26	建筑业	0.0	52060.1	30.0	52090.1	21.56	22.51
27	交通运输、仓储和邮政业	11839.2	458.0	1401.5	13698.7	5.67	2.87
28	批发、零售业和住宿、餐饮业	14697.8	2186.8	3485.0	20369.6	8.43	8.45
29	其他行业	70276.7	3421.7	752.6	74451.0	30.82	29.42
	合计	149780.1	86969.1	4831.5	241580.7	100.00	100.00
	比重（%）	62.0	36.0	2.0	—	—	—

表 5-6（3） 2010 年低方案（GDP 年均增长率 7.5%） 最终产品和构成

代码	部 门	消费（亿元）	资本形成（亿元）	净出口（亿元）	合计（亿元）	2010 年构成（%）	2002 年构成（%）
1	煤炭开采和洗选业	443.4	-168.5	-1.4	273.5	0.12	0.42
2	石油和天然气开采业	42.2	17.4	-1624.5	-1564.9	-0.68	-0.76
3	石油加工、炼焦及核燃料加工业	178.6	-95.2	-370.5	-287.1	-0.12	-0.06
4	电力、热力的生产和供应业	1788.1	0.0	-467.6	1320.5	0.57	0.69
5	煤气生产和供应业	641.6	114.8	43.9	800.3	0.35	0.16
6	采矿业	51.5	-467.9	-1932.2	-2348.6	-1.02	-0.27
7	食品制造及烟草加工业	15970.8	864.4	2622.7	19457.9	8.44	6.44
8	纺织业	1767.4	138.9	1750.7	3657.0	1.59	1.95
9	服装皮革羽绒及其制品业	8035.4	732.7	4107.9	12876.0	5.58	3.91
10	木材加工及家具制造业	823.0	98.4	348.4	1269.8	0.55	0.82
11	造纸及纸制品业	34.1	-124.7	-1174.8	-1265.4	-0.55	-0.11
12	印刷及文教用品制造业	38.4	47.5	382.4	468.3	0.20	0.91
13	化学工业	-518.5	-281.1	-2842.2	-3641.8	-1.58	0.29
14	建材工业	1252.7	547.8	253.6	2054.1	0.89	0.52
15	黑色金属冶炼及压延加工业	-551.8	-630.9	-2188.4	-3371.1	-1.46	-0.70
16	有色金属冶炼及压延加工业	0.0	15.5	-513.0	-497.5	-0.22	-0.22
17	金属制品业	761.2	562.6	505.8	1829.6	0.79	1.01
18	通用、专用设备制造业	144.8	11001.4	-2108.6	9037.6	3.92	3.82
19	交通运输设备制造业	2048.0	5114.1	996.2	8158.3	3.54	2.75
20	电气机械及器材制造业	3999.9	2167.4	2024.6	8191.9	3.55	1.60
21	通信设备、计算机及其他电子设备制造业	4014.4	5131.5	-41.5	9104.4	3.95	2.97
22	仪器仪表及文化、办公用机械制造业	172.0	470.9	552.6	1195.5	0.52	0.19
23	其他制造业	-13.2	-78.8	-728.3	-820.3	-0.36	0.83
24	水的生产和供应业	266.4	20.3	-156.6	130.1	0.06	0.08
25	农、林、牧、渔、水利业	12184.1	701.3	-238.8	12646.6	5.48	9.51
26	建筑业	0.0	46943.4	28.6	46972.0	20.36	22.51
27	交通运输、仓储和邮政业	11776.6	413.0	1338.1	13527.7	5.86	2.87
28	批发、零售业和住宿、餐饮业	14508.7	1981.7	3327.3	19817.7	8.59	8.45
29	其他行业	67757.3	3183.7	718.6	71659.6	31.07	29.42
	合计	147617.2	78421.6	4613.0	230651.8	100.00	100.00
	比重（%）	64.0	34.0	2.0	—	—	—

这意味着假定在未来 5 年中，外贸结构不会出现大的变动。要想确切地预测 2010 年的出口和进口是相当困难的，它超出了本书的讨论范围，笔者将另文讨论对外贸易对节能降耗的影响。

表 5-7 把 2010 年高、中、低三个方案的最终产品和构成列在一起，以便于比较。

表 5-7　2010 年高、中、低方案最终产品和构成

代码	部　门	高方案（亿元）	构成（%）	中方案（亿元）	构成（%）	低方案（亿元）	构成（%）
1	煤炭开采和洗选业	363.8	0.14	317.7	0.13	273.5	0.12
2	石油和天然气开采业	-1667.0	-0.66	-1614.9	-0.67	-1564.9	-0.68
3	石油加工、炼焦及核燃料加工业	-317.2	-0.13	-301.5	-0.12	-287.1	-0.12
4	电力、热力的生产和供应业	1355.9	0.54	1339.9	0.55	1320.5	0.57
5	煤气生产和供应业	816.1	0.32	808.3	0.33	800.3	0.35
6	采矿业	-2381.6	-0.94	-2364.8	-0.98	-2348.5	-1.02
7	食品制造及烟草加工业	20017.3	7.91	19745.1	8.17	19458.0	8.44
8	纺织业	3873.1	1.53	3764.7	1.56	3657.0	1.59
9	服装皮革羽绒及其制品业	13281.7	5.25	13079.5	5.41	12876.0	5.58
10	木材加工及家具制造业	1390.5	0.55	1329.4	0.55	1269.8	0.55
11	造纸及纸制品业	-1266.8	-0.50	-1266.1	-0.52	-1265.4	-0.55
12	印刷及文教用品制造业	582.1	0.23	524.6	0.22	468.3	0.20
13	化学工业	-3612.8	-1.43	-3625.6	-1.50	-3641.9	-1.58
14	建材工业	2054.0	0.81	2055.5	0.85	2054.1	0.89
15	黑色金属冶炼及压延加工业	-3472.2	-1.37	-3420.6	-1.42	-3371.1	-1.46
16	有色金属冶炼及压延加工业	-524.1	-0.21	-510.6	-0.21	-497.4	-0.22
17	金属制品业	2036.3	0.81	1930.8	0.80	1829.6	0.79
18	通用、专用设备制造业	11319.4	4.48	10138.9	4.20	9037.5	3.92
19	交通运输设备制造业	9323.3	3.69	8722.5	3.61	8158.3	3.54
20	电气机械及器材制造业	8548.1	3.38	8366.4	3.46	8192.0	3.55
21	通信设备、计算机及其他电子设备制造业	10265.4	4.06	9667.7	4.00	9104.3	3.95
22	仪器仪表及文化、办公用机械制造业	1292.3	0.51	1242.4	0.51	1195.5	0.52
23	其他制造业	-682.9	-0.27	-752.5	-0.31	-820.3	-0.36
24	水的生产和供应业	132.6	0.05	131.7	0.05	130.1	0.06
25	农、林、牧、渔、水业	10865.5	4.30	11663.3	4.83	12646.6	5.48
26	建筑业	57563.2	22.76	52090.1	21.56	46972.1	20.36
27	交通运输、仓储和邮政业	13869.9	5.48	13698.8	5.67	13527.7	5.86
28	批发、零售业和住宿、餐饮业	20925.0	8.27	20369.6	8.43	19817.7	8.59
29	其他行业	76970.2	30.43	74451.0	30.82	71659.6	31.07
	合计	252921.1	100.00	241581.2	100.00	230651.8	100.00

五 结构节能计算结果

假定未来年份无技术变化，各部门的相互消耗仍保持2002年的关系不变，利用投入产出模型，可计算得到2010年各产业的增长情况，表5-8所示是高、中、低方案计算结果。

表5-8 高、中、低方案下2010年各产业增加值（2005年价）、增长率、产业结构

项　　　目	GDP	第一产业	第二产业	工业	建筑业	第三产业	交通运输仓储邮电通信业	批发零售餐饮业
产业增加值（亿元）								
2005年	183084.8	23070.4	87046.7	76912.9	10133.8	72967.7	10526.1	13534.5
2010年高方案	287694.6	30829.1	133794.0	117204.2	16591.6	123071.5	14290.4	22456.7
2010年中方案	274835.6	30626.9	125901.0	110831.7	15074.6	118307.6	13756.7	21550.7
2010年低方案	262467.7	30618.8	118378.4	104734.2	13652.6	113470.4	13242.7	20670.1
2005~2010年均增长率（%）								
2010年高方案	9.5	6.0	9.0	8.8	10.4	11.0	6.3	10.7
2010年中方案	8.5	5.8	7.7	7.6	8.3	10.1	5.5	9.7
2010年低方案	7.5	5.8	6.3	6.4	6.1	9.2	4.7	8.8
产业结构（%）								
2005年	100.0	12.6	47.5	42.0	5.5	39.9	5.7	7.4
2010年高方案	100.0	10.7	46.5	40.7	5.8	42.8	5.0	7.8
2010年中方案	100.0	11.1	45.8	40.3	5.5	43.0	5.0	7.8
2010年低方案	100.0	11.7	45.1	39.9	5.2	43.2	5.0	7.9

由表5-8可知，到2010年，第一、第二产业的比重下降，第三产业的比重上升。这是由于第一、第二产业的年均增长率低于GDP的增长率所致。出现这种结果的源头则在于最终产品的结构发生了变化：消费的比重上升，资本形成的比重下降。

表5-9列出了高、中、低方案下各部门的增加值（2002年价）及2004~2010年部门增加值的年均增长率。

由于第二产业的增长速度慢于第三产业，立即可以想到的就是，万元GDP能耗会有所下降，计算结果确实如此。详细情形列于表5-10。

表 5 - 9　高、中、低方案下 2010 年部门增加值和年均增长率

代码	部　门	增加值(亿元,2002 年价)			2004～2010 年均增长率(%)		
		高方案	中方案	低方案	高方案	中方案	低方案
1	煤炭开采和洗选业	3989.6	3761.4	3542.5	9.0	7.9	6.8
2	石油和天然气开采业	4878.4	4591.2	4317.5	7.2	6.2	5.1
3	石油加工、炼焦及核燃料加工业	2241.1	2121.7	2007.9	5.9	5.0	4.0
4	电力、热力的生产和供应业	7856.7	7447.9	7054.6	8.4	7.5	6.5
5	煤气生产和供应业	251.8	246.3	240.8	7.4	7.0	6.6
6	采矿业	2099.3	1869.1	1651.7	7.2	5.1	3.0
7	食品制造及烟草加工业	10039.4	9857.6	9677.4	10.4	10.1	9.7
8	纺织业	4446.9	4313.0	4179.8	8.8	8.2	7.7
9	服装皮革羽绒及其制品业	4233.6	4151.6	4069.9	12.3	11.9	11.5
10	木材加工及家具制造业	2100.9	1973.9	1852.0	12.0	10.8	9.6
11	造纸及纸制品业	1663.1	1567.3	1472.8	8.1	7.1	6.0
12	印刷及文教用品制造业	2123.8	2024.9	1926.1	12.4	11.5	10.6
13	化学工业	10265.9	9704.8	9167.6	7.2	6.2	5.2
14	建材工业	4478.6	4188.6	3914.0	4.0	2.8	1.7
15	黑色金属冶炼及压延加工业	5867.7	5364.8	4890.6	6.9	5.3	3.7
16	有色金属冶炼及压延加工业	1928.7	1808.9	1695.1	7.1	6.0	4.9
17	金属制品业	3088.2	2889.4	2700.5	10.5	9.2	8.0
18	通用、专用设备制造业	8532.1	7854.9	7217.5	11.4	9.9	8.3
19	交通运输设备制造业	6168.5	5825.2	5498.6	11.5	10.5	9.4
20	电气机械及器材制造业	4987.1	4775.3	4571.9	12.0	11.2	10.4
21	通信设备、计算机及其他电子设备制造业	6952.4	6583.3	6228.3	12.1	11.1	10.0
22	仪器仪表及文化、办公用机械制造业	1165.2	1104.1	1045.4	12.0	11.0	10.0
23	其他制造业	1468.7	1315.5	1168.6	12.3	10.3	8.1
24	水的生产和供应业	564.3	538.8	513.7	8.9	8.0	7.2
25	农、林、牧、渔、水利业	24884.4	24721.2	24714.6	5.8	5.7	5.7
26	建筑业	14446.7	13125.8	11887.7	10.7	9.0	7.2
27	交通运输、仓储和邮政业	18065.1	17390.4	16740.8	7.2	6.5	5.8
28	批发、零售业和住宿、餐饮业	25651.4	24616.6	23610.7	10.2	9.4	8.7
29	其他行业	68481.3	65847.9	63093.6	12.3	11.5	10.7
	合　计	252920.9	241581.4	230652.0	9.6	8.8	8.0

表 5 – 10　高、中、低方案下 2010 年各部门消费的能源和能源消耗强度

代码	部　门	能源消耗量(万吨标准煤)			能源消耗强度(吨标准煤/万元)		
		高方案	中方案	低方案	高方案	中方案	低方案
1	煤炭开采和洗选业	10622.6	10015.0	9432.2	2.6626	2.6626	2.6626
2	石油和天然气开采业	5512.2	5187.7	4878.4	1.1299	1.1299	1.1299
3	石油加工、炼焦及核燃料加工业	17206.1	16289.6	15415.7	7.6775	7.6775	7.6775
4	电力、热力的生产和供应业	23708.2	22474.6	21287.7	3.0176	3.0176	3.0176
5	煤气生产和供应业	820.8	802.7	784.9	3.2597	3.2597	3.2597
6	采矿业	3405.0	3031.6	2679.0	1.6220	1.6220	1.6220
7	食品制造及烟草加工业	7127.7	6998.6	6870.6	0.7100	0.7100	0.7100
8	纺织业	7534.1	7307.2	7081.4	1.6942	1.6942	1.6942
9	服装皮革羽绒及其制品	1505.2	1476.0	1447.0	0.3555	0.3555	0.3555
10	木材加工及家具制造业	1307.3	1228.3	1152.4	0.6222	0.6222	0.6222
11	造纸及纸制品业	4928.2	4644.3	4364.2	2.9633	2.9633	2.9633
12	印刷及文教用品制造业	1053.8	1004.7	955.6	0.4962	0.4962	0.4962
13	化学工业	37477.2	35428.6	33467.4	3.6506	3.6506	3.6506
14	建材工业	22885.0	21402.8	20000.0	5.1098	5.1098	5.1098
15	黑色金属冶炼及压延加工业	44410.4	40604.1	37013.7	7.5686	7.5686	7.5686
16	有色金属冶炼及压延加工业	9687.6	9086.2	8514.5	5.0230	5.0230	5.0230
17	金属制品业	3573.8	3343.8	3125.1	1.1572	1.1572	1.1572
18	通用、专用设备制造业	5451.1	5018.4	4611.0	0.6389	0.6389	0.6389
19	交通运输设备制造业	3998.9	3776.3	3564.6	0.6483	0.6483	0.6483
20	电气机械及器材制造业	2205.0	2111.3	2021.4	0.4421	0.4421	0.4421
21	通信设备、计算机及其他电子设备制造业	2521.2	2387.3	2258.6	0.3626	0.3626	0.3626
22	仪器仪表及文化、办公用机械制造业	339.2	321.4	304.3	0.2911	0.2911	0.2911
23	其他制造业	2463.4	2206.4	1960.0	1.6772	1.6772	1.6772
24	水的生产和供应业	1088.1	1039.0	990.5	1.9281	1.9281	1.9281
25	农、林、牧、渔、水利业	10799.6	10728.8	10725.9	0.4340	0.4340	0.4340
26	建筑业	6008.8	5459.4	4944.4	0.4159	0.4159	0.4159
27	交通运输、仓储和邮政业	22908.3	22052.7	21228.8	1.2681	1.2681	1.2681
28	批发、零售业和住宿、餐饮业	8622.1	8274.3	7936.2	0.3361	0.3361	0.3361
29	其他行业	15690.1	15086.8	14455.7	0.2291	0.2291	0.2291
	生产过程消耗能源合计	284861.0	268787.9	253471.4	1.1263	1.1126	1.0989
	生活消耗	35001.9	34471.1	33889.0	—	—	—
	能源总消耗	319862.9	303259.0	287360.4	1.2647	1.2553	1.2459

2005 年 GDP 为 183084.8 亿元，折算成 2002 年价为 160662.5 亿元，2005 年能源消耗量为 223319 万吨标准煤，以 2002 年价计算，总体能源消耗强度为 1.3900 吨标准煤/万元。其中，生活消耗 23393 万吨标准煤（占总消耗量的 10.5%），生产过程消耗 199926 万吨标准煤。生产过程能源消耗强度为 1.2444 吨标准煤/万元。

从生产过程能源消耗强度来看，2010 年高、中、低方案分别是 2005 年的 90.5%、89.4%、88.3%，结构调整可使生产过程能源消耗强度分别下降 9.5%、10.6%、11.7%。

从总体能源消耗强度来看，2010 年高、中、低方案分别是 2005 年的 91.0%、90.3%、89.6%，结构调整使总体能源消耗强度分别下降 9.0%、9.7%、10.4%（见表 5 – 11）。

表 5 – 11　2010 年高、中、低方案下结构节能的能源消耗量和能源消耗强度

项　　　目	2005 年	2010 年		
		高方案	中方案	低方案
能源消耗量(万吨标准煤)	223319	319862.7	303258.9	287360.6
其中:生产消耗	199926	284860.8	268787.7	253471.6
生活消耗	23393	35001.9	34471.1	33889.0
生活消耗比重(%)	10.5	10.9	11.4	11.8
GDP(亿元,2002 年价)	160662.5	252921.1	241581.2	230651.8
生产能源消耗强度(吨标准煤/万元)	1.2444	1.1263	1.1126	1.0989
是 2005 年的倍数	—	0.905	0.894	0.883
总能源消耗强度(吨标准煤/万元)	1.3900	1.2647	1.2553	1.2459
是 2005 年的倍数	—	0.910	0.903	0.896

以上测算结果是结构节能的效果，未包括技术进步的因素。

六　结构调整与技术进步相结合

在满足最终需求的前提下，通过产业结构调整大约可使单位 GDP 能耗下降 9% ~ 10%，这与降低 20% 的目标尚有一段距离，现在考虑再加上技术节能和产品调整节能因素。

技术节能是指通过技术进步、工艺的更新和改进等技术措施，降低生产

过程的能耗。例如，降低吨钢能耗，降低建材能耗，降低火电机组每度电的煤耗，降低铁路运输吨公里能耗，等等。

根据我国若干高耗能工业 2004～2010 年的节能方案，修改投入产出表的直接消耗系数如下。

（1）钢铁工业：吨钢能耗下降 10.64%，从 761 千克标准煤/吨下降到 680 千克标准煤/吨。综合取 9.0%。

（2）有色金属：氧化铝综合能耗下降 16.91%，从 1023 千克标准煤/吨下降到 850 千克标准煤/吨；电解铝交流电耗下降 3.00%，从 14795 千瓦时/吨下降到 14350 千瓦时/吨；铜冶炼综合能耗下降 24.24%，从 1056 千克标准煤/吨下降到 800 千克标准煤/吨。综合取 12.0%。

（3）化学工业：合成氨综合能耗下降 5.88%，从 1700 千克标准煤/吨下降到 1600 千克标准煤/吨；烧碱综合能耗下降 7.82%，从 1356 千克标准煤/吨下降到 1250 千克标准煤/吨；纯碱综合能耗下降 2.01%，从 398 千克标准煤/吨下降到 390 千克标准煤/吨；电石综合能耗下降 5.66%，从 2120 千克标准煤/吨下降到 2000 千克标准煤/吨；黄磷综合能耗下降 5.56%，从 7200 千克标准煤/吨下降到 6800 千克标准煤/吨；乙烯综合能耗下降 21.76%，从 703 千克标准油/吨下降到 550 千克标准油/吨。综合取 7.0%。

（4）石油化工：原油加工综合能耗下降 8.93%，从 78.4 千克标准油/吨下降到 71.4 千克标准油/吨。综合取 8.9%。

（5）建材工业：水泥生产综合能耗下降 10.26%，从 156 千克标准煤/吨下降到 140 千克标准煤/吨；平板玻璃生产综合能耗下降 19.23%，从 26 千克标准煤/重箱下降到 21 千克标准煤/重箱；建筑陶瓷综合能耗下降 6.15%，由 309 千克标准煤/吨下降到 290 千克标准煤/吨；卫生陶瓷综合能耗下降 34.28%，从 1126 千克标准煤/吨下降到 740 千克标准煤/吨。综合取 15.0%。

（6）原油加工：生产自用率下降 9.10%，从 1.54% 下降到 1.4%；生产用电单耗上升 5.63%，从 142 千瓦时/吨原油上升到 150 千瓦时/吨原油。

（7）煤炭生产：万吨原煤耗自用煤上升 100%，从 2.6% 上升到 5.2%；原煤生产耗电上升 3.79%，从 34.3 千瓦时/吨原煤上升到 35.6 千瓦时/吨原煤。

（8）火力发电：火电厂供电煤耗下降 4.26%，从 376 克标准煤/千瓦时下降到 360 克标准煤/千瓦时；输电线路损失下降 13.91%，从 7.55% 下降到 6.5%。取每个行业耗电下降 13.9%。

（9）纺织业：纱综合电耗下降 10.00%，从 2469 千瓦时/吨下降到 2222 千瓦时/吨；布综合电耗下降 10.00%，从 46 千瓦时/百米下降到 41.4 千瓦时/百米；印染布综合能耗下降 14.89%，从 47 千克标准煤/百米下降到 40 千克标准煤/百米；粘胶长丝综合能耗下降 1.98%，从 8570 千克标准煤/吨下降到 8400 千克标准煤/吨；粘胶短纤维综合能耗下降 1.57%，从 1910 千克标准煤/吨下降到 1880 千克标准煤/吨；涤纶长丝综合能耗下降 2.82%，从 710 千克标准煤/吨下降到 690 千克标准煤/吨；涤纶短纤维综合能耗下降 3.87%，从 749 千克标准煤/吨下降到 720 千克标准煤/吨。综合取 8.0%。

（10）轻工业（造纸）：吨纸浆综合能耗下降 8.59%，从 547 千克标准煤/吨下降到 500 千克标准煤/吨；吨纸综合能耗下降 7.98%，从 815 千克标准煤/吨下降到 750 千克标准煤/吨；吨新闻纸综合能耗下降 12.54%，从 686 千克标准煤/吨下降到 600 千克标准煤/吨；吨卫生纸综合能耗下降 13.79%，从 1044 千克标准煤/吨下降到 900 千克标准煤/吨；吨箱板纸综合能耗下降 17.29%，从 665 千克标准煤/吨下降到 550 千克标准煤/吨。综合取 12.0%。

（11）交通运输：铁路运输内燃机车油耗上升 2.78%，从 36 千克标准煤/万吨公里上升到 37 千克标准煤/万吨公里；电力机车耗电上升 1.11%，从 44.9 千克标准煤/万吨公里上升到 45.4 千克标准煤/万吨公里。汽油客车、柴油客车耗油量保持不变；汽油货车耗油量下降 10.00%，从 8 升/百吨公里下降到 7.2 升/百吨公里；柴油货车耗油量下降 10.00%，从 6 升/百吨公里下降到 5.4 升/百吨公里。综合取 5.0%。

（12）所有其他行业：假定行业内产品结构调整，高附加值产品比重上升，低附加值产品比重下降，综合能耗每年下降 0.8%，5 年下降 4.0%。

（13）生活消费：假定生活家用电器逐步采用节能产品，如节能冰箱、节能空调、节能灯具，房屋建筑采用新型保温材料降低空调和采暖耗能等，每年下降 1.0%，5 年下降 5.0%。

设定以上技术节能方案和行业产品结构调整方案后，修改相应部门对能源部门的直接消耗系数。最终产品仍与前面的高方案（年均增长率

9.5%）、中方案（年均增长率 8.5%）、低方案（年均增长率 7.5%）一样。计算各部门总产出、增加值、对各种能源的消耗量。计算结果见表 5 – 12。

表 5 – 12　产业结构调整节能 + 技术节能 + 产品结构调整高、中、低方案

项　　目	2005 年	2010 年		
		高方案	中方案	低方案
能源消耗量（万吨标准煤）	223319	284974.6	270255.7	256160.3
其中:生产消耗	199926	253314.0	239074.0	225503.8
生活消耗	23393	31660.6	31181.7	30656.5
生活消耗比重（%）	10.5	11.1	11.5	12.0
GDP（亿元,2002 年价）	160662.5	252921.1	241581.2	230651.8
生产能源消耗强度（吨标准煤/万元）	1.2444	1.0016	0.9896	0.9777
是 2005 年的倍数	—	0.805	0.795	0.786
总能源消耗强度（吨标准煤/万元）	1.3900	1.1267	1.1187	1.1106
是 2005 年的倍数	—	0.811	0.805	0.799

表 5 – 12 计算结果表明，同时实施产业结构调整节能、技术节能、产品结构调整节能，能源消耗强度可进一步下降。生产过程能源消耗强度下降至 2005 年的 80.5%（高方案）、79.5%（中方案）、78.6%（低方案），总体能源消耗强度下降至 2005 年的 81.1%（高方案）、80.5%（中方案）、79.9%（低方案）。这样到 2010 年，万元 GDP 能耗将比 2005 年下降 18.9%（高方案）、19.5%（中方案）、20.1%（低方案）。

表 5 – 13（1）、表 5 – 13（2）、表 5 – 13（3）分别列出了高、中、低方案下，同时实施产业结构调整节能、技术进步节能、行业内产品调整节能后，2010 年各部门能源消耗量和能源消耗强度。作为对比，表中同时列出了 2004 年各行业的能源消耗强度。

由于各部门节约能源消耗的比例各不一样，会引起各部门的增加值有所改变。表 5 – 14 列出了高、中、低方案下，结构节能 + 技术节能 + 行业内产品调整后各产业的增加值和产业结构。

表 5 - 13（1） 结构节能 + 技术节能 + 行业内产品调整高方案（GDP 年均增长率 9.5%）下各部门能源消耗和能源消耗强度

代码	部门	能源消耗量（万吨标准煤）	能源消耗强度（吨标准煤/万元）	能源消耗强度（吨标准煤/万元）
		2010 年	2010 年	2004 年
1	煤炭开采和洗选业	13198.3	3.7671	2.6626
2	石油和天然气开采业	4087.3	1.0071	1.1299
3	石油加工、炼焦及核燃料加工业	14363.5	5.2353	7.6775
4	电力、热力的生产和供应业	18891.0	2.7252	3.0176
5	煤气生产和供应业	787.9	3.0311	3.2597
6	采矿业	3007.0	1.4056	1.6220
7	食品制造及烟草加工业	6396.0	0.6345	0.7100
8	纺织业	6601.3	1.4653	1.6942
9	服装皮革羽绒及其制品业	1341.8	0.3160	0.3555
10	木材加工及家具制造业	1147.0	0.5402	0.6222
11	造纸及纸制品业	4241.7	2.5139	2.9633
12	印刷及文教用品制造业	924.8	0.4357	0.4962
13	化学工业	33301.5	3.1432	3.6506
14	建材工业	19391.2	4.0990	5.1098
15	黑色金属冶炼及压延加工业	38764.2	6.3353	7.5686
16	有色金属冶炼及压延加工业	8329.9	4.1245	5.0230
17	金属制品业	3164.3	1.0060	1.1572
18	通用、专用设备制造业	5066.3	0.5910	0.6389
19	交通运输设备制造业	3623.0	0.5855	0.6483
20	电气机械及器材制造业	1982.6	0.3971	0.4421
21	通信设备、计算机及其他电子设备制造业	2210.9	0.3171	0.3626
22	仪器仪表及文化、办公用机械制造业	296.9	0.2570	0.2911
23	其他制造业	2154.2	1.4743	1.6772
24	水的生产和供应业	932.2	1.5912	1.9281
25	农、林、牧、渔、水利业	9950.1	0.3991	0.4340
26	建筑业	5665.0	0.3874	0.4159
27	交通运输、仓储和邮政业	21499.9	1.1792	1.2681
28	批发、零售业和住宿、餐饮业	7727.6	0.3012	0.3361
29	其他行业	14266.7	0.2082	0.2291
	生产过程消耗能源合计	253314.2	1.0016	1.2444
	生活消耗	31660.6	—	—
	能源总消耗	284974.8	1.1267	1.3900

表 5 – 13 （2） 结构节能＋技术节能＋行业内产品调整中方案（GDP 年均增长率 8.5%）下各部门能源消耗和能源消耗强度

代码	部 门	能源消耗量（万吨标准煤）	能源消耗强度（吨标准煤/万元）	能源消耗强度（吨标准煤/万元）
		2010 年	2010 年	2004 年
1	煤炭开采和洗选业	12442.8	3.7671	2.6626
2	石油和天然气开采业	3842.8	1.0071	1.1299
3	石油加工、炼焦及核燃料加工业	13600.8	5.2353	7.6775
4	电力、热力的生产和供应业	17919.8	2.7252	3.0176
5	煤气生产和供应业	771.1	3.0311	3.2597
6	采矿业	2675.8	1.4056	1.6220
7	食品制造及烟草加工业	6280.4	0.6345	0.7100
8	纺织业	6402.8	1.4653	1.6942
9	服装皮革羽绒及其制品业	1315.9	0.3160	0.3555
10	木材加工及家具制造业	1077.6	0.5402	0.6222
11	造纸及纸制品业	3997.3	2.5139	2.9633
12	印刷及文教用品制造业	881.7	0.4357	0.4962
13	化学工业	31481.4	3.1432	3.6506
14	建材工业	18134.7	4.0990	5.1098
15	黑色金属冶炼及压延加工业	35431.4	6.3353	7.5686
16	有色金属冶炼及压延加工业	7812.4	4.1245	5.0230
17	金属制品业	2960.4	1.0060	1.1572
18	通用、专用设备制造业	4663.2	0.5910	0.6389
19	交通运输设备制造业	3421.4	0.5855	0.6483
20	电气机械及器材制造业	1898.5	0.3971	0.4421
21	通信设备、计算机及其他电子设备制造业	2093.5	0.3171	0.3626
22	仪器仪表及文化、办公用机械制造业	281.3	0.2570	0.2911
23	其他制造业	1928.4	1.4743	1.6772
24	水的生产和供应业	890.2	1.5912	1.9281
25	农、林、牧、渔、水利业	9885.7	0.3991	0.4340
26	建筑业	5147.1	0.3874	0.4159
27	交通运输、仓储和邮政业	20699.9	1.1792	1.2681
28	批发、零售业和住宿、餐饮业	7416.5	0.3012	0.3361
29	其他行业	13719.0	0.2082	0.2291
	生产过程消耗能源合计	239073.8	0.9896	1.2444
	生活消耗	31181.7	—	—
	能源总消耗	270255.5	1.1187	1.3900

表 5 - 13 （3） 结构节能 + 技术节能 + 行业内产品调整低方案 （GDP 年均
增长率 7.5%） 下各部门能源消耗和能源消耗强度

代码	部 门	能源消耗量 （万吨标准煤）	能源消耗强度 （吨标准煤/万元）	能源消耗强度 （吨标准煤/万元）
		2010 年	2010 年	2004 年
1	煤炭开采和洗选业	11717.9	3.7671	2.6626
2	石油和天然气开采业	3609.7	1.0071	1.1299
3	石油加工、炼焦及核燃料加工业	12873.5	5.2353	7.6775
4	电力、热力的生产和供应业	16984.5	2.7252	3.0176
5	煤气生产和供应业	754.5	3.0311	3.2597
6	采矿业	2363.0	1.4056	1.6220
7	食品制造及烟草加工业	6165.9	0.6345	0.7100
8	纺织业	6205.3	1.4653	1.6942
9	服装皮革羽绒及其制品业	1290.1	0.3160	0.3555
10	木材加工及家具制造业	1011.0	0.5402	0.6222
11	造纸及纸制品业	3756.1	2.5139	2.9633
12	印刷及文教用品制造业	838.7	0.4357	0.4962
13	化学工业	29738.9	3.1432	3.6506
14	建材工业	16945.6	4.0990	5.1098
15	黑色金属冶炼及压延加工业	32287.9	6.3353	7.5686
16	有色金属冶炼及压延加工业	7320.4	4.1245	5.0230
17	金属制品业	2766.7	1.0060	1.1572
18	通用、专用设备制造业	4283.9	0.5910	0.6389
19	交通运输设备制造业	3229.6	0.5855	0.6483
20	电气机械及器材制造业	1817.9	0.3971	0.4421
21	通信设备、计算机及其他电子设备制造业	1980.7	0.3171	0.3626
22	仪器仪表及文化、办公用机械制造业	266.4	0.2570	0.2911
23	其他制造业	1711.9	1.4743	1.6772
24	水的生产和供应业	848.8	1.5912	1.9281
25	农、林、牧、渔、水利业	9884.0	0.3991	0.4340
26	建筑业	4661.5	0.3874	0.4159
27	交通运输、仓储和邮政业	19929.6	1.1792	1.2681
28	批发、零售业和住宿、餐饮业	7114.1	0.3012	0.3361
29	其他行业	13145.8	0.2082	0.2291
	生产过程消耗能源合计	225503.9	0.9777	1.2444
	生活消耗	30656.5	—	—
	能源总消耗	256160.4	1.1106	1.3900

表 5 - 14 高、中、低方案下结构节能 + 技术节能 + 行业内产品调整后 2010 年各产业增加值（2005 年价）、增长率、产业结构

项 目	GDP	第一产业	第二产业	工业	建筑业	第三产业	交通运输仓储邮电通信业	批发零售餐饮业
产业增加值（亿元）								
2005 年	183084.8	23070.4	87046.7	76912.9	10133.8	72967.7	10526.1	13534.5
2010 年高方案	287685.1	30887.1	133473.6	116679.3	16794.6	123324.4	14423.4	22463.5
2010 年中方案	274826.2	30687.1	125578.3	110323.2	15258.9	118560.9	13886.7	21559.2
2010 年低方案	262458.6	30681.7	118054.1	104241.9	13819.3	113722.7	13369.9	20680.1
2005 ~ 2010 年均增长率（%）								
2010 年高方案	9.5	6.0	8.9	8.7	10.6	11.1	6.5	10.7
2010 年中方案	8.5	5.9	7.6	7.5	8.5	10.2	5.7	9.8
2010 年低方案	7.5	5.9	6.3	6.3	6.4	9.3	4.9	8.8
产业结构（%）								
2005 年	100.0	12.6	47.5	42.0	5.5	39.9	5.7	7.4
2010 年高方案	100.0	10.7	46.4	40.6	5.8	42.9	5.0	7.8
2010 年中方案	100.0	11.2	45.7	40.1	5.6	43.1	5.1	7.8
2010 年低方案	100.0	11.7	45.0	39.7	5.3	43.3	5.1	7.9

第四节 结论

　　本章从两个方面考虑了节能降耗：一是通过产业结构调整和产业内部产品结构调整实现节能，这是结构调整节能；二是通过技术进步、技术改造，提高能源使用效率实现节能，这是技术节能。利用投入产出模型，在预设 2006 ~ 2010 年经济增长目标高、中、低方案下，从最终产品出发，调整消费和投资比重，实现产业结构调整节能，通过技术进步、技术改造，相应修改直接消耗系数，实现技术节能和产业内产品结构调整节能。测算结果表明，实现 2010 年单位 GDP 能耗比 2005 年下降 20% 是有可能的，前提是消费和投资的比重大致恢复到 2000 年的水平，同时采取相应的技术进步、技术改造手段，辅以相应的产业内产品结构调整。万元 GDP 能耗下降 20 个百分点包括三部分：产业结构调整的能耗下降 9 ~ 10 个百分点，技术进步的能耗下降 6 个百分点左右，行业内产品结构调整的能耗下降 4 个百分点左右。

参考文献

钟契夫、陈锡康主编《投入产出分析》，中国财政经济出版社，1987。

国家统计局国民经济核算局编《2002 年中国投入产出表》，中国统计出版社，2006。

沈利生：《节能降耗方案设计与测算结果》，载于陈佳贵主编《中国经济持续增长展望——机遇与挑战》，社会科学文献出版社，2007。

第六章
中国实现节能减排约束性指标的
路径选择与政策组合

——淘汰落后产能政策及其影响的动态 CGE 模型评估

　　我国经济社会发展的"十一五"规划提出了我国在"十一五"期间使单位 GDP 能耗降低 20%、主要污染物排放总量减少 10% 这两个节能减排方面的主要约束性指标。淘汰落后产能，是我国在应对金融危机、促进产业振兴时，抓住机遇，推进结构转型升级、实施节能减排、应对气候变化的重要举措之一。这项措施的实施，有力地推动了我国"十一五"节能减排两个约束性指标的实现，为我国在"十二五"期间进一步推动节能减排提供了一个关键性的政策选择。

　　"十一五"期间，淘汰落后产能在实践中是通过逐步强化行政性目标分解和问责制，推动微观企业按指令性约束而推进的，因此，"十一五"期间我国淘汰落后产能的实践高度依赖行政性手段和问责制。淘汰落后产能的高度行政性手段路径相对直接，见效也快，但也备受争议。引起争议的是，淘汰落后产能的高度行政性手段由于过高的行政性成本而难以持续，隐含着规划功能增强、市场机制软化，其结果是在推进节能减排和结构升级的同时，引致了经济增速放缓，抑制了部分行业的劳动力就业，加剧了成本推动型通货膨胀。

　　本章分三部分展开。在第一部分，简要追踪和评述我国在"十一五"期间推进的淘汰落后产能的规划调整和实施绩效，目的在于深化理解淘汰落后产能相应的内在要求及其作用机制。在第二部分，先示例性地根据相关行业的产能和新增产能估算淘汰落后产能隐含的折旧率等值提高的幅度，将其作为反映淘汰落后产能规划的政策冲击；然后，应用包含能源政策工具的中国动态可计算一般均衡（PRCGEM）模型，就淘汰落后产能隐含的提高折旧率等值的影响进行实验性动态模拟和分析，评估和理解淘汰落后产能对节能减排、经济增长、结构调整、就业和价格变动的影响和效应。在第三部分，总结给出研究的基本结论及政策含义，以便我国在"十二五"期间完善淘汰落后产能的政策组合和作用机制，综合协调节能减排与经济增长、结构转型和通货膨胀的关系。

第一节　淘汰落后产能规划实施及绩效

2006 年，我国制定并开始实施《"十一五"规划纲要》（国家发改委，2006a）。根据我国"十五"规划的实施经验教训和全面建设小康社会的总体要求，我国"十一五"规划提出了"十一五"期间使单位 GDP 能耗降低 20%、主要污染物即二氧化硫和化学需氧量的排放总量减少 10% 两个约束性指标，并建议按照控制总量、淘汰落后、加快重组、提升水平的原则，着力解决冶金、化工、建材建筑业、轻纺工业中的过剩和落后产能，加快调整原材料工业的结构和布局，推进工业结构优化升级。特别的，"十一五"规划明确节能减排的这两项量化指标是约束性指标，在相对于预期性指标主要依靠市场主体的自主行为实现的基础上，进一步明确并强化了政府要通过合理配置公共资源和有效运用行政力量确保实现的责任。"十一五"规划在实施中逐步把淘汰落后产能作为实现"十一五"规划节能减排两个约束性目标的一个关键措施，要求政府加强责任，有效运用行政力量推进。

一　淘汰落后产能的规划调整及逐步强化

"十一五"期间，淘汰落后产能是在抑制产能过剩、促进结构调整和产业升级中逐步强化的。此期间，我国在建立落后产能退出机制、完善市场劣汰功能方面进行了机制探索和创新。淘汰落后产能对实施产业调整和规划、引导产业健康发展发挥了建设性作用，也为培育和发展战略性新兴产业（国务院，2010c）提供了基础和空间。

落后产能是在产能过剩条件下由于其资源能源消耗高、环境污染重、二氧化碳超排多、安全无保障而需要淘汰的。一方面，落后产能成为提高工业整体水平、落实应对气候变化举措、完成节能减排任务、实现可持续发展的严重制约。另一方面，落后产能还与先进产能争市场、抢资源，在市场缺乏完善的优胜劣汰机制条件下，落后产能甚至可能驱逐先进产能。因此，淘汰落后产能既是实施节能减排的内在要求和关键措施，也是建立完善落后产能有效退出机制、引导产业结构调整和升级的必然选择和有效措施。

我国关于过剩产能、落后产能的界定标准及衡量，是随着经济社会对产业结构转型、环境和生态改善的要求而逐步明确和定量化的。我国现行的产能的界定标准及衡量，主要根据工程技术意义上企业生产所能达到的最高生产能力而确定。这样的"技术产能"通常比实际的经济产能偏大很多。我国现行的过剩产能的界定标准及衡量，主要根据相对于技术产能的产能利用率（张新海，2010）、设备开工率等实物量指标而确定，还没有通过引入库存增加、资金周转速度等指标来确定相应的综合性指标体系，以便进行科学评价。我国现行的落后产能的界定标准及衡量，不仅根据企业和行业层次的生产工艺和技术确定，而且根据生产能力造成的能耗、生态和环保方面的后果确定，更多参照并依据社会公众要求更严格的能耗、环保指标等确定（吕铁等，2010）。原则上，过剩产能更多反映技术支持和市场容纳的产能，落后产能更多反映与技术水平相应的不符合能耗环保标准的产能，因此过剩产能不一定是落后产能，落后产能也不一定是过剩产能。不过，我国实践中的淘汰落后产能以产能过剩为条件，因此过剩产能一般包括落后产能，而落后产能的淘汰、退出一般能改变市场的供求关系，减轻产能过剩的程度。

"十一五"期间，我国一些行业盲目扩张情况逐渐显现，以生产能力大于市场需求为特征的产能过剩情况逐步加剧。根据国家发改委2006年关于焦炭、电石、铁合金行业（国家发改委，2006b）和铝工业（国家发改委，2006c）结构调整进展情况通报，2005年，我国铁合金生产企业有1570家，生产能力2200万吨，但当年铁合金产量为1067万吨，产能利用率仅48%；电石生产企业有440多家，生产能力已达1700万吨，当年产量894万吨，设备开工率仅53%；焦化生产企业约有1400多家，机焦生产能力已达3亿吨以上，当年焦炭产量2.3亿吨，产能利用率仅60%～70%，但在建和拟建能力都达3000万吨；电解铝生产企业有95家，生产能力达1070万吨，闲置能力达到290万吨。至于钢铁、水泥、平板玻璃和电解铝行业产能过剩情况，根据国务院2009年批转国家发改委等部门的通知（国务院，2009），到2008年，我国粗钢产能6.6亿吨，需求仅5亿吨左右，约25%的钢铁及制成品依赖国际市场；水泥产能18.7亿吨，其中落后产能约5亿吨，当年水泥产量14亿吨，过剩产能约25%；全国平板玻璃产能6.5亿重箱，产量5.74亿重箱，过剩产能约12%；我国电解铝产能为1800万吨，占全球42.9%，产能利用率仅73.2%。

我国自 2003 年开始对钢铁、电解铝、水泥行业实施宏观调控，对一些产能过剩行业推进结构调整。2005 年，国务院发布实施《促进产业结构调整暂行规定》（国务院，2005），要求按照该暂行规定鼓励和支持发展先进生产能力，限制和淘汰落后生产能力，防止盲目投资和低水平重复建设，切实推进产业结构优化升级。

为加快抑制产能过剩、促进结构调整和产业升级，"十一五"以来我国政府逐步强化了淘汰落后产能等措施。2006 年，国务院发布《关于加快推进产能过剩行业结构调整通知》（国务院，2006），指出：钢铁、电解铝、电石、铁合金、焦炭、汽车等行业产能已经出现明显过剩；水泥、煤炭、电力、纺织等行业当时虽然产需基本平衡，但在建规模很大，也潜藏着产能过剩问题。部分行业产能过剩，给经济和社会发展带来了负面影响，但同时也为推动结构调整提供了机遇，为淘汰一部分落后的生产能力提供了条件。国家在宏观调控的过程中，已经积累了产业政策与其他经济政策协调配合的经验，为推进产业结构调整、淘汰落后生产能力提供了一定的制度规范和手段。2006 年推动产能过剩行业结构调整的重点措施是重组、改造、淘汰等。2009 年，为应对国际金融危机，国务院制定并开始组织实施钢铁、汽车、造船、石化、轻工、纺织、有色金属、装备制造、电子信息、物流十大重点产业调整和振兴规划，在通过重点产业调整和振兴保增长中从严控制高耗能、高排放行业盲目扩张，加大淘汰落后产能的力度，完善淘汰落后产能退出机制；随后，国务院批转国家发改委等部门《关于抑制部分行业产能过剩和重复建设引导产业健康发展的若干意见》（国务院，2009），根据钢铁和水泥等产能过剩的传统产业盲目扩张、风电设备和多晶硅等新兴产业出现重复建设倾向，要求严格控制产能过剩行业盲目扩张和重复建设，推进企业兼并重组和联合重组，加快淘汰落后产能，引导新兴产业有序发展。2010 年，为了促进产业结构调整和优化升级、推进节能减排，国务院印发了《关于进一步加强淘汰落后产能工作的通知》（国务院，2010a），进一步明确以电力、煤炭、钢铁、水泥、有色金属、焦炭、造纸、制革、印染等行业为重点的淘汰落后产能的阶段性具体目标任务，并明确由工信部、国家能源局分别负责分解落实国务院确定的淘汰落后产能分省、分行业年度目标任务和实施方案，明确由工信部牵头，国家发改委和财政部等多部委组成淘汰落后产能工作部际协调小组组织领导，强化政策约束机制，完善政策激励机制，健全监督检查机制，确保淘汰落后产能工作取得成效。

二 淘汰落后产能规划的顶层设计与目标任务分解

"十一五"期间,淘汰落后产能逐步成为我国政府综合性节能减排工作中的一个关键性措施,随着实现节能减排约束性目标的逐步强化,我国淘汰落后产能相应的规划及其调整机制逐步深化和完善;淘汰落后产能规划的顶层设计与逐步完善的自上而下的目标任务分解机制相结合,保证了淘汰落后产能规划及节能减排约束性目标的有效性。

2007年,根据"十五"规划实施的教训和"十一五"规划约束性指标的约束性要求,国务院(2007)印发国家发改委会同有关部门制订的《节能减排综合性工作方案》,要求充分认识到节能减排约束性指标是强化政府责任的指标和庄严承诺,要求建立健全节能减排工作责任制和问责制,在把节能减排各项工作目标和任务逐级分解的基础上把节能减排指标完成情况纳入各地经济社会发展综合评价体系,用于政府领导干部综合考核评价和企业负责人业绩考核,并具体明确了"十一五"期间和2007年电力、炼铁、炼钢、电解铝、铁合金、电石、焦炭、水泥、玻璃、造纸、酒精、味精、柠檬酸13个行业淘汰落后产能总体目标和任务要求,将其作为结构性节能减排的重要措施。根据2007年节能减排综合性工作方案,"十一五"期间这些淘汰落后产能目标的实现可以节能1.18亿吨标准煤、减排二氧化硫240万吨、减排化学需氧量138万吨,其中2007年可以实现节能3150万吨标准煤、减排二氧化硫40万吨、减排化学需氧量62万吨。国家发改委、环保部(当时的国家环保总局)(2007)随后明确了"十一五"期间淘汰造纸、酒精、味精、柠檬酸的落后产能分年度目标任务,估计相应的淘汰落后产能目标的实现可以减排化学需氧量124.2万吨。

2008年,国务院办公厅(2008)印发《2008年节能减排工作安排》,要求进一步加大节能减排力度,加快电力、钢铁、电解铝、铁合金、水泥、焦炭、电石、平板玻璃等行业淘汰落后产能,于当年关停小火电1300万千瓦,分别淘汰水泥、钢、铁、电解铝、铁合金、小机焦、电石、平板玻璃、造纸落后产能5000万吨、600万吨、1400万吨、15万吨、80万吨、1500万吨、50万吨、600万重箱、106万吨,并决定强化目标责任评价考核、实施严格的问责制。

2009年,国务院办公厅(2009)印发《2009年节能减排工作安排》,根据"十一五"头3年节能目标完成进度落后于时间进度的状况,要求加强目标责任考核，进一步加大节能减排力度，在组织落实十大产业调整和振兴规划过程中从严控制高耗能、高排放行业盲目扩张，加大淘汰落后产能的力度，2009 年"上大压小"关停小火电机组 1500 万千瓦，淘汰落后产能炼铁 1000万吨、炼钢 600 万吨、水泥 5000 万吨、造纸 50 万吨、铁合金 70 万吨、焦炭600 万吨，并结合目标要求完善淘汰落后产能退出机制、公告淘汰落后产能企业名单。工信部（2009）将相关行业 2009 年淘汰落后产能任务分省予以进一步明确分解落实，规划淘汰落后产能炼铁 2113 万吨、炼钢 1691 万吨、水泥7416 万吨、造纸 50.7 万吨、铁合金 162.1 万吨、焦炭 1809.1 万吨、电石46.68 万吨、电解铝 31.35 万吨、平板玻璃 600 万重箱、酒精 35.5 万吨、味精3.5 万吨、柠檬酸 0.8 万吨，要求采取综合措施，坚持淘汰落后产能与促进产业升级相结合，坚持增量发展和存量调整相结合，统筹考虑淘汰落后、产业升级、经济发展和职工就业等问题，确保 2009 年淘汰落后产能任务按期完成。

2010 年，根据 2009 年第三季度以后高耗能高排放行业快速增长、一些被淘汰的落后产能死灰复燃、能源消耗强度与二氧化硫排放量下降速度放缓甚至由降转升、化学需氧量排放总量下降趋势明显减缓的状况，国务院于 5月 4 日通知要求进一步加大节能减排工作力度（国务院，2010b），加大淘汰落后产能力度，当年关停小火电机组 1000 万千瓦，淘汰落后产能炼铁2500 万吨、炼钢 600 万吨、水泥 5000 万吨、电解铝 33 万吨、平板玻璃 600万重箱、造纸 53 万吨，确保实现"十一五"节能减排目标。工信部随后在沟通协商基础上将当年 18 个行业淘汰落后产能的目标任务分解下达到各省市，要求各省市进一步分解到县市、落实到企业。当年淘汰落后产能下达的目标任务为：炼铁 3000 万吨、炼钢 825 万吨、水泥 9155 万吨、电解铝 33.9万吨、平板玻璃 648 万重箱、造纸 432 万吨、焦炭 2127 万吨、铁合金 144万吨、酒精 67.7 万吨、电石 71.8 万吨、味精 18.9 万吨、柠檬酸 1.7 万吨、铜冶炼 11.7 万吨、锌冶炼 11.3 万吨、铅冶炼 24.3 万吨、皮革 1200 万标张、印染 31.3 亿米、化纤 55.8 万吨。各省市随后根据淘汰落后产能目标任务相关的县市和企业的反馈和协商，确定并按要求就本省市 18 个行业淘汰落后产能企业名单进行了公告。工信部在各省市淘汰落后产能企业名单公告的基础上进行了汇总性公告（工信部，2010）。

根据"十一五"时期实施节能减排相应的淘汰落后产能初期规划，以及实施过程中国务院要求加大工作力度而进行的淘汰落后产能年度规划调整落实，可以整理出表 6-1。其中"十二五"和 2011 年重点行业淘汰落后产

表6-1　淘汰落后产能规划及年度规划调整

行业	内容	单位	"十一五"	2006年	2007年	2008年	2009年	2010年	"十二五"	2011年
电力	"上大压小"关停小火电机组	万千瓦	5000	200	1000	1300	1500	1000	2000	—
炼铁	300立方米以下高炉	万吨	10000	2600	3000	1400	1000	2000	4800	3122
炼钢	年产20万吨及以下小转炉小电炉	万吨	5500	47	3500	600	600	753	4800	2794
电解铝	小型预焙槽	万吨	65	9	10	15	31	28.7	90	61.9
铁合金	6300千伏安以下矿热炉	万吨	400	130	120	80	70	144	740	211
电石	6300千伏安以下炉型电石产能	万吨	200	53	50	50	47	71.8	380	152.9
焦炭	炭化室高度4.3米以下的小机焦	万吨	8000	2900	1000	1500	600	2000	4200	1975
水泥	等量替代立窑等落后水泥熟料	万吨	25000	5000	5000	5000	5000	5000	37000	15327
玻璃	落后平板玻璃	万重量箱	3000	—	600	600	600	1200	9000	2940.7
造纸	年产3.4万吨以下草浆生产装置、年产1.7万吨以下化学制浆生产线,排放不达标的年产1万吨以下以废纸为原料的纸厂	万吨	650	210.5	230.0	106.5	50.7	52	1500	744.5
酒精	落后酒精生产工艺及年产3万吨以下企业(废糖蜜制酒精除外)	万吨	160	10.1	40.0	44.4	35.5	30	100	48.7
味精	年产3万吨以下味精生产企业	万吨	20	2.8	5.0	8.7	3.5	—	18	8.4
柠檬酸	环保不达标柠檬酸生产企业	万吨	8	3.3	2.0	1.9	0.8		5	3.55
铜冶炼	密闭鼓风炉、电炉、反射炉等落后炼铜工艺及设备	万吨			—				80	42.5
铅冶炼	采用烧结锅、烧结盘、简易高炉等落后炼铅方式及设备;未配套建设制酸及尾气吸收系统的烧结机炼铅工艺	万吨							130	66.1
锌冶炼	采用马弗炉、马槽炉、横罐、小竖罐(单日单罐产量8吨以下)等进行焙烧,采用简易冷凝设施进行收尘等落后方式炼锌或生产氧化锌制品的生产工艺及设备	万吨							65	33.8
制革	—	万张							1100	487.9
印染	—	亿米							56	19.9
化纤	—	万吨							59	34.98
铅蓄电池	—	万千伏安							746	—

资料来源:根据国家发改委、工信部和环保部的节能减排和淘汰落后产能相关规划和年度调整整理。

能目标任务分解,分别见《"十二五"期间工业领域重点行业淘汰落后产能目标任务》(工信部,2011a)、《2011年工业行业淘汰产能企业名单公告》(工信部,2011b)。

仔细分析"十一五"时期电力、炼铁、炼钢、电解铝、铁合金、电石、焦炭、水泥、平板玻璃、造纸、酒精、味精、柠檬酸13个行业淘汰落后产能规划的力度和节奏及年度调整情况,可以发现:第一,按照"十一五"时期淘汰落后产能的初期规划,相应行业淘汰落后产能的分年度目标任务力度平均、节奏平缓;但是,在淘汰落后产能的具体实施过程中,"十一五"时期各具体年度目标任务的调整落实则随进度而逐步加大,一方面是由于前期的目标任务没有实现而不得不在后期追加力度、调整规划,另一方面则是由于部分发达省市地区逐步制订了更高的淘汰落后产能标准。第二,"十一五"时期淘汰落后产能的初期规划强调了顶层设计,但开始时并没有配套的自上而下的目标任务分解,因此,淘汰落后产能的分年度目标任务只能随着淘汰落后产能的具体实施进度而逐步追加调整;同时,"十一五"时期淘汰落后产能目标任务随进度而强化了自上而下的行政分解,但由于缺乏自下而上的市场性参与动力和创新机制,以至于有些省市地区采取拉闸限电限产政策而非市场性手段来淘汰落后产能、完成节能减排任务。

"十一五"期间,淘汰落后产能作为我国实施节能减排综合性工作的一个关键性举措,其规划调整和实施机制逐步改善,不仅淘汰落后产能规划的调整和实施取得显著成效,而且对完成节能减排目标发挥了关键性直接作用。

三 淘汰落后产能的实施机制及直接效果

"十一五"期间,淘汰落后产能作为我国通过实施节能减排综合性工作以便控制温室气体排放和应对气候变化的一个关键性举措,其实施机制随节能减排约束性目标的逐步强化和国际气候谈判的战略要求而逐步强化到行政性目标分解和问责制。淘汰落后产能规划由于实施行政性目标分解和问责制而实施效果显著,有效地确保了我国淘汰落后产能规划目标的实现及节能减排规划目标的约束性。

2007年,我国开始实施节能减排综合性工作,节能减排取得初步成果。据环保部(2008)统计,全年淘汰和停产整顿了2100多家污染严重的造纸企业,关闭化工企业近500家、纺织印染企业400家,"上大压小"、关停小火电机组 1438 万千瓦，淘汰落后产能水泥 5200 万吨、炼铁 4659 万吨、炼钢 3747 万吨。其对节能减排的直接影响为：在节能方面，2007 年全国单位 GDP 能耗下降 3.27%，比 2006 年多降 1.94 个百分点，节能 8980 万吨标准煤，其中淘汰落后产能节能约 3600 万吨标准煤；在减排方面，2007 年全国二氧化硫和化学需氧量排放总量首次实现双下降，分别降到 1381.8 万吨、2468.1 万吨，比 2006 年分别下降 3.14%、4.66%，其中淘汰落后产能贡献率分别约 30%、25%。

2008 年，我国进一步加大节能减排工作力度，积极实施工程减排、结构减排和管理减排三大措施，节能减排取得显著成效。在节能方面，根据国家发改委（2009）的《中国应对气候变化的政策与行动——2009 年度报告》，2008 年，我国主要高耗能行业单位能耗持续下降，万元 GDP 能耗比 2007 年降低 4.59%；2006～2008 年，我国单位 GDP 能耗累计下降 10.1%，节能约 2.9 亿吨标准煤，相当于减少二氧化碳排放 6.7 亿吨。在减排方面，2008 年全国化学需氧量和二氧化硫排放总量继续保持了双下降的良好态势，而且更重要的是，首次实现了任务完成进度并赶上了时间进度。根据环保部（2009）的《中国环境状况公报 2008》，2008 年，全国化学需氧量排放量降至 1320.7 万吨，比 2007 年下降 4.42%；二氧化硫排放量 2321.2 万吨，比 2007 年下降 5.95%。与 2005 年相比，2008 年全国化学需氧量和二氧化硫排放总量累计分别下降 6.61% 和 8.95%。其中，在结构减排方面，据国家发改委（2009）报告，2008 年全国淘汰和停产整顿污染严重的造纸企业 1100 多家，关闭小火电机组 1669 万千瓦，淘汰落后产能水泥 5300 万吨、炼钢 600 万吨、炼铁 1400 万吨、电石 104.8 万吨、铁合金 117 万吨、焦炭 3054 万吨；据环保部（2009）公报，通过淘汰关停落后产能，全国新增化学需氧量减排量为 34 万吨、二氧化硫减排量为 81 万吨。

2009 年，我国进一步强化淘汰落后产能的目标分解和行政问责制，淘汰电力、炼铁、炼钢、焦炭、水泥、造纸等行业落后产能取得显著进展。根据国家发改委（2010）的《中国应对气候变化的政策与行动——2010 年度报告》，2009 年又关停小火电机组 2617 万千瓦，炼钢、炼铁、水泥、电石、铁合金、焦炭、造纸、玻璃、电解铝行业分别淘汰落后产能 1691 万吨、2113 万吨、7416 万吨、46.7 万吨、162 万吨、1809 万吨、50 万吨、600 万重量箱、30 万吨；2006～2009 年，累计关停小火电机组达到 6006 万千瓦，分别累计淘汰炼钢、炼铁、水泥、焦炭、造纸等行业落后产能 6083 万吨、

8172 万吨、2.14 亿吨、6309 万吨、600 万吨,形成节能能力约 1.1 亿吨标准煤。据张晓强(2010)发言,通过强化淘汰落后产能等综合性节能减排工作,2006~2009 年,我国以能源消费年均 6.8% 的增长率支撑了国民经济年均 11.4% 的增长,单位 GDP 能耗下降 15.6%,节能 4.9 亿吨标准煤,减排二氧化碳 11.3 亿吨;全国化学需氧量排放量下降 9.66%,二氧化硫排放量下降 13.14%。

2010 年,我国更加强化淘汰落后产能的目标分解和行政问责制,综合运用法律、经济、技术及必要的行政手段,大力推动落后产能淘汰工作,淘汰高排放的落后产能成效突出。据工信部和国家能源局(2011)查核公告,2010 年全国淘汰落后产能炼铁 4100 万吨、炼钢 1185.7 万吨、焦炭 2533 万吨、铁合金 245.6 万吨、电石 115.3 万吨、电解铝 37.8 万吨、水泥 14031 万吨、平板玻璃 1843.5 万重箱、造纸 539.2 万吨、酒精 85.2 万吨、味精 23.4 万吨、柠檬酸 1.7 万吨;淘汰电力落后产能 1690 万千瓦,涉及企业 225 家。

据国务院新闻办公室(2011)公告,"十一五"期间全国累计"上大压小"、关停小火电机组 7682.5 万千瓦,淘汰落后产能炼铁 12272 万吨、炼钢 7223.7 万吨、焦炭 10787 万吨、铁合金 524.6 万吨、水泥 3.7 亿吨、造纸 1136.2 万吨、平板玻璃 4500 万重箱等,在关闭化工、纺织、印染、酒精、味精、柠檬酸等重污染企业方面都取得积极进展。

据国家发改委(2011b)初步测算,"十一五"期间,我国单位 GDP 能耗比 2005 年累计下降 19.1%,"十一五"时期通过节能增效,少消耗能源 6.3 亿吨标准煤,减排二氧化碳 14.6 亿吨,基本完成了《"十一五"规划纲要》确定的节能目标任务;2010 年我国化学需氧量和二氧化硫排放总量分别为 1238.1 万吨、2185.1 万吨,"十一五"期间我国化学需氧量和二氧化硫排放总量分别下降 12.45% 和 14.29%,均超额完成"十一五"规划确定的减排任务。

追踪"十一五"时期我国淘汰落后产能规划实施效果及动态进展,可以整理出表 6-2。仔细分析"十一五"时期 13 个行业淘汰落后产能实施进展及绩效,可以发现:第一,"十一五"期间我国淘汰落后产能的年度进展很不平衡,基本上是随年度规划的节能减排约束性目标的强化和行政性目标任务分解到位而逐步强化完成的。第二,比较"十一五"期间我国淘汰落后产能的年度规划与实际进展,我国"十一五"期间淘汰落后产能成效显

表6-2 淘汰落后产能实施情况

行业	内容	单位	2006年	2007年	2008年	2009年	2010年	"十一五"
电力	实施"上大压小"关停小火电机组	万千瓦	121.2	1438	1669	2617	1690	7682.5
炼铁	300立方米以下高炉	万吨	—	4659	1400	2113	4100	12272
炼钢	年产20万吨及以下小转炉小电炉	万吨	—	3747	600	1691	1185.7	7223.7
电解铝	小型预焙槽	万吨	—	—	—	30	37.8	68
铁合金	6300千伏安以下矿热炉	万吨	—	—	117	162	245.6	524.6
电石	6300千伏安以下型电石能	万吨	57	79.5	104.8	46.7	115.3	403.3
焦炭	炭化室高度4.3米以下的小机焦	万吨	3391	—	3054	1809	2533	10787
水泥	等量替代机立窑水泥熟料	万吨	5053	5200	5300	7416	14031	37000
玻璃	落后平板玻璃	万重量箱	100	600	600	600	1843.5	4500
造纸	年产3.4万吨以下草浆生产装置，年产1.7万吨以下化学制浆生产线，排放不达标的年产1万吨以下以废纸为原料的纸厂	万吨	210.5	230	106.5	50	539.2	1136.2
酒精	落后酒精生产工艺及年产3万吨以下企业(废糖蜜制酒精除外)	万吨	10.1	40	44.4	0	85.2	179.5
味精	年产3万吨以下味精生产企业	万吨	2.8	5	8.7	0	23.4	39.9
柠檬酸	环保不达标柠檬酸生产企业	万吨	3.3	2	1.9	0	1.7	9.2
铜冶炼	密闭鼓风炉、电炉、反射炉等落后炼铜工艺及设备	万吨	100	—	—	—	24.7	124.7
铅冶炼	采用烧结锅、烧结盘、简易高炉等落后方式炼铅工艺及设备；未配套建设烟气吸收系统的烧结机炼铅工艺	万吨	35	—	—	—	32	67.0
锌冶炼	采用马弗炉、马槽炉、横罐、小竖罐(单台单罐产量8吨以下)等进行焙烧、采用简易冷凝设施进行收尘等落后方式炼锌或生产氧化锌品的生产工艺及设备	万吨	56	—	—	—	29.6	85.6
制革	—	万张	—	—	—	—	1575	1575.0
印染	—	亿米	—	—	—	—	41.9	41.9
化纤	—	万吨	—	—	—	137	68.3	205.3

资料来源：根据国家发改委、工信部和环保部的节能减排和淘汰落后产能相关通报整理。

著，基本都超额完成了淘汰落后产能的预期目标，但行政性目标分解和落实机制仍然面临挑战。

我国目前淘汰落后产能的相关行业具有一定的国际市场性，比如落后过剩的平板玻璃产能由于国际市场需求价格上涨而淘汰进程不很顺利。尽管初步测算"十一五"期间淘汰落后和过剩平板玻璃产能 4500 万重箱，但具体追踪其淘汰进程却发现大约只完成 3643.5 万重箱。一般认为，完善市场劣汰功能、建立长效退出机制应该是相应行业淘汰落后产能的根本途径，比如张新海（2007）；行政手段虽然可以保证尽快取得成效，但难以保持长期效果。2011 年淘汰落后产能的进展表明，政策放松很可能带来落后产能的反弹。

第三，淘汰落后产能作为结构性节能减排的关键性措施与其他工程性、结构性、管理性节能减排措施共同发挥作用，推动了淘汰落后产能规划目标及节能减排约束性目标的完成和实现，但截至目前的研究强调了其直接绩效，却对其综合影响和效应，特别是其对经济增长、经济结构调整、就业和通货膨胀的影响缺乏系统性评估和分析。规范地估计和分析"十一五"期间我国淘汰落后产能的综合性影响和效应，有助于我们进一步理解相应的经验教训和作用机制，改善"十二五"时期我国节能减排综合性工作（国务院，2011）的绩效评估和工作机制。

第二节　淘汰落后产能的影响及机制：
中国动态 CGE 模型应用

伴随着发展和改革开放进入新阶段，我国经济主体多元化，公共政策工具市场化，经济决策和经济主体之间的博弈和反馈开始发挥作用，增强了公共政策在城乡、区域、经济社会发展和环境方面影响的复杂性和不平衡性。贯彻落实科学发展观，构建社会主义和谐社会，意味着要加强公共政策的优化组合和综合协调，兼顾公共政策在经济、社会和环境方面对城乡、区域、经济社会的发展和就业、收入分配、环境的系统影响。

从国内外公共政策研究实践来看，可计算一般均衡（CGE）模型由于其严格的理论基础、多部门联系、价格内生等方面的优势，而成为公共政策模拟和分析的标准工具之一，在能源和环境政策模拟和分析方面逐渐显示其广阔的应用前景。开发并应用可计算一般均衡（CGE）模型，可以系统地进行能源和环境政策对经济、社会和环境的综合影响模拟和优化组合选择。我们在开发和应用中国动态 CGE（PRCGEM）模型进行能源和环境政策分析模拟和决策支持方面已经进行了多年的研究（郑玉歆、樊明太，1999），其中包括应用于实施碳税、减排二氧化碳的政策模拟以及贸易自由化对环境影响的政策模拟等。

为了研究我国实现"十一五"节能减排约束性指标的路径选择与政策组合，综合评估我国节能减排综合性工作中淘汰落后产能这种结构性关键措施的系统影响和效应，我们进一步改进和应用中国动态 CGE（PRCGEM）模型，进行了四方面的工作。第一，在 CGE 模型的基期数据方面，细化能源和环境方面的数据，特别是在将 2002 年投入产出表扩展到 2007 年的同时，引入 2007 年能源和环境方面的相关数据。第二，调整中国动态 CGE（PRCGEM）模型，细化 CGE 模型中能源和环境方面的供给、需求和定价机制，特别是结构调整、技术进步和价格机制。第三，加强模型有效性及基准情景预测。加强模型有效性，需要深化研究 2002～2007 年我国经济发展的历史分解和基准预测，通过历史分解细化 2002～2007 年结构调整和技术进步，以便提供政策模拟相应的基准预测，即假设在相应发展模式转变和结构、技术和价格框架下，模拟实现"十一五"约束性指标所要求的经济增长及相应的发展路径。第四，进行政策模拟，特别是淘汰落后产能相应的政策模拟。考虑的政策组合有：通过关停并转等行政性规制，使结构调整取得一定的进展；通过价格调整使供需行为发生一定的变化；通过投资、进口等使技术进步有所改善。可以预期，这三方面政策的组合会影响发展路径，对降低能耗、减少排放产生一定的影响，但也会对地区、城乡、行业等的经济社会发展的不平衡产生一定的影响。通过模拟，可以确定政策的优化组合和对发展的综合影响。

我们认为，要全面评估和看待我国淘汰落后产能的绩效，不仅要量化估计其直接绩效，即淘汰落后产能的具体成效及对节能减排的直接影响，而且要量化估计其间接绩效及综合性影响，特别是其对经济增长、结构调整、就业和价格变动的综合性影响。

不过，这里我们只试图应用中国动态 CGE（PRCGEM）模型，定量估计淘汰落后产能相应的折旧率等值变动的影响。这里隐含使用的作用机制，指淘汰落后产能在一定程度上会提高淘汰落后产能相应产业的折旧率等值，在推进淘汰落后产能、节能减排和结构升级的同时，会引致经济增速放缓，抑制部分行业的劳动力就业，加剧成本推动型通货膨胀。

一 政策变动冲击：淘汰落后产能相应产业的折旧率等值变动

应用中国动态 CGE（PRCGEM）模型估计淘汰 13 个产业落后产能的影响，首先需要将分行业淘汰落后产能的政策工具变动引入模型。相应的实现方式，一是使用澳大利亚学者 Dixon and Rimmer（2010）采用的资本存量有效使用率作为产能变动的政策工具；二是使用分行业单位产出能耗作为技术变动引入。不过，我们这里试图采用折旧率等值变动来代表淘汰落后产能政策变动。

这里要使用的折旧率等值估计，不同于会计意义上的资金性折旧率，而相当于资本存量动态调整机制中的实物性折旧率。我们知道，资本存量动态调整机制可以表示为：

$$K_t(i) = [1 - d_t(i)]K_{t-1}(i) + I_t(i) \qquad (6-1)$$

其中，$K_t(i)$、$I_t(i)$ 分别代表时间 t 时产业 i 的资本存量、新增资本形成；$d_t(i)$ 代表时间 t 时产业 i 的资本有效折旧率，一般情形下假设为不随时间变化的固定参数。在一定的资本存量–产能比率假设下，我们可以用如下公式衡量淘汰落后产能相应行业的折旧率等值（Depreciation Equivalence），代表相应的实物性折旧率：

$$d_t(i) = \frac{X_t(i) - [Y_t(i) - Y_{t-1}(i)]}{Y_{t-1}(i)} \qquad (6-2)$$

其中，$Y_t(i)$、$X_t(i)$ 分别代表时间 t 时产业 i 的产能、新增产能。

我们采用式（6-2）衡量淘汰落后产能相应行业的折旧率等值及其变动。这实际上隐含着至少三方面假定：①落后产能的淘汰力度相当于资本存量的折旧力度，这允许以产能代替资本存量进行折旧率等值估计。②新增资本与已形成资本并非完全同质，这通过新旧资本具有不同的折旧率反映。③新增资本与已形成资本相应的能耗系数、污染物排放系数等隐含的技术系数存在差异，这种差异通过折旧率影响相关比价关系反映。尽管采用折旧率等值变动作为代表淘汰落后产能政策变动具有局限性，但由于数据可得性等限制，我们这里暂没有基于年度资本（Vintage Capital）的异质性而将落后产能相应的资本分离出来进行更细化的衡量和影响估计。

我们分两步估计 2006 ~ 2015 年淘汰落后产能相关 13 个产业在投入产出核算中相应的 10 个行业的折旧率等值变动。由于产能统计事实上很有争议，相关行业产能及其变动的统计数据缺乏系统性框架和可得数据，我们先根据数据可得性，就焦炭、粗钢、水泥、平板玻璃的折旧率等值变动进行了案例性估计，得到的结果见表 6 - 3。

表 6 - 3　关于淘汰的落后产能相应的折旧率等值变动的估计案例

项　目	焦炭	粗钢	水泥	平板玻璃
单位	亿吨	亿吨	亿吨	亿重箱
产能（年）	3.0（2005）	6.6（2008）	18.7（2008）	6.5（2008）
2009 年新增产能	—	0.29	3.80	1.02
2010 年新增产能	—	0.14	4.36	1.78
2009 年淘汰产能	—	0.06	0.50	0.06
2010 年淘汰产能	—	NA	0.50	0.12
2009 年折旧率变动百分点	NA	0.91	2.67	0.92
2010 年折旧率变动百分点	NA	NA	2.27	1.61
"十一五"年均折旧率变动百分点	2.63	NA	NA	NA

资料来源：根据国家发改委相应的产能估计计算。

然后，我们又根据"十一五"时期实施、"十二五"规划的淘汰落后产能年度调整数据，估计了 2006 ~ 2015 年相应的 10 个行业的折旧率等值变动，并将其作为淘汰落后产能的政策冲击引入模型进行实验性动态模拟。图 6 - 1 给出了 2006 ~ 2015 年淘汰落后产能政策隐含的 10 个行业折旧率等值变动情景。

二　淘汰落后产能相应的影响

在确定淘汰落后产能相应规划的政策变动动态情景后，我们应用改进的中国动态 CGE（PRCGEM）模型，模拟了淘汰落后产能对节能减排、经济增长、结构调整、就业和通货膨胀的动态影响。需要强调的是：第一，由于产能估计的方法局限性和数据可得性，而且折旧率等值的动态变动也依赖于根据淘汰落后产能的规划目标和实施进行年度调整，因此，

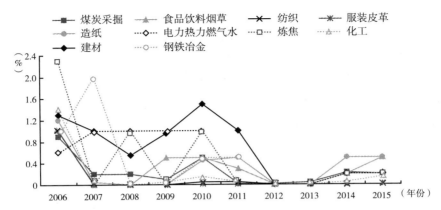

图 6-1　2006~2015 年淘汰落后产能政策隐含的 10 个行业折旧率等值变动情景

资料来源：模型动态模拟的政策实验情景。

这里关于折旧率等值变动的政策情景设计只具有实验性意义，可以进一步改进。第二，这里关于淘汰落后产能动态影响的模拟数值，高度依赖于行为参数和折旧率等值变动的政策情景设计，因此在相当程度上具有实验模拟性。从实验模拟到现实再现还有很多制约，特别是历史分解模拟等方面的制约。因此这种实验模拟更多地反映作用机制和传导过程，把握淘汰落后产能动态影响的模拟数值必须结合作用机制及相应的政策情景设计。

　　我们关于淘汰落后产能影响的动态 CGE 模型模拟，是在年度动态基准预测基础上的模拟，因此，图 6-2 特别给出了 2006~2015 年淘汰落后产能对直接相关 10 个行业及全国能源消耗变动率的影响，图 6-3 特别给出了 2006~2015 年淘汰落后产能对直接相关 10 个行业及全国二氧化碳排放变动率的影响，图 6-4 特别给出了 2006~2015 年淘汰落后产能对直接相关 10 个行业及全国增加值变动率的影响，图 6-5 特别给出了 2006~2015 年淘汰落后产能对直接相关 10 个行业及全国就业需求变动率的影响，图 6-6 特别给出了 2006~2015 年淘汰落后产能对直接相关 10 个行业及全国增加值缩减指数变动率的影响。

　　但是，我们下面的分析则集中强调对模型中 33 个行业相关指标年均变动率的影响，目的在于强化分析其相应的隐含机制。具体结果为：表 6-4 给出了对宏观总量年均变动率的影响；表 6-5 给出了对 33 个行业能源消耗、二氧化碳排放的变动率影响；表 6-6 给出了对 33 个行业增加值变动

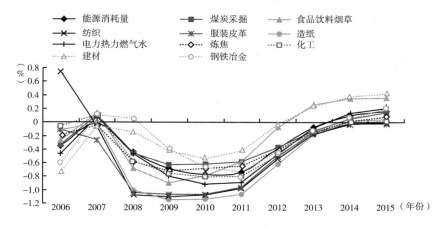

图 6 - 2　2006～2015 年淘汰落后产能对直接相关 10 个行业
及全国能源消耗变动率的影响

资料来源：模型动态模拟结果之一。

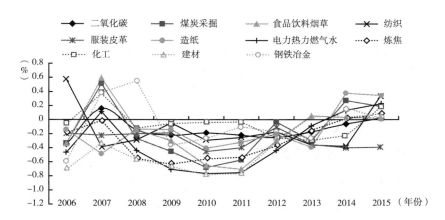

图 6 - 3　2006～2015 年淘汰落后产能对直接相关 10 个行业
及全国二氧化碳排放变动率的影响

资料来源：模型动态模拟结果之二。

率、就业变动率的影响；表 6 - 7 给出了对 33 个行业增加值缩减指数变动率、单位增加值能耗变动率的影响。分析其影响结果及隐含机制，可以得到如下初步结论。

（1）"十一五"时期的淘汰落后产能规划具有节能减排效应，会引致能源消耗年均变动率降低 0.45%、二氧化碳排放量年均变动率降低 0.15%（见表 6 - 4）。在分行业层次上，由于淘汰落后产能相关行业具有

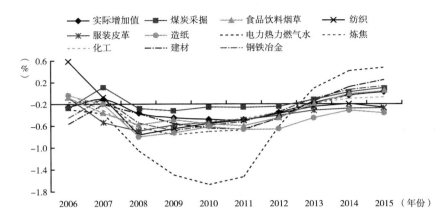

图6-4 2006~2015年淘汰落后产能对直接相关10个行业及全国增加值变动率的影响

资料来源：模型动态模拟结果之三。

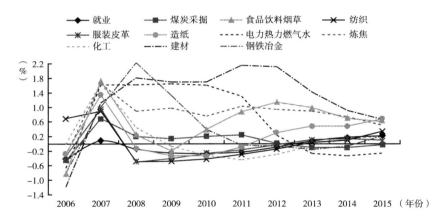

图6-5 2006~2015年淘汰落后产能对直接相关10个行业及全国就业需求变动率的影响

资料来源：模型动态模拟结果之四。

的前后向联系，其对33个行业的能源消耗年均变动率、二氧化碳排放量年均变动率具有不同程度的影响，但基本上都具有节能减排影响（见表6-5）。总体而言，"十一五"时期的淘汰落后产能规划，会引致全国单位GDP能耗下降，但对不同行业的单位增加值能耗的下降幅度具有不同影响（见表6-7）。

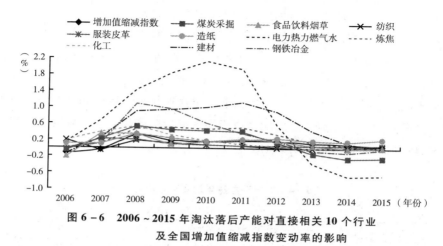

图 6 - 6　2006～2015 年淘汰落后产能对直接相关 10 个行业
及全国增加值缩减指数变动率的影响

资料来源：模型动态模拟结果之五。

（2）"十一五"时期的淘汰落后产能规划，虽然有利于节能减排，但会引致经济增速放缓，使 GDP 年均变动率降低 0.33%，其中实际资本形成变动率降低 0.29%，贸易平衡占 GDP 比重下降 0.01%（见表 6 - 4）。在分行业层次上，其对 33 个行业的不变价增加值年均变动率具有不同程度的影响，但基本上具有结构调整效应，即在使所有行业的经济增速放缓的同时，也使高耗能产业相对于其他行业得到相对抑制（见表 6 - 6）。

（3）"十一五"时期的淘汰落后产能规划，虽然有利于节能减排，但会引致就业增速放缓，使就业年均变动率降低 0.20%，其中城镇就业变动率降低 0.18%，农村就业变动率降低 0.32%（见表 6 - 4）。在分行业层次上，其对 33 个行业的就业年均变动率具有不同程度的影响，就业结构调整效应显著，即在使一部分行业的就业增速放缓的同时，也使高耗能产业的劳动替代资本效应增强（见表 6 - 6）。

（4）"十一五"时期的淘汰落后产能规划，虽然有利于节能减排，但提高折旧率等值在理论机制上会引致资本租金率提高。资本租金率的提高进一步传导，会引致投资品价格上涨、居民消费价格上涨，直至 GDP 缩减指数增长。因此，在理论机制上，淘汰落后产能具有通货膨胀效应。

根据实验模拟结果，"十一五"时期的淘汰落后产能规划会引致资本租金率年均提高 0.35%，使投资品价格、居民消费价格分别年均上涨 0.15%、0.09%，从而使 GDP 缩减指数年均增长 0.10%（见表 6 - 4）。在分行业层

次上，"十一五"时期的淘汰落后产能规划会引致大部分第二产业的增加值
缩减指数上涨，只是上涨程度不一样，增加值缩减指数上涨幅度最低的是木
材家具业（0.01%）、最高的是电力热力燃气水的生产和供给业（1.26%）；
不过，"十一五"时期的淘汰落后产能规划对农业、石油加工业、电子业、
货运邮电业、批发零售业、住宿餐饮业、金融业、公共管理和社会组织业则
似乎具有通货紧缩效应，这可能是由于淘汰落后产能规划会引致农业和服务
业的就业增长率下降进而引致的。

表6-4 对宏观总量年均变动率的影响

单位：%

项 目	"十一五"	"十二五"
能源消耗变动率	-0.45	-0.19
二氧化碳排放量变动率	-0.15	-0.14
GDP 缩减指数变动率	0.10	0.14
名义工资变动率	-0.09	-0.27
实际工资变动率	-0.17	-0.36
资本租金率变动率	0.35	0.82
投资品价格变动率	0.15	0.21
居民消费价格变动率	0.09	0.08
出口品价格变动率	0.09	0.09
存货价格变动率	0.04	0.05
人民币实际升值率	-0.09	-0.14
贸易条件变动率	0.09	0.09
实际 GDP 变动率	-0.33	-0.21
城镇就业变动率	-0.18	0.19
农村就业变动率	-0.32	-0.16
就业变动率	-0.20	0.03
资本实际存量变动率	-0.52	-0.60
实际消费变动率	-0.33	-0.21
实际资本形成变动率	-0.29	0.22
实际存货变动率	-0.01	-0.01
实际出口变动率	-0.34	-0.48
实际进口变动率	-0.24	-0.14
贸易平衡占 GDP 比重变动	-0.01	-0.08

资料来源：模型结果。

表 6-5 对分行业能源消耗、二氧化碳排放的影响

单位：%

行　业	能源消耗年均变动率		二氧化碳排放年均变动率	
	"十一五"	"十二五"	"十一五"	"十二五"
农业	-0.65	-0.30	-0.17	-0.06
煤炭采掘	-0.38	-0.17	-0.24	-0.09
石油采掘	-0.38	-0.27	-0.29	-0.43
金属矿采掘	-0.81	-0.22	-0.26	-0.10
其他矿采掘	-0.69	-0.21	-0.35	-0.13
食品饮料烟草加工	-0.50	0.06	-0.17	-0.18
纺织	-0.52	-0.34	-0.09	-0.17
服装皮革业	-0.71	-0.33	-0.25	-0.33
木材家具	-0.57	-0.29	-0.19	-0.04
造纸	-0.68	-0.36	-0.26	-0.04
电力热力燃气水的生产和供给	-0.51	-0.22	-0.45	-0.19
石油加工	-0.34	-0.23	-0.28	-0.21
炼焦	-0.44	-0.22	-0.39	-0.19
化学	-0.41	-0.29	0.02	-0.13
建材	-0.38	0.12	-0.61	-0.18
钢铁等冶金	-0.30	-0.21	-0.06	-0.07
金属制品	-0.76	-0.10	-0.29	-0.04
机械	-0.55	-0.09	-0.58	-0.06
交通	-0.75	-0.22	-0.32	-0.10
电气	-0.71	-0.24	-0.42	-0.05
电子	-0.45	-0.57	-0.09	-0.53
仪器仪表	-0.62	-0.29	-0.17	-0.08
维修	-0.64	-0.25	-0.18	-0.07
其他制造业	-0.63	-0.28	-0.02	-0.09
建筑	-0.63	0.24	-0.37	0.25
货运邮电业	-0.62	-0.17	-0.17	-0.05
批发零售业	-0.65	0.00	-0.30	-0.01
住宿餐饮业	-0.46	-0.17	-0.13	-0.08
客运业	-0.36	-0.25	-0.03	-0.17
其他社会服务业	-0.70	-0.14	-0.21	-0.01
教育卫生社保和福利业	-0.65	-0.26	-0.24	-0.06
金融业	-0.69	-0.23	-0.23	-0.07
公共管理和社会组织业	-0.65	-0.25	-0.16	-0.05

资料来源：模型结果。

表 6 – 6　对分行业增加值、就业的影响

单位：%

行　业	增加值年均变动率		就业年均变动率	
	"十一五"	"十二五"	"十一五"	"十二五"
农业	– 0.26	– 0.17	– 0.32	– 0.16
煤炭采掘	– 0.20	– 0.10	0.15	0.00
石油采掘	– 0.07	– 0.22	– 0.18	0.15
金属矿采掘	– 0.42	– 0.15	– 0.50	– 0.04
其他矿采掘	– 0.35	– 0.11	– 0.31	– 0.05
食品饮料烟草加工	– 0.42	– 0.24	0.26	0.86
纺织	– 0.29	– 0.31	0.04	0.01
服装皮革业	– 0.49	– 0.35	– 0.12	0.03
木材家具	– 0.23	– 0.32	– 0.36	0.11
造纸	– 0.48	– 0.49	0.05	0.37
电力热力燃气水的生产和供给	– 0.98	– 0.24	1.16	0.13
石油加工	– 0.30	– 0.28	0.58	0.89
炼焦	– 0.48	– 0.26	0.79	0.82
化学	– 0.43	– 0.24	0.34	0.09
建材	– 0.47	– 0.18	– 1.03	– 1.45
钢铁等冶金	– 0.47	– 0.15	– 0.82	– 0.03
金属制品	– 0.36	– 0.18	– 0.54	0.47
机械	– 0.21	– 0.04	– 0.13	0.17
交通	– 0.36	– 0.18	– 0.34	– 0.04
电气	– 0.31	– 0.35	– 0.38	0.03
电子	– 0.09	– 0.56	– 0.26	– 0.23
仪器仪表	– 0.34	– 0.24	– 0.38	– 0.05
维修	– 0.30	– 0.22	– 0.38	0.03
其他制造业	– 0.37	– 0.23	– 0.27	– 0.05
建筑	– 0.35	0.21	– 0.34	0.42
货运邮电业	– 0.28	– 0.25	– 0.42	0.07
批发零售业	– 0.30	– 0.25	– 0.50	0.34
住宿餐饮业	– 0.21	– 0.31	– 0.34	0.10
客运业	– 0.12	– 0.18	– 0.11	– 0.12
其他社会服务业	– 0.26	– 0.27	– 0.39	0.14
教育卫生社保和福利业	– 0.28	– 0.21	– 0.33	– 0.08
金融业	– 0.25	– 0.34	– 0.40	0.06
公共管理和社会组织业	– 0.32	– 0.21	– 0.38	– 0.07

资料来源：模型结果。

表 6 – 7　对分行业增加值缩减指数、单位增加值能耗变动率的影响

单位：%

行　　业	增加值缩减指数年均变动率		单位增加值能耗年均变动率	
	"十一五"	"十二五"	"十一五"	"十二五"
农业	– 0.06	– 0.15	– 0.39	– 0.12
煤炭采掘	0.33	0.00	– 0.18	– 0.08
石油采掘	0.00	0.04	– 0.31	– 0.05
金属矿采掘	0.05	0.03	– 0.39	– 0.07
其他矿采掘	0.13	– 0.02	– 0.34	– 0.10
食品饮料烟草加工	0.15	0.10	– 0.08	0.31
纺织	0.11	0.04	– 0.22	– 0.03
服装皮革业	0.12	0.08	– 0.22	0.02
木材家具	0.01	0.15	– 0.34	0.02
造纸	0.19	0.21	– 0.21	– 0.14
电力热力燃气水的生产和供给	1.26	0.17	– 0.47	– 0.02
石油加工	– 0.02	0.21	– 0.03	– 0.04
炼焦	0.31	0.22	– 0.04	– 0.05
化学	0.33	0.04	– 0.01	– 0.05
建材	0.60	0.53	– 0.09	– 0.30
钢铁等冶金	0.55	0.08	– 0.17	– 0.05
金属制品	0.19	0.20	– 0.40	– 0.08
机械	0.17	0.11	– 0.34	– 0.06
交通	0.19	0.14	– 0.38	– 0.04
电气	0.14	0.23	– 0.41	0.11
电子	– 0.01	0.17	– 0.36	– 0.01
仪器仪表	0.08	0.12	– 0.29	– 0.05
维修	0.08	0.12	– 0.34	– 0.02
其他制造业	0.17	0.08	– 0.26	– 0.05
建筑	0.19	0.26	– 0.28	0.03
货运邮电业	– 0.12	0.29	– 0.33	0.09
批发零售业	– 0.22	0.53	– 0.35	0.26
住宿餐饮业	– 0.08	0.19	– 0.25	0.14
客运业	0.09	– 0.01	– 0.25	– 0.07
其他社会服务业	0.00	0.38	– 0.44	0.12
教育卫生社保和福利业	0.01	0.08	– 0.37	– 0.04
金融业	– 0.15	0.36	– 0.43	0.12
公共管理和社会组织业	– 0.03	0.11	– 0.33	– 0.03

资料来源：模型结果。

第三节　基本结论及政策含义

"十一五"期间，我国在"十一五"规划实施过程中逐步把淘汰落后产能作为实现"十一五"规划节能减排两个约束性目标的一个关键性措施，通过逐步强化行政性目标分解和问责制，推动微观企业淘汰落后产能、实施节能减排。尽管我国淘汰落后产能及实施综合性节能减排工作成效显著，但其实施机制和综合性影响则引起了广泛的争议。

本研究在动态追踪分析"十一五"期间我国淘汰落后产能规划实施及绩效的基础上，应用包含能源政策工具的中国动态 CGE（PRCGEM）模型，就淘汰落后产能隐含的提高折旧率等值的影响进行了动态模拟和分析，通过实验性模拟和分析，综合评估了淘汰落后产能对节能减排、经济增长、结构调整、就业和价格变动的影响和效应。

本研究相应的基本结论及主要政策含义有以下几点。

第一，我国淘汰落后产能、实施节能减排约束性的规划及实现，必须把顶层设计与目标任务分解机制有机结合起来，进一步探索建立市场性参与和创新机制、优胜劣汰机制。

"十一五"期间，根据我国经济转型中抑制产能过剩、促进结构调整和产业升级的内在要求，随着"十一五"规划节能减排约束性目标的逐步强化，我国政府逐步强化了淘汰落后产能的规划目标分解和行政问责制，并逐步把淘汰落后产能作为我国通过实施节能减排综合性工作以便控制温室气体排放和应对气候变化的一个关键性举措。我国在建立落后产能退出机制、完善市场劣汰功能方面进行了机制探索和创新。淘汰落后产能规划由于实施行政性目标分解和问责制而实施效果显著，有效地确保了我国淘汰落后产能规划目标的实现及节能减排规划目标的约束性。

但是，"十一五"期间我国淘汰落后产能的年度进展很不平衡，基本上是随年度规划的节能减排约束性目标的强化和行政性目标任务分解到位而逐步强化完成的。"十一五"时期淘汰落后产能的初期规划强调了顶层设计，但开始时并没有配套的自上而下的目标任务分解，因此，淘汰落后产能的分年度目标任务只能随着淘汰落后产能的具体实施进度而逐步追加调整；同时，"十一五"时期淘汰落后产能目标任务随进度而强化了自上而下的行政分解，但由于缺乏自下而上的市场性参与动力和创新机制，以至于有些省市地区采取拉闸限电限产政策而非市场性手段来淘汰落后产能、完成节能减排任务。

因此，我国在进一步完善相关规划功能、完善政策激励和规制、建立市场劣汰和退出机制方面仍然面临挑战。

第二，我国淘汰落后产能、实施节能减排，必须统筹协调淘汰落后产能与节能减排、经济增长、产业升级、就业和通货膨胀等的关系，建立健全促进落后产能退出的政策体系和市场机制。

我们应用包含能源政策工具的中国动态 CGE（PRCGEM）模型，就淘汰落后产能隐含的提高折旧率等值对节能减排、经济增长、结构调整、就业和价格变动的影响和效应进行了实验性模拟和分析。虽然实践中节能减排的政策工具包括工程、结构、管理三方面的内容，而且结构性节能减排的政策工具并不只限于淘汰落后产能，比如对电力行业在加快关停小火电机组的同时还推进了"上大压小"的工作，但这里只就淘汰落后产能的影响进行了实验性模拟，而且这种实验模拟其影响数值必须联系相关参数和实验情景假设进行把握。

实验模拟结果及隐含的作用机制表明，"十一五"时期淘汰落后产能规划的实施具有节能减排效应，有利于产业结构调整和升级，使高耗能产业相对于其他产业得到相对抑制；但是，也会引致经济增速放缓，同时抑制部分行业的劳动力就业，加剧成本推动型通货膨胀。

因此，坚持科学发展观，必须统筹协调淘汰落后产能与节能减排、经济增长、产业升级、就业和通货膨胀等的关系，进一步完善政策性组合及约束激励机制，进一步发挥市场机制在引导产业结构调整方面的基础性作用和优胜劣汰功能。

第三，如何改善淘汰落后产能的行政性规制手段，逐步加强淘汰落后产能政策手段的市场性，通过市场性政策手段有效淘汰落后产能，是我国在"十二五"期间面临的一个挑战，也是我国在发展转型中必须完善市场机制的一个根本路径。"十二五"时期，我国继续深化淘汰落后产能机制创新、推进节能减排与经济发展协调平衡的一个选择，是推进落后产能的市场性加速折旧而非行政性淘汰。

"十二五"期间，我国仍将继续通过淘汰落后产能，推进结构升级、实施节能减排、控制温室气体排放。我国经济社会发展的"十二五"规划（国家发改委，2011a）提出，我国在"十二五"期间使非化石能源占一次能源消费比重达到 11.4%、单位 GDP 能耗降低 16%、单位 GDP 二氧化碳排放降低 17%、主要污染物排放总量中化学需氧量和二氧化硫排放均减少 8%、氨氮和氮氧化物排放均减少 10% 五方面节能减排约束性目标。

我国目前推进的淘汰落后产能、节能减排综合性工作，更多地实施了目标任务分解和行政性问责制。完善市场劣汰功能、建立长效退出机制应该是相应行业淘汰落后产能的根本途径。虽然行政性目标任务分解和问责制作用直接、成效显著，但其由于过高的行政性成本而难以持续，政策放松很可能带来落后产能的反弹。

事实上，可以通过深化要素市场的改革，特别是要理顺资源、环境、土地等要素的价格，建立起淘汰落后产能的最基本、最有力和最长效的机制；淘汰落后产能、推进节能减排可以更多地采用国际性市场化手段，比如通过加速折旧政策而非行政性关停手段，来推动节能减排逐步实现。加速折旧政策是国外许多国家在二战后经济恢复进程中采取的一项宏观经济政策，可以通过允许企业缩短固定资产折旧年限来鼓励固定资产全面更新和技术改造。

参考文献

国务院：《国务院关于发布实施〈促进产业结构调整暂行规定〉的决定》，国发〔2005〕40 号，2005。

国务院：《国务院关于加快推进产能过剩行业结构调整的通知》，国发〔2006〕11 号，2006。

国务院：《国务院关于印发节能减排综合性工作方案的通知》，国发〔2007〕15 号，2007。

国务院：《国务院批转发展改革委等部门关于抑制部分行业产能过剩和重复建设引导产业健康发展若干意见的通知》，国发〔2009〕38 号，2009。

国务院：《国务院关于进一步加强淘汰落后产能工作的通知》，国发〔2010〕7 号，2010a。

国务院：《国务院关于进一步加大工作力度确保实现"十一五"节能减排目标的通知》，国发〔2010〕12 号，2010b。

国务院：《国务院关于加快培育和发展战略性新兴产业的决定》，国发〔2010〕32 号，2010c。

国务院：《国务院关于印发"十二五"节能减排综合性工作方案的通知》，国发〔2011〕26 号，2011。

国务院办公厅：《国务院办公厅关于印发 2008 年节能减排工作安排的通知》，国办发〔2008〕80 号，2008。

国务院办公厅：《国务院办公厅关于印发 2009 年节能减排工作安排的通知》，国办发〔2009〕48 号，2009。

国务院新闻办公室：《中国应对气候变化的政策与行动（2011）》，2011。

国家发改委：《中华人民共和国国民经济和社会发展第十一个五年规划纲要》，2006a。

国家发改委：《焦炭、电石、铁合金行业结构调整进展情况》，2006b。

国家发改委：《就加快铝工业结构调整答记者问》，2006c。

国家发改委：《中国应对气候变化的政策与行动——2009 年度报告》，2009。

国家发改委：《中国应对气候变化的政策与行动——2010 年度报告》，2010。

国家发改委：《中华人民共和国国民经济和社会发展第十二个五年规划纲要》，2011a。

国家发改委：《节能减排取得显著成效——"十一五"节能减排回顾之一》，2011b。

国家发改委、环保总局：《国家发展改革委、环保总局关于做好淘汰落后造纸、酒精、味精、柠檬酸生产能力工作的通知》，发改运行〔2007〕2775 号，2007。

工信部：《关于分解落实 2009 年淘汰落后产能任务的通知》，工信部产业〔2009〕588 号，2009。

工信部：《2010 年工业行业淘汰落后产能企业名单公告》，2010 年第 111 号公告，2010。

工信部：《"十二五"期间工业领域重点行业淘汰落后产能目标任务》，工信部产业〔2011〕612 号，2011a。

工信部：《2011 年工业行业淘汰落后产能企业名单公告》，2011 年第 36 号公告，2011b。

工信部、国家能源局：《2010 年全国淘汰落后产能目标任务完成情况》，2011 年第 36 号公告，2011。

环保部：《2007 年节能减排工作取得新进展》，《主要污染物减排工作简报》2008 年第 5 期。

环保部：《中国环境状况公报 2008》，2009。

Dixon, Peter B., and Maureen T. Rimmer, "Simulating the U. S. Recession with or without the Obama Package: The Role of Excess Capacity", General Paper No. G – 193, Center of Policy Studies and the IMPACT Project, Monash University, Australia, 2010.

吕铁、李晓华、贺俊：《发达国家淘汰落后产能的做法与启示》，《学习月刊》2010 年第 7 期。

张晓强：《加强中日节能环保合作 努力建设资源节约和环境友好型社会》，第五届中日节能环保综合论坛，日本东京，2010 年 10 月 24 日。

张新海：《转轨时期落后产能的退出壁垒与退出机制》，《宏观经济管理》2007 年第 10 期。

张新海：《产能过剩的定量测度与分类治理》，《宏观经济管理》2010 年第 1 期。

郑玉歆、樊明太：《中国 CGE 模型及政策分析》，社会科学文献出版社，1999。

第七章
对"十一五"规划期间重点行业
"上大压小"政策节能效果的分析

—— 中国混合互补模型（MCP）及其应用

第一节　引言

我国在实现"十一五"节能减排目标时，对重点能耗行业实施了多种节能减排政策措施，其中对高耗能行业实施了大规模的"上大压小"淘汰落后产能的政策。该政策对于行业的能源效率提升有明显的作用。人们一般多从关停的产能量来估算该政策的节能效果，实际上这是不全面的。"上大压小"政策不仅仅是关停，其实关键是"上大"的替代效应，进而保证供给，满足社会需要。同时，这种替代效应不仅仅对本行业内部技术提升产生节能效果，而且由于经济系统的反馈作用，还会对整体经济系统的各行业产出及能源需求产生影响，而起到节能的效果。

在进行政策效果分析时，可计算一般均衡（CGE）模型方法较为流行，也有通过构造自下而上（Bottom-up）模型以分析技术变化产生的局部影响的。近年来，国际上有研究人员尝试通过联结两个模型，构造混合模型，实现技术政策对经济系统总体影响的分析。这种混合模型因为吸取了宏观模型的整体性与 Bottom-up 模型的技术细节性，使得分析更加合理而准确。联结方法有多种，混合互补（MCP）方法是目前比较前沿的一种，并渐成研究热点。MCP 模型是利用互补的思想来实现两类模型联结的混合互补模型。随着 MCP 模型求解方法的完善，国际上近年来有学者尝试以 MCP 方式来联结最简单的 Bottom-up 模型，而真正应用到实际社会经济分析中还不多，国内则尚未见到。

作为探索，本章将应用 MCP 模型对我国节能减排努力中"上大压小"政策的效果进行分析，其主体分为三部分：第一部分在对 MCP 模型概述的基础上，构建中国的 MCP 模型，第二部分和第三部分分别应用 MCP 模型对钢铁行业和电力行业"上大压小"政策效果进行分析。

第二节　中国 MCP 政策分析模型

一　MCP 模型概述

在进行经济系统分析时，有两种分析视角：一种从整体、全局的角度分析政策的影响，常借用 Top-down 模型；另一种着重于特定的技术或行业政策影响分析，一般借用 Bottom-up 模型。如果要分析特定的技术或行业政策对全局的经济系数影响，需构建相应的混合模型。Top-down 模型一般指高度集成的、宏观的、经济全局的模型，如 CGE 模型等。Bottom-up 模型一般指局部的技术模型，擅长于分析技术变化，特别是某种政策管制下的技术变化，如计划于某年某种能源结构达到多少。但单个 Bottom-up 模型只是局部均衡，不能反映该技术变化对全局模型的影响。混合模型是充分发挥两种模型优势的最佳解决办法。

最早的能源混合模型可以追溯到 1977 年 Hoffman 与 Jorgesen 的 BESOM 与 CGE 以及投入产出模型的联结模型，模型联结的关键在于如何在不同模型之间建立信息传递与变量对接。2006 年，国际能源经济学会在 *The Energy Journal* 出版了题为《能源环境政策混合模型：协调自顶向下与由底向上模型》的专刊（IAEE，2006）。许多研究探讨了混合模型的联结方法，如 Manne（1977）、Dirkse and Ferris（1995）、Rutherford（1995）、Bohringer（1998）、Messner and Schrattenholzer（2000）、Manne et al.（2006）以及 Böhringer and Rutherford（2008）。还有不少研究探讨了混合模型的求解方法，如 Murty（1988）、Ferris（1997）、Ian Sue Wing（2008）。

二　中国 MCP 模型构建方法

本部分将介绍如何构建可用来分析诸如"上大压小"类似政策措施的

中国 MCP 政策分析模型。该模型是联结中国 CGE 宏观模型与 Bottom-up 模型的混合模型。

（一）构建步骤

这里所建的 MCP 模型其实就是利用 MCP 算法将一个均衡的宏观 Top-down 模型和一个平衡的 Bottom-up 模型，通过互补技术结合而成的混合模型。在明确对何种技术分析的基础上，其构造过程分三步：

第一步，构建一个平衡宏观的 SAM。

第二步，确定相应的技术模型，包括不同技术之间的参数确定，技术模型之间的平衡，技术模型同宏观模型之间的平衡，形成一个完整的技术模型。

第三步，在 GAMS 系统下，编写相应的 MCP 程序，实现模型的合并与完整性标定。

这些步骤同一般的 CGE 模型处理过程相似。

（二）模型的数据结构

由于 MCP 模型中的 Top-down 部分是 CGE 模型，其数据结构是 SAM。一般宏观 SAM 中，商品部门、活动部门与进出口放在一张大表中，这样从行列平衡关系来看，不但有总供给（商品部门行和）、总需求（商品部门列和）而且有总投入（生产部门列和）、总产出（生产部门行和）（刘小敏，2007）。

在 MCP 模型中存在两个关系：零利润条件与市场出清。零利润条件描述投入品之和等于总产出，即中间投入加上增加值；市场出清意味着总供给等于总需求的关系。为了 GAMS 数据处理方便，需在原 SAM 表的基础上调整表的结构，将原 SAM 表分成两部分：一张表只含国内总投入与总需求关系数，另一张表包括进出口数据的总产出与总供给。从平衡关系来说，第一张表的行和与列和并不相等，因为列数据描述生产活动的投入技术关系，而行数据描述商品需求关系，具体见表 7-1。

第二张表描述了国内与国外市场平衡形式，具体见表 7-2。从表的结构上看，存在以下关系：

$$总供给 = 国内供给 + 关税 + 进口，S = InS + Tariff + M$$
$$总需求 = 国内需求（国内供给）+ 出口，D = InS + E$$

表7-1　国内市场平衡

项　　目	非能源部门	能源部门					最终消费	汇　总
		煤	原油	炼油	电力	天然气		
非能源部门	中间投入	中间投入					第Ⅲ象限	总需求
能源部门　煤	中间能源投入	自能耗						
原油								
炼油								
电力								
天然气								
增加值	第Ⅱ象限						第Ⅳ象限	收入
汇总	总供给						支出	—

注：表中，行和不能再做直接加总计算，因为这只是部分SAM表。

表7-2　国内市场与国外市场平衡

部　　门	代　　码
出　　口	*E*
总　需　求	*D*
国内供给	*InS*
关　　税	*Tariff*
进　　口	*M*
总　供　给	*S*

（三）MCP模型的数据流

1. MCP模型数据流框架图

MCP模型从框架上分成两部分：一部分是宏观模型；另一部分是Bottom-up技术模型。两者既可独立，又是一个整体。在宏观模型中，本身必须是平衡的，它也可实现一般的宏观政策分析；Bottom-up技术模型是局部均衡模型。从数据平衡上，两个模型又是一致的，该部门的商品价格变量不但在技术模型内部传递信息，也在宏观模型内传递。技术模型中的技术替代变化不会创造新的供给，总产出保持与宏观模型不变，结果只是实现了技术替代。其数据之间的联结是通过核心方程完成的，即净供应×商品价格≥0，实现互补的关系。具体的数据流框架见图7-1。

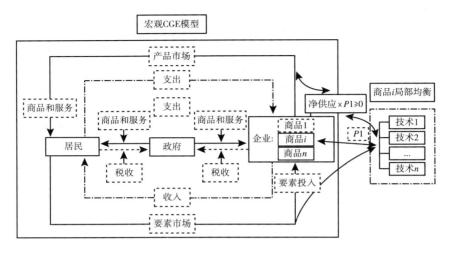

图 7 - 1　MCP 模型数据流框架

2. MCP 模型数据流的样例分析

为说明 MCP 模型之间的数据流关系，我们假定在宏观 SAM 中有部门（产业）B，并设该部门有三种技术，且只生产同一种商品，即三种技术生产商品的总和就是 B 部门总产出。

Bottom-up 模型构造过程主要是参数的标定过程。标定 Bottom-up 技术模型的参数方法有两种：一种是由实际生产过程中的技术总结得到；另一种是以宏观模型为基础，通过对不同技术的参数值比较抽象，将宏观模型的参数进行分解而来。第一种方法准确可靠，但其标定出来的参数值同宏观模型很难一致，因为宏观模型大都是价值变量，是由部门的实际数据抽象而来，并且经过后期的数据平衡处理过程，同原来的技术参数差别较大。第二种方法是在宏观模型的基础上，按实际技术进行分析，可能造成实际上的偏差，但同宏观模型不存在一致性问题，简单易行。综合以上的分析，我们采用第二种宏观分解的方法。

因此，可知宏观 SAM 与 Bottom-up 技术矩阵应存在以下关系。

（1）结构关系

为方便说明问题，现将 SAM 表做简化，见表 7 - 3。如果将表中的部门 B 列进行拆分，可得到由三种技术构成的 Bottom-up 表。其拆分过程，实际上是构造 Bottom-up 技术矩阵，实现技术参数标定的过程，见表 7 - 4。

表 7 – 3 Top-down 模型数据结构

项 目	部门 A	部门 B	其他部门	最终使用	
中间投入	A_1	B_1	O_1	F_1	总需求
增加值	A_2	B_2	O_2	—	总收入
总投入	总投入	B	总投入	总支出	—

表 7 – 4 Bottom-up 模型技术数据结构

宏观 SAM	Bottom-up 模型		
部门 B	技术 1	技术 2	技术 3
B_1	T_{11}	T_{21}	T_{31}
B_2	T_{12}	T_{22}	T_{32}
B	T_1	T_2	T_3

（2）数学关系

上表显示了宏观模型与技术模型之间的逻辑关系，也可将其数学关系用下列等式表示：

$$B1 = T_{11} + T_{21} + T_{31} = \sum_i T_{i1} \qquad (7-1)$$

$$B2 = T_{12} + T_{22} + T_{32} = \sum_i T_{i2} \qquad (7-2)$$

$$B = T_1 + T_2 + T_3 = \sum_i T_i \qquad (7-3)$$

其中，B 为部门 B 的列和，T_i 为技术 i 的列和。

从数量上，B_1、B_2 分别被拆分成 T_{i1}、T_{i2}。这种拆分从数量上来说反映了中间投入与增加值在不同技术之间的分配；从技术上来说，表现为不同技术的组合。$b_{ij} = \dfrac{T_{ij}}{T_j}$，其中 b_{ij} 可以表达为技术 j 的中间投入系数。

在以上模型的基础上，可做如下的政策分析，比如我国"十一五"期间的"上大压小"政策。假设 T_1 代表小规模企业，是"压小"的对象。如果减小 T_1（"压小"）的产出值，但由于社会对部门 B 的产品需求并不会立即减少，这将导致供不应求，致使 B 部门商品价格上升。由于 T_1 被强制限制产量，这样技术 T_2、T_3（"上大"）可能就会增加产出，以平衡总的需求。模型经过反复调整，最终达到新的供需平衡。

（四）MCP 模型的政策模拟

1. 电力行业的零利润函数结构

对于模型中的商品，其零利润商品可采取类似的 CES 函数嵌套形式（见图 7－2）。均衡模型中商品的价格一般假定为 1，在零利润条件下，商品的投入品构成之和也应为 1。在最上层的结构中，中间投入与增加值依权重不同，合成而得最终商品的价格 1，权重的计算一般取其在总产出中的比重。在电力政策模拟时，需将电力部门拆分成对应技术模型，并应用列昂惕夫函数合成各类技术的产出，然后汇总并得出总的电力产出。

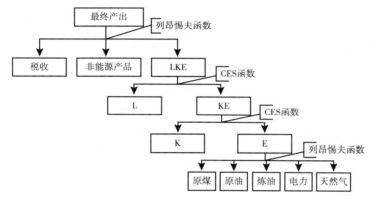

图 7－2 零利润 CES 函数结构

2. 弹性参数

在理想情况下，弹性参数必须采用计量经济方法估计得到，并且可获得相应的不确定性度量（如标准差、置信区间）。但是，在实际中限于数据的可得性，通常只是从文献中或直接主观判断获取弹性的点估计值，而忽略它的不确定性度量。处理的弹性参数包括消费者需求的价格弹性与收入弹性、生产的替代弹性、劳动力供给弹性以及储蓄供给弹性。确定了弹性的取值，就可以根据模型方程与基年数据反算相应的比例系数等参数。其他的参数根据基年的 SAM 矩阵获得，这是大部分实用 CGE 模型的做法。

第三节　钢铁行业"上大压小"政策的节能效果分析

一　引言

本部分的研究分为以下几步。

（1）介绍钢铁行业的发展现状，分析行业节能现状。

（2）分析钢铁行业在"十一五"期间节能的成因，比较产业结构与技术提升对行业节能的不同贡献率。

（3）构造钢铁行业 2007 年的 Bottom-up 模型，设计相应的淘汰政策模拟。经 MCP 模型运算，分析这一政策对实际技术节能的贡献度。

二 我国钢铁行业能耗及"十一五"节能目标的实现情况

（一）钢铁行业概况

钢铁行业是我国重要的基础产业部门之一，对社会经济和发展起着重要作用，是国家经济水平和综合国力的重要标志。2010 年，我国粗钢产量达 6.2 亿吨，占世界粗钢总量近 50%，超过了排在我国之后的 20 个国家的粗钢产量之和。

我国钢铁行业在迅猛发展的同时，也带来了巨大的能源消费需求与污染物排放量。目前我国钢铁行业总能耗约占全国总能耗的 15.18%（2009 年数据）。其能源消费占到成本的 30% 以上，降低单位能耗是提升钢铁企业竞争力的重要途径。钢铁行业节能减排工作的成效关系到全社会总节能减排工作能否成功。

（二）钢铁行业的节能现状分析

我国钢铁行业的能耗具有以下几个特点。

（1）钢铁行业中，企业集中度低，公布的重点企业综合能耗水平并不能真正代表行业能耗水平。

（2）钢铁行业产品的品种结构升级有可能导致综合能耗上升。

（3）我国钢铁积累量不够，提高钢铁比的空间有限。目前我国废钢增长速度还有限，如果今后我国转炉钢产量增长速度过快，则靠降低铁钢比来降低吨钢能耗的期望，可能就会落空（王维兴，2009）。

（4）从工序上来说，我国先进值同国外的差距不大，甚至有的工序比国外还要节能，如焦化的先进值比国外的能耗还要低。但是综合能耗差距还是很大，特别是落后值同先进值之间的差距，平均相差近一倍。

（5）国内行业内企业之间能耗水平存在较大差别，先进值与落后值之间的差距明显，说明行业的节能潜力巨大，"上大压小"的政策执行空间仍然存在。

（三）"十一五"节能目标分析

1. "十一五"节能目标

钢铁行业"十一五"节能目标是：单位产品能耗在 2005 年基础上降低 6% ～8%，其中吨钢综合能耗由 747 千克标准煤降低到 680 ～700 千克标准煤，吨钢可比能耗由 714 千克标准煤降低到 660 ～670 千克标准煤（按电力折算系数 0.404 算），总体上达到国际先进水平，部分企业达到国际领先水平。为此，国家就钢铁企业制定了明确的节能目标与政策措施（见表 7 -5）。

表 7 -5   "十一五"钢铁行业节能目标

项　　　目	钢铁行业节能目标
上大压小	淘汰落后炼铁能力 1 亿吨、炼钢能力 5500 万吨
能源消耗强度	钢铁全行业吨钢综合能耗从 2005 年的 0.76 吨标准煤降低到 0.73 吨标准煤

2. "十一五"节能成就总结

（1）钢铁行业"十一五"节能成就

"十一五"期间，钢铁行业节能取得了较大的进步。根据笔者估算，能源消耗强度由 2005 年的 7.92 吨标准煤/万元下降到 2010 年的 5.96 吨标准煤/万元，年均下降率为 5.5%。总的下降幅度达 24.7%，远远超过了国家总体的能源消耗强度下降幅度（19.1%）（见表 7 -6）。

表 7 -6   2005 ～2010 年钢铁行业的能源消耗强度变化

项　　　目	2005 年	2006 年	2007 年	2008 年	2009 年	2010 年
能源消耗（吨标准煤）	39544.25	44729.92	50186.53	51862.92	55776.49	61054.07
GDP（万元）	4995.08	5949.42	7038.79	7572.48	8445.53	9738.21
能源消耗强度（吨标准煤/万元）	7.92	7.52	7.13	6.85	6.60	5.96

（2）重点钢铁企业节能成就

钢铁行业在淘汰小产能的同时，不断扩大先进的大规模企业的产能，并加强对规模以上企业的生产工艺的优化与技术改造。从对重点企业的统计数据来看，综合能源效率得到较大的提升（见表 7 -7）。

表7-7 我国重点钢铁企业综合能源消耗指标

年份	综合能耗(千克标准煤/吨)	粗钢总产量(亿吨)	实际能源消耗(万吨标准煤)
2005	741.05	3.53	39544.25
2006	640.45	4.19	44729.92
2007	632.12	4.89	50186.53
2008	629.93	5.03	51862.92
2009	619.43	5.72	55776.49
2010	610.00	6.27	61054.07

注：2006年起我国将电力折标准煤系数从0.404千克标准煤/千瓦时调为0.1229千克标准煤/千瓦时，使我国有关工序能耗值均有较大幅度下降，与国外对比有较大的不可比性。日本电力折标准煤系数为0.357千克标准煤/千瓦时，韩国为0.380千克标准煤/千瓦时，欧洲在0.320千克标准煤/千瓦时左右。

3. 钢铁行业能源消耗强度下降的成因

各行业节能成因有两个：一个是通过产业结构的提升实现节能；另一个是产业本身的能源消耗强度下降，也可称技术提升。为分析钢铁行业在"十一五"期间能源消耗强度变化成因，我们假定2006年以后各年的能源消耗强度不变，分别乘上增加值，得到以2005年能源消耗强度算出来的能源消耗量，再用其减去各年的实际能源消耗量，可得到各年份的节能总量。从估算结果可知，2006年节能2369.5万吨，2010年节能19993.5万吨。

分析结果也表明，钢铁行业总体上节能贡献为8%，远比其能源消耗量占能源消耗总量的15%要小，但这并不能说明钢铁行业的节能成果不好。如果用节能成因做同样的分析，可发现，钢铁行业的能源消耗强度节能总量为16039.83万吨标准煤，占全社会能源消耗强度节能总量的21%，远超其能源消耗量占社会能源消耗总量的比重。这说明，钢铁行业本身的技术节能成绩是显著的。另外，从产业结构节能角度来看，钢铁行业总体多消耗了10830.74吨标准煤，占全社会多消耗总量的95%（见表7-8）。这说明，钢铁行业在"十一五"期间的发展速度远超其他行业平均水平，其增加值占全行业增长总量的比重在不断地上升，由于钢铁行业的能源消耗强度为5.96（2010年值），因此就必然带动能源消耗量的大幅度增长。

表 7 – 8   钢铁行业的节能贡献分析

项 目	总节能	产业结构节能	技术节能
钢铁行业（万吨标准煤）	5209.09	– 10830.74	16039.83
社会总节能（万吨标准煤）	65271.57	– 11356.47	76628.04
贡献度（%）	8	95	21

三   "上大压小"政策的 MCP 模型分析

"上大压小"政策是"十一五"钢铁行业节能减排政策中最重要的一个。本部分将通过构造相应的 Bottom-up 矩阵，实现对"上大压小"政策的描述，并在 MCP 模型中，设计相应的政策模拟，分析"上大压小"政策对行业节能目标的贡献。

（一）"上大压小"的政策设计

1. 政策讨论

所谓落后产能，通常是指生产设备、生产工艺的技术水平低于行业平均水平，能耗高、污染重的工业生产能力。国务院颁布的《关于进一步加强淘汰落后产能工作的通知》（国发〔2010〕7 号）分别从工艺、能耗、环保三个角度对钢铁行业落后产能做了明确规定。其中，从工艺角度对落后产能规定如下：钢铁行业 2011 年底前淘汰 400 立方米及以下炼铁高炉，淘汰 30 吨及以下炼钢转炉、电炉等（李拥军，2010）。我们根据政策的要求，将各类企业的规模划分标准总结如表 7 – 9。

2. 企业规模的划分

"上大压小"政策中一个关键问题是对"大"与"小"的定义，尤其是"小"的定义。钢铁行业中，各类规模的企业并存，要将企业做准确的划分并非易事。一是数据缺失，二是标准主观因素较多，而且由于企业经营活动等动态变化，准确界定市场中各类规模企业的数据也并非易事。本部分将分析"上大压小"政策对行业节能的影响，其中，关键一点是对"小"的定义。所以，从可操作性的角度，以企业的粗钢产量为标准相对可行。为此，假定的企业规模标准如表 7 – 9。

3. 各类企业的数据统计

钢铁行业的节能减排效果主要是通过各类规模企业的能耗水平、粗钢产量等数据表现出来。因此，我们根据相关统计资料及各方面的信息对钢铁企

表 7 - 9　企业规模划分标准

单位：万吨

企业规模的定义	超大型	大型	中型	小型
2010 年前	>1000	1000 ~ 300	30 ~ 300	<30
2010 ~ 2020 年	>3000	3000 ~ 1000	1000 ~ 100	<100

注：由于对"小企业"的定义的炼铁与炼钢标准不一，表中数据实际是根据相关部门对小产能的估算整理而来。

业按规模就吨钢综合能耗、粗钢产量等做了分类，主要统计数据见表7 - 10 至表 7 - 12。

表 7 - 10　各类规模企业的平均能耗水平

单位：千克标准煤

年份	吨钢综合能耗	超大型	大型	中型	小型
2005	741.1	563.0	675.6	810.7	1103.0
2006	640.4	551.9	663.9	792.4	1076.3
2007	632.1	541.1	652.4	774.6	1050.2
2008	629.9	530.4	641.1	757.1	1024.8
2009	619.4	520.0	630.0	740.0	1000.0
2010	619.4	520.0	630.0	740.0	1000.0

注：2010 年因没获取具体的数据，假定等同于 2009 年。

表 7 - 11　各类规模企业的粗钢产量

单位：亿吨

年份	超大型	大型	中型	小型	合计
2005	1.24	0.64	0.42	1.24	3.54
2006	1.55	0.62	0.55	1.47	4.19
2007	1.91	0.54	0.87	1.56	4.88
2008	2.08	0.51	0.93	1.51	5.03
2009	2.40	0.63	1.03	1.66	5.72
2010	2.63	0.69	1.19	1.75	6.26

表 7 - 12　各类规模企业的产量构成比

单位：%

年份	超大型	大型	中型	小型
2005	0.35	0.18	0.12	0.35
2006	0.37	0.15	0.13	0.35
2007	0.39	0.11	0.18	0.32
2008	0.41	0.10	0.19	0.30
2009	0.42	0.11	0.18	0.29
2010	0.42	0.11	0.19	0.28

由表 7 - 11 可知，钢铁行业的企业规模结构发生了改变。这种改变除了企业本身的自我发展之外，主要是由于"上大压小"政策的促进作用而成。这种企业结构变化，不但影响钢铁行业本身，而且通过经济系统的传递性，影响到整个社会各方面。下面将通过构造相应的 Bottom-up 模型，利用 MCP 算法，构造成相应的混合 MCP 模型，通过相应的政策假定，模拟这种变化的影响。

（二）"十一五"减排方案的 MCP 模拟

1. 2007 年钢铁行业 Bottom-up 模型的核心参数

要在 MCP 框架内分析"上大压小"政策对整个行业的影响，除了构建相应的 Top-down（CGE）模型外，关键是设计相应技术政策模型——Bottom-up 模型，这样才能通过 MCP 算法构建相应的 MCP 混合模型，实现对相关政策的模拟分析。构造 Bottom-up 模型是非常复杂的，因为要准确描述各类规模企业的生产活动，并非易事。第一，各种类型的企业本身具有抽象的特征，同具体的实际数据有差别；第二，区分不同规模企业的参数值的确定较为困难，因为一些参数同类型之间差距也会很大；第三，各类型的参数缺失；第四，即使所有数据均可查，但在宏观 CGE 模型下很难保持一致性，因为 CGE 模型中的数据是价值型，技术参数模型要转换成价值数据并保持一致比较困难。所以，要真正构造一个能准确描述各类规模企业的生产活动几乎是不可能的。我们将通过对影响钢铁企业的几个核心参数进行估计，如产量结构、能耗比、利税比等，这类型的参数一般来说是可控的。对于中间投入的其他非能源商品的参数，由于数据缺乏，根本无法做出准确区分，所以，仅按产量规模进行同比例分拆。按照这种方法估算出的技术模型可操作性强，能够较为准确地反映出企业规模变化对能耗及利润的影响,进而影响总产出,只是对非能源商品的中间需求无法区分,就我们对节能的分析目标来说,这种技术模型的处理方法还是可行之策。主要核心参数值见表7-13。

表 7-13　Bottom-up 模型核心参数的确定

项　目	综合值	超大型	大型	中型	小型
吨钢综合能耗(千克标准煤/吨)	632.12	541.07	652.40	774.55	1050.24
产量比(%)	—	39	11	18	32
产量(亿吨)	4.89	1.91	0.54	0.88	1.56
利税比(%)	—	43	11	17	29

2. Bottom-up 模型构造

依照表7-13中的参数,我们对CGE模型中的钢铁行业进行技术拆分,构造相应的Bottom-up模型。Bottom-up模型中的数据来源于CGE模型中的SAM表的钢铁部门,相当于SAM表中对应于钢铁部门的一列,各类型企业的数据按参数比例估算而来。例如,总产出为39685.83万元,我们根据产量比拆分成15479.06万元、4413.52万元、7096.56万元、12700.77万元四种对应类型企业的产出。

3. "十一五"期间"上大压小"的MCP政策设计与模拟

(1) MCP模型政策设计

2007~2010年,国家对钢铁行业实行了"上大压小"政策,每年关停不等量的小型规模钢铁产能。这种淘汰小产能的举措将会对当年钢铁行业的节能造成直接的影响。从实际的钢铁企业的投资建设来说,这种"上大压小"并不能简单的替代完成,这并不意味着这种替代关系不存在,因为钢铁行业中超大规模企业每年在不断扩充产能,所以,可以假设超大型企业的新增产能中有一部分是实现了对所淘汰的小产能的补充,即完成所谓的"上大"。我们所构造的MCP模型可以实现这种"上大压小"的经济学分析。

根据每年关停小产能比,设计对应的政策模拟量。根据所公布的统计信息,"十一五"期间的总值是6914万吨炼钢产能[①],相应年份的淘汰产能见表7-14。

---

① 中国建材网(www.bmlink.com)报道和历年的"上大压小"计划安排总结。

表 7 - 14 2005~2010 年"上大压小"的关停产能

年份	当年剩余率(%)	小产能淘汰(万吨)	淘汰后(万吨)
2005	—	15648.00	15648.00
2006	100	0	15648.00
2007	93	1098.40	14549.60
2008	89	600.00	13949.60
2009	78	1691.00	12258.60
2010	56	3524.60	8734.00

资料来源：中国经济信息数据整理。

为在 MCP 模型中实现淘汰小产能的模拟，将 2007~2010 年 4 年的淘汰产能量分别假定为 4 个淘汰方案，并定义为方案 1~4。在政策模拟时，是通过限制小产能的产量做政策驱动，故我们所设的 4 个方案均为小产能限定量，即淘汰后的剩余产能，具体见表 7 - 15。

表 7 - 15 2007~2010 年减排后的政策模拟

单位：%

方案设计	小产能限定比(以 2005 年值为基础)
方案 1(2007 年)	93
方案 2(2008 年)	89
方案 3(2009 年)	78
方案 4(2010 年)	56

（2）MCP 政策模拟结果

在 MCP 模型中，分别对方案 1~4 做相应的模拟，各规模企业的总产出结果见表 7 - 16。

表 7 - 16 总产出的变化

MCP 方案	小产能限定比(%)	超大型(万吨)	大型(万吨)	中型(万吨)	小型(万吨)	总产出(万吨)
初始值	100	15479.06	4413.52	7096.56	12700.77	39685.83
方案 1	93	16399.94	4413.52	7096.56	11801.69	39685.83
方案 2	89	16854.73	4428.76	7096.56	11303.69	39683.73
方案 3	78	18230.40	4444.01	7096.56	9906.60	39677.56
方案 4	56	20981.73	4474.49	7096.56	7112.43	39665.21

从结果可知,各种方案的总产出几乎没有变化,超大型企业的产量得到了提升,而大型企业的产量增加不多,中型企业的产量由于在方案模拟中做了限产,产量不变化。该模拟结果比较理想,从能源效率替代上来讲,实现了最高效率的最优替代,本模型中的超大型企业的效率正好是最高的。当然,实际的替代效率是很复杂的,受多种原因影响,如各地的资金实力、信息获取的准确性,甚至是希望在短期获取经济效益的冲动等多方面的原因,均会使得实际情况同模型有所偏差。而且从实际的小型企业产能变化来看,在关停的同时,也有小产能增加的情况发生。

4. "上大压小"政策的节能贡献分析

(1) 各方案对各行业的节能影响分析

通过 MCP 模型模拟淘汰落后产能,可估算出各年的淘汰量对应的总产出变化和由于总产出变化而导致的能源需求变化。

另外,我们可以根据相应年份的总产值及能源消耗强度,估算出2007~2010年相对2005年的实际节能量。主要结果见表7-17。这里的实际节能量可理解为由于能源强度下降所带来的,也可称为技术节能效果。

表7-17 钢铁行业能效节能量

单位:万吨标准煤

年份	实际能耗量	以 2005 年的能源消耗强度估算的能耗	同 2005 年相比的节能量	同 2006 年相比的节能量
2005	39544.3	39544.3	0.0	—
2006	44729.9	47099.4	2369.5	—
2007	50186.5	55723.6	5537.1	3167.6
2008	51862.9	61490.6	9627.7	7258.2
2009	55977.7	70245.3	14267.6	11898.1
2010	60924.7	80918.1	19993.4	17624.0

(2) "上大压小"政策的节能贡献度分析

为将各方案的节能量放在一起比较,我们对各类节能来源做如下的界定:将 MCP 模型模拟产生的产能替代而导致的节能称为政策直接节能;将 MCP 模型模拟产生的各行业总产出变化而导致的节能称为政策间接节能;将能源消耗强度下降而产生的节能称为行业技术节能。主要结果见表7-18。

表 7 - 18　政策节能成因分析

方案	政策直接节能量（万吨标准煤）	政策间接节能量（万吨标准煤）	政策总节能量（万吨标准煤）	行业技术节能量（万吨标准煤）	"上大压小"政策占能效节能比(%)
方案 1	-772. 20	-53. 72	-825. 92	3167. 57	26. 07
方案 2	-1181. 55	-82. 04	-1263. 59	7258. 21	17. 41
方案 3	-2363. 47	-164. 08	-2527. 55	11898. 14	21. 24
方案 4	-4728. 42	-328. 16	-5056. 58	17624. 02	28. 69

从表 7 - 18 可看出，方案 1 占行业总节能量的 26.07%，方案 2 为 17.41%，方案 3 为 21.24%，方案 4 为 28.69%，说明了钢铁行业的"上大压小"政策对行业的能效节能贡献。从数字上来说，比例均偏低，但实际上近几年来，我国的钢铁行业发展迅猛，在工艺水平与节能管理上进步很快，节能效果明显。而且在钢铁行业中，除了关停炼钢的小产能，在钢铁工序中，炼铁也是很重要的一道工序，"十一五"期间共淘汰落后炼铁产能 11696 万吨，这部分的节能贡献也很大，所以，炼钢的"上大压小"的作用似乎并没有想象的大。

影响实际能耗估计的还有钢铁行业实际的小产能变化情况。方案中所测算的小产能关停量是实际发生的量，但并没有考虑到近年来在关停小产能的同时，一些地方违规上了小产能，特别是在 2007 年或 2009 年市场行情比较好的时期，致使整个行业的节能效果下降，而使"上大压小"政策节能贡献偏大。例如，2007 年小产能的产量为 1.56 亿吨，2010 年为 1.75 亿吨。

四　小结

本部分总结了"十一五"期间钢铁行业的节能成因以及"上大压小"政策的节能贡献度，主要结论如下：第一，"十一五"期间钢铁行业的产业结构节能贡献占全社会各行业的产业结构节能总量的 95%，技术节能仅为全行业总节能量的 21%。第二，"十一五"期间的"上大压小"政策对技术节能的贡献度分别为 26.07%、17.41%、21.24%、28.69%。

第四节　电力行业"上大压小"政策的节能效果分析

一　引言

电力部门是能源转换部门，它具有这样两个特点：一是转换过程消耗大量的一次能源（如煤炭），并排出二氧化碳。而且，在转换过程与运输到终端消费者过程均会有能源损失。二是电力部门的商品也是能源，而且是清洁能源，将能源消费形态由高排放的煤炭转换为电力，是一种能源利用形式的优化。所以，在折合终端消费的能源比例时，电力比越高越好。

本部分将对电力行业的节能与发展情况进行概述，在此基础上构造相应的 MCP 模型，模拟"上大压小"政策对"十一五"规划目标实现的贡献。

二 电力行业能耗及"十一五"节能目标的完成情况

（一）电力行业发展概况

电力工业发展同我国的经济发展是紧密相连的，近 10 年来，我国电力工业的弹性系数除 2008 年、2009 年两年外，其他年份均在 1 以上，这同能源消费的弹性在 0.5 左右相比，消费的增长速度是比较快的。

同国际发达国家相比，我国电力行业存在着以下几个特点：人均用电水平较低；火电生产的供电煤耗同世界平均水平差距并不大，但是电厂装机水平不一，结构复杂；在水电、核电、风电的国际比较与发展潜力上，水电开发率仍有空间，核电发展潜力较大，风电发展较快，资源丰富。

（二）"十一五"节能目标分析

1. 节能目标设定与成绩

电力行业在"十一五"期间的减排指标主要有"供电煤耗""火电平均厂用电率""线损率"等（见表 7-19）。由表 7-19 可知，电力行业节能成果十分显著，均已超额完成任务。其中供电煤耗由 370 克标准煤/千瓦时下降为 335 克标准煤/千瓦时，比目标值 355 克标准煤/千瓦时要多 5.6%；线损率的实际值为 6.49%，比目标值 7.00% 高；火电平均厂用电率接近目标值。

表 7-19 火电节能目标

指标 年份	类别 基准值 2005	目标值 2010	实际值 2010
供电煤耗（克标准煤/千瓦时）	370	355	335
火电平均厂用电率（%）	6.80	5.50	5.76
线损率（%）	7.21	7.00	6.49

资料来源：《电力行业"十一五"计划及 2020 年发展规划》及《中国电力工业统计快报》。

2. 电力行业的历年能源消耗强度变化数据

能源消耗强度从 2006 年 2.66 吨标准煤/万元下降为 2010 年的 2.19 吨标准煤/万元，下降幅度为 17.7%，略低于全社会各行业的平均水平。

3. 电力行业的节能成因

为从整个电力行业的角度来分析"十一五"期间电力行业的节能成因，依照前面的分解办法，可将总节能分解成技术节能和产业结构节能两种。

根据前期的分析数据可知，电力行业总共节能 7541.02 万吨标准煤，其中技术节能为 3083.93 万吨标准煤，产业结构节能为 4457.08 万吨标准煤，均实现节能。同社会总节能量相比较，电力行业总节能占社会总节能的 11.55%，其中技术节能占社会总技术节能的 4.02%，产业结构节能占社会总产业结构节能的 -39.25%（见表 7-20）。这说明，电力行业不但提高了能效水平，而且其在产业结构中的比重得到优化。

表 7-20　电力行业节能成因分解

项　目	总节能	产业结构节能	技术节能
电力行业（万吨标准煤）	7541.02	4457.08	3083.93
社会总节能（万吨标准煤）	65271.56	-11356.47	76628.04
贡献度（%）	11.55	-39.25	4.02

三　"上大压小"政策的 MCP 模型分析

电力行业在"十一五"期间是节能减排的重点管理行业，承担着明确的节能任务。实行节能减排的主要政策手段是"上大压小"，通过关停小火电、上高效的机组实现行业效率的提高。

本部分将通过在 MCP 模型中构造相应的 Bottom-up 模型，并设计相应的关停方案，模拟"上大压小"情景，分析该方案对节能减排的影响。首先对"十一五"期间的"上大压小"政策做出界定，并以 2007 年为基年，设计相应的 Bottom-up 模型，模拟"十一五"期间的"上大压小"对行业节能的贡献。然后，以 2010 年为基年，设计相应的"十二五"上大压小计划，构造相应的 2010 年 Bottom-up 模型和 MCP 模型，模拟相应方案对"十二五"目标实现的贡献。

（一）"上大压小"的政策设计

1. 政策定义

国家对"十一五"关停小火电有过明确的原则[①]。其中，"关小"是指在大电网覆盖范围内逐步关停以下燃煤（油）机组（含企业自备电厂机组和趸售电网机组）：单机容量 5 万千瓦以下的常规火电机组；运行满 20 年、单机 10 万千瓦及以下的常规火电机组；按照设计寿命服役期满、单机 20 万千瓦以下的各类机组；供电标准煤耗高出 2005 年本省平均水平 10% 或全国平均水平 15% 的各类燃煤机组；未达到环保排放标准的各类机组。"上大"是指在关停小火电机组时，按一定比例上大机组，如建设单机 30 万千瓦、替代关停机组的容量达到自身容量 80% 的项目，单机 60 万千瓦、替代关停机组的容量达到自身容量 70% 的项目，单机 100 万千瓦、替代关停机组的容量达到自身容量 60% 的项目。

2. 火电的"上大压小"政策执行情况

截至 2010 年，全国已累计淘汰小火电机组 7126.50 万千瓦，从数量上来说，几乎相当于英国全国的火电装机量，成果斐然。在"关小"的同时，建设了相当规模的高性能火电机组，30 万千瓦及以上火电机组比重从 43.4% 提高到 72%，满足了社会的电力需求（见表 7 - 21）。

表 7 - 21 "上大压小"成绩

年份	供电标准煤耗（克/千瓦时）	新增装机容量（千瓦）	关停量（千瓦）
2005	374	—	—
2006	366	7976.0	121.0
2007	357	8360.0	1438.0
2008	349	4678.4	1850.5
2009	340	6083.0	2617.0
2010	335	5872.0	1100.0

资料来源：根据电力行业数据通报整理。

（二）"十一五"减排政策的 MCP 模拟

1. MCP 的核心参数设计

（1）各类企业的规模划分

火电企业的规模，按照火电机组的大小进行划分，其中小火电参照

---

① 2007 年国务院文件《关于加快关停小火电机组若干意见的通知》。

国家的定义，中型与大型是综合考虑本部分的研究需求自行划定（见表7－22）。

表 7－22　火电企业规模定义

企业规模定义	发电机组单机容量
小型	2010 年前 10 万千瓦以下,2010 年后 20 万千瓦以下
中型	30 万/35 万千瓦
大型	60 万千瓦

注：根据各类机组的发电时间与装机量，可估算该类机组的发电量，并计算出相应发电比例。

（2）各类企业的生产与能效参数

电力企业的考核参数中有装机容量与电厂发电设备利用小时两个参数，实现的发电量等于装机容量乘以利用小时。我们计算各类规模企业的能耗与节能率时，采用实际发电量来统计，根据各电厂的电力工业指标的统计数据，将各类规模企业的装机容量转化为实际发电量。主要参数及其数值见表7－23。

表 7－23　2007 年政策模拟各类规模企业的参数

项　　目	小型	中型	大型	总发电量
对应发电量(万千瓦时)	5778.3	3621.7	17829.4	27229.4
单位电煤耗(千克标准煤/千瓦时)	380	340	300	—
发电煤耗(万吨标准煤)	2195.74	1231.37	5348.81	8775.92
比例(%)	25	14	61	

资料来源：根据《中国电力工业统计快报》数据整理。

（3）各类企业的经济效益参数

衡量企业规模的参数中，经济效益参数也非常重要，主要是体现在利润率上。现将各类企业的经济效益参数总结如表7－24。

表 7－24　各类企业的经济效益参数

项　　目	小型	中型	大型	水电	核电	风电
2007 年发电结构(%)	12.50	16.35	54.13	14.79	1.89	0.34
2007 年发电量(万千瓦时)	4101.8	5365.2	17762.3	4852.6	621.3	112.3
利润(万元)	4101.8	6062.7	21314.8	6308.4	683.4	112.3
利润分配比(%)	10.63	15.71	55.24	16.35	1.77	0.29

（4） Bottom-up 模型的构建

根据相应的核心参数值，参考钢铁行业 Bottom-up 矩阵构建方法，得到相应的技术矩阵。

2. "上大压小"政策设计

根据"十一五"的关停量，可设计相应的年度关停政策，并根据小型火电企业的剩余装机量同 2007 年以前的装机量相比，可得限制比率，即得4 种模拟方案（见表 7 - 25）。

表 7 - 25　关停方案设计

项目	影响年份	限制比率(%)	对应关停装机总量（万千瓦）
基准值	2007	100	9291.8
方案 1	2007	85	1438.0
方案 2	2008	66	3288.5
方案 3	2009	38	5905.5
方案 4	2010	27	7005.5

3. 政策模拟结构分析

通过 MCP 模型对上述 4 个方案进行模拟，可得到各关停方案对各行业的影响。现将政策对总产出的模拟结构及受影响最小与最大的行业总结出来。

（1） 产出在不同规模企业之间的替换

根据钢铁行业的 MCP 模型模拟结果，"关小"的行为不会导致总产出的减少，只是将小型企业的产能转化到中型与大型企业，实现了产能之间的替代。其中，中型规模企业有小幅增长，而大型规模火电则增长明显，总的产能几乎保持不变（见表 7 - 26）。

表 7 - 26　火电内部结构变化结果

项目	限制比率(%)	大型（万元）	中型（万元）	小型（万元）	汇总（万元）
初始值	100	7175.49	2764.76	3019.52	12959.77
方案 1	85	7655.74	2792.41	2566.59	13014.74
方案 2	66	8046.14	2904.10	1992.88	12943.12
方案 3	38	8732.68	3049.31	1147.42	12929.41
方案 4	27	8998.46	3110.30	815.27	12924.03

（2）节能分析

"上大压小"淘汰落后产能的措施，使得全国 6000 千瓦及以上火电机组平均供电标准煤耗不断下降，并超额完成"十一五"规划任务。下面就"十一五"期间节能总目标的完成、节能成因与"上大压小"政策对节能的贡献进行分析。

①总的节能分析。为分析"十一五"各年因为能源消耗强度下降而带来的节能总量，如同前述方法，将实际能耗同以 2005 年能源消耗强度计算的能耗相比较，可得到各年的累积节能量：2006 年为 202.9 万吨标准煤，2007 年为 1077.3 万吨标准煤，2010 年为 3083.9 万吨标准煤（见表 7-27）。

表 7-27 电力行业能效节能量

单位：万吨标准煤

年份	实际能耗量	以 2005 年的能源消耗强度估算的能耗	同 2005 年相比的节能量
2005	16326.5	16326.5	0
2006	18004.1	18207.0	202.9
2007	18892.3	19969.6	1077.3
2008	18676.5	20346.1	1669.6
2009	19137.9	21473.1	2335.2
2010	19774.8	22858.7	3083.9

②"上大压小"政策的节能贡献分析。由于关停活动致使小火电的产能被大产能替代，"上大压小"的节能计算方法为：节能总量 = 关停的装机量×实际有效发电时长×（小火电能效 - 大火电能效）。根据这个公式，可以估算出各年的政策节能量为 168.01 万吨标准煤，到 2010 年累积为 746.33 万吨标准煤，分别占行业技术节能量的 15%、24.20%（见表 7-28）。

表 7-28 政策节能成因分析

方 案	政策直接节能量（万吨标准煤）	政策间接节能量（万吨标准煤）	政策总节能量（万吨标准煤）	行业技术节能量（万吨标准煤）	"上大压小"政策占能效节能比（%）
方案 1（2007 年）	162.49	5.52	168.01	1077.33	15.60
方案 2（2008 年）	339.53	11.54	351.07	1669.64	21.03
方案 3（2009 年）	614.36	20.89	635.25	2335.19	27.20
方案 4（2010 年）	721.79	24.54	746.33	3083.93	24.20

可以说,"十一五"期间,"上大压小"政策对于行业的节能减排目标实现的贡献平均占到总节能的1/4左右,对于电力行业的强度目标实现贡献明显。其中,"上大压小"政策的替代效应造成的节能占到97%左右,3%左右的节能是因为对其他行业的影响估算得到。由于电力行业占总的GDP的比重本身不大,而小规模火电的产出的比重占社会总产出的比重就更小,所以,间接影响就比较小。

可能会有学者质疑,既然"十一五"期间电力行业节能减排政策的重点是"上大压小",仅仅贡献1/4左右的节能总量,是不是太小?考虑到2007～2010年总共新增的火电装机容量达到2.5亿千瓦,而相应的关停火电总装机容量为0.7亿千瓦,假设为完全替代的话,那么,所替代的仅占新增装机总容量的28%,对节能起到这样大的作用应该是合理的。

四　小结

本部分构建2007年电力行业Bottom-up模型,模拟"上大压小"淘汰小火电对"十一五"节能目标实现的贡献。主要结论有:第一,"十一五"期间,电力行业的节能总量为7541.02万吨标准煤,其中包括技术提升与产业结构改善实现的节能;第二,"上大压小"政策对电力行业"十一五"节能目标实现的贡献约占行业总节能的1/4,节能效果明显。

第五节　结论

本章通过构建混合互补模型,对我国在"十一五"期间实行"上大压小"的政策进行了模拟。在构建"上大压小"节能技术的Bottom-up模型和CGE模型的基础上,利用MCP技术,构建了中国MCP混合互补模型。利用此模型对2007～2010年各年钢铁行业、电力行业的"上大压小"政策进行了模拟与分析。各年"上大压小"政策对节能的贡献:钢铁行业分别为26.07%、17.41%、21.24%、28.69%;电力行业分别为15.60%、21.03%、27.20%、24.20%。结果表明,该政策除产生明显的直接节能效果外,还通过对国民经济的影响,产生一定的间接节能效果。毫无疑问,为了实现"十二五"的节能减排目标,可以预期"十二五"期间,中国将继续加强"上大压小"淘汰落后产能的政策。

基于 MCP 政策模拟,"上大压小"政策会产生抑制能源行业需求增长的影响,而造成一定量的 GDP 损失。本章利用 MCP 模型对钢铁和电力行业的分析发现,关停小产能主要的影响还是行业本身的节能效应,对整体经济的影响非常小。其主要原因是钢铁和电力行业中的小型企业的增加值占全体行业增加值的比重很小。

利用所构建的 MCP 混合模型来分析"上大压小"政策的全面节能效果是笔者的一个尝试。在构造 MCP 政策分析模型时,遇到了不少困难。特别是在构建一个更可靠的 Bottom-up 模型时,由于可获数据的局限性,最后选择重点细化矩阵中的能源与增加值部分,淡化其他中间投入的区别也是一种无奈。

MCP 模型对于分析 Bottom-up 模型中技术变化的影响,应用前景还是非常广泛的。它不但可以分析能源结构目标优化的影响,也可以分析碳排放技术变化的影响。利用 MCP 模型,笔者除了对"十一五"钢铁和电力行业的节能效果进行了分析外,还基于情景分析对未来"十二五"节能目标和 2020 年碳减排目标的实现方案进行了探讨。限于篇幅,就不在这里赘述了。对于 MCP 模型的研究,还有许多需要完善的地方,有待进一步深入研究,以发掘更大的应用空间。

采取行政手段淘汰落后产能是中国节能减排的一个重要举措。这项举措具体来讲就是"上大压小"。"上大压小"对于降低能源消耗强度的确是一个有效的措施。以电力行业为例,如前所述,"十一五"期间"上大压小"对电力行业节能的贡献约为1/4。面对"十二五"期间不容乐观的节能减排形势,我国已准备在"十二五"期间进一步加大淘汰落后产能的力度。

然而,对这种强力的行政措施所产生的效果应有全面评价,特别是对其产生的负面作用应该足够重视。仍以电力行业为例。"十一五"期间我国共淘汰了小火电机组 7126.5 万千瓦。从数量上看,几乎相当于英国全国的火电装机量。30 万千瓦及以上火电机组比重因"上大压小"由 43.4% 提高到 72%。供电标准煤耗由 2005 年 370 克/千瓦时下降为 2010 年的 335 克/千瓦时。可以讲,成绩斐然,但同时付出的代价也相当可观。淘汰 7000 多万千瓦的产能,意味着数百亿资产被提前报废,形成这些资产时的能耗同时付之东流。其付出的代价至少有如下几个方面。

一是由于"上大压小"是用新的生产能力替代旧的生产能力,毫无疑问会拉动 GDP 的增长,同时当期能耗下降,对能源消耗强度降低有利。但其背后是投资的有效性降低,资本积累的效果大打折扣。如在火电业,由于"压小"在很大程度上是靠"上大"激励起来的,致使火电迅速扩张,火电过快的扩张导致利用率的下降,再加上大量资产提前报废,总体投资效率下降在所难免。

二是这部分提前报废的大量固定资产的成本最终要分摊到生产成本上。成本增加多少与报废资产提前报废的年限有关。毫无疑问,由此带来的成本提高会助推成本推动型的通货膨胀。

三是"上大压小"有利于降低该部门当期的能源消耗强度和碳排放强度,但同时会加快碳存量的增长速度。"落后产能"的资产及形成这些资产时的能耗可以报废,但碳存量无法报废。"上大压小"意味着我们形成一定的生产能力却付出了"加倍"的代价,包括"加倍"的能源耗费和"加倍"的碳排放[1]。

四是"压小"的成本是多方面的。比如,关停小火电机组导致员工失业。根据国家能源局公布的数据,截至 2009 年 6 月,关停 5407 万千瓦小火电机组涉及职工近 40 万人。这些职工除部分能在本公司内部调剂外,大部分职工都将面临下岗、重新就业的现实困难。另外,部分关停会对电网的安全运行带来影响,需制定相应的电网配套专项规划、增加对电网的投资等。

参考文献

李拥军:《关于钢铁产业淘汰落后产能的相关问题分析》,《中国钢铁业》2012 年第 12 期。

刘小敏:《石油价格上涨对中国经济的冲击——基于一般均衡分析》,北方工业大学硕士论文,2007。

王维兴:《2008 年中国钢铁工业能耗分析》,《钢铁》2009 年第 9 期。

Böhringer Christoph and Thomas F. Rutherford, "Discussion Paper No. 05 – 28 Integrating Bottom-up into Top-down: A Mixed Complementarity Approach", 2008.

Böhringer, C., "The Synthesis of Bottom-up and Top-down in Energy Policy Modeling", *Energy Economics*, 20 (3), 1998.

---

[1] 倍数在 1 和 2 之间。

Dirkse, S., Ferris, M., "The Path Solver: A Non-monotone Stabilization Scheme for Mixed Complementarity Problems", *Optimization Methods and Software*, 5, 1995.

Ferris M. C., Pang J. S., "Engineering and Economic Applications of Complementarity Problem", *SIAM Review*, 39 (4), 1997.

Ferris M. C., Pang J. S., "Engineering and Economic Applications of Complementarity Problem", *SIAM Review*, 39 (4), 1997.

IAEE. Hybrid, "Modeling of Energy-Environment Policies: Reconciling Bottom-up and Top-down", Special Issue, International Association for Energy Economics, 2006.

Ian Sue Wing, "The Synthesis of Bottom-up and Top-down Approaches to Climate Policy Modeling: Electric Power Technology Detail in a Social Accounting Frame Work", *Energy Economics*, 30, 2008.

Manne, A. S., "ETA – MACRO: A Model of Energy Economy Interactions", Technical Report, Electric Power Research Institute, Palo Alto, California, 1977.

Manne, A. S., Mendelsohn, R., Richels, R. G., "MERGE: A Model for Evaluating Regional and Global Effects of GHG Reduction Policies", *Energy Policy*, 23, 2006.

Messner, S., Schrattenholzer, L., "MESSAGE – MACRO: Linking an Energy Supply Model with a Macroeconomic Module and Solving Iteratively", *Energy — The International Journal*, 25 (3), 2000.

Murty K. G., *Linear Complementarity, Linear and Nonlinear Programming*, Heldermann Verlag, Berlin, 1988.

Rutherford, T. F., "Extensions of GAMS for Complementarity Problems Arising in Applied Economics", *Journal of Economic Dynamics and Control*, 19, 1995.

第八章
技术进步与节能减排

第一节　节能减排的目标与政策

　　节能减排指的是降低能源消耗、减少污染排放。我国《"十一五"规划纲要》提出了"十一五"期间单位 GDP 能耗降低 20% 左右、主要污染物排放总量减少 10% 的约束性指标。具体为：到 2010 年，万元 GDP 能耗由 2005 年的 1.22 吨标准煤下降到 1 吨标准煤以下，降低 20% 左右；单位工业增加值用水量降低 30%；主要污染物排放总量减少 10%，到 2010 年，二氧化硫排放量由 2005 年的 2549 万吨减少到 2295 万吨，化学需氧量由 1414 万吨减少到 1273 万吨；全国设市城市污水处理率不低于 70%，工业固体废物综合利用率达到 60% 以上。

　　2011 年 3 月颁布的《"十二五"规划纲要》规定，非化石能源占一次能源消费比重达到 11.4%，单位 GDP 能耗降低 16%，单位 GDP 二氧化碳排放降低 17%。

　　为了保证节能减排目标的实现，近几年里，国家相关部委先后出台了一系列针对性的政策措施，可谓多管齐下。《电力法》《煤炭法》《节约能源法》《可再生能源法》《循环经济促进法》等法规相继出台，为我国节能减排、环境保护提供了强大的法律支持和保障。

　　2011 年 7 月 19 日，国务院通过了《"十二五"节能减排综合性工作方案》。该方案提出了进一步落实节能减排的政策措施，包括推进重点领域节能减排、进一步调整优化产业结构、实施节能减排重点工程、推广使用先进技术、加强节能减排管理、完善节能减排长效机制等。

第二节 我国能源利用效率变动分析

能源利用效率,此处定义为单位标准煤所产生的 GDP。这一指标综合反映了生产中能源的利用效率,是衡量经济增长质量的重要指标之一,也反映了一个经济体产业结构的轻重,以及技术水平、管理水平的高低。以下分别在总量、产业和地区层面讨论能源利用效率的变化。

一 全国能源利用效率变化

表 8 - 1 显示,1980 ~ 2007 年,我国的能源利用效率有了很大的提高,尤其是在 1980 ~ 2000 年的 20 年中,从 1275 元/吨标准煤提高到 3635 元/吨标准煤,年均增长率达到了 5.38%。但是,2003 年开始能源利用效率在降低,到 2005 年降到了 21 世纪的最低水平 3542 元/吨标准煤,2006 年又开始提高。图 8 - 1 清楚地揭示了自 1990 年以来我国能源利用效率情况。从 1990 年的 1891 元/吨标准煤一路攀升到 2002 年的 3919 元/吨标准煤,随后开始下跌,2006 年和 2007 年开始反弹,但也未能达到 2002 年的水平。

表 8 - 1 我国能源利用效率

项 目	1980 年	1985 年	1990 年	1995 年	2000 年	2005 年	2007 年
单位标准煤产生的 GDP（元/吨标准煤,1990 年不变价）	1275	1667	1891	2537	3635	3542	3744
年均增长率(%)	—	5.50	2.56	6.05	7.45	- 0.52	2.82

资料来源:根据历年《中国统计年鉴》计算得出。

二 我国各行业能源利用效率的变化

我们按照投入产出表把国民经济合并为 29 个部门,选取 1987 年、1992 年、1997 年、2002 年和 2006 年 5 个时点,分别计算了各个时点各行业能源消耗的行业结构、能源利用效率的变动和各行业能源利用效率的提高对国民经济能源利用效率提高的贡献。

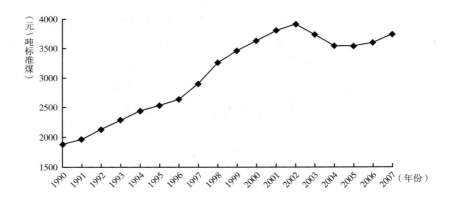

图 8-1 我国能源利用效率

（一）能源消耗的行业结构

首先计算分析我国能源消耗的行业结构。我们选取 1987 年、1992 年、1997 年、2002 年和 2006 年 5 个时点，分别计算各个时点各行业能源消耗占能源总消耗的比重，计算结果见表 8-2。从各个行业占的比重看，2006 年与 1987 年相比，各个行业占能源总消费的比重有升有降。其中，降低大于 1 个百分点的行业有农业，煤炭开采和洗选业，食品加工业，纺织业，化学工业，非金属矿物制品业，通用、专用设备制造业；升高大于 1 个百分点的行业有电力、热力业，石油炼焦业，金属冶炼及压延加工业，交通邮电业，商业餐饮业；其余行业的变化幅度在 1 个百分点内。

从各个行业的能源消耗比重在不同年份的排序看，1987～2006 年，前 3 名一直包括化学工业、金属冶炼及压延加工业、非金属矿物制品业，只不过从 1997 年起，金属冶炼及压延加工业成为第 1 名，化学工业成为第 2 名。3 个行业占的比重从 45.09% 上升到 45.95%，而 1987 年这 3 个行业的产值占总产值的比重只有 13.7%（现价），2006 年也只有 16.27%。可见，这 3 个行业是 29 个部门中的能源消耗大户。其中，金属冶炼及压延加工业的能源消耗比重提高了 8.45 个百分点，这与我国近 20 年来交通运输业和建筑业的快速发展是密切相关的，尤其是汽车工业的飞速发展。

1987 年，化学工业的能源消耗总量占全国能源消耗总量的比重最大，为 17.10%，其次是金属冶炼及压延业，为 14.84%，再次是非金属矿物制品业，为 13.15%，3 个行业合计 45.09%，而这 3 个行业的产值占总产值的比重只有 13.7%（现价）。2006 年，行业能源消耗比重前 3 名仍然是这 3 个行业，只是金属冶炼及压延加工业的能源消耗比重达到了 23.29%，化学工业和非金属矿物制品业分别降到 13.63% 和 9.03%，3 个行业合计上升到 45.95%，而 3 个行业的产值占总产值的比重只有 16.27%。

电力、热力业的能源消耗比重从 1987 年的 4.22% 上升到 2006 年的 8.52%，其他的行业有升有降，变化不是很大。

表 8 - 2　各行业不同时点能源消耗占能源总消耗的比重

单位：%

代码	行　　业	1987 年	1992 年	1997 年	2002 年	2006 年
1	农业	6.36	5.52	4.77	4.92	3.80
2	煤炭开采和洗选业	4.88	4.85	4.76	3.42	3.07
3	石油和天然气开采业	2.33	2.44	2.44	3.39	1.64
4	金属矿采选业	1.00	1.01	0.72	0.63	0.83
5	非金属矿采选业	1.07	1.08	0.70	0.63	0.47
6	食品加工业	4.12	3.94	3.82	2.69	2.08
7	纺织业	3.77	3.66	3.06	2.31	2.61
8	服装皮革业	0.51	0.54	0.54	0.43	0.44
9	木材及家具业	0.35	0.35	0.42	0.32	0.41
10	造纸及文教用品业	1.97	2.09	2.08	1.97	1.78
11	电力、热力业	4.22	5.44	6.83	9.60	8.52
12	石油炼焦业	3.04	3.53	4.82	5.69	5.60
13	化学工业	17.10	16.58	16.88	14.18	13.63
14	非金属矿物制品业	13.15	12.00	11.31	8.09	9.03
15	金属冶炼及压延加工业	14.84	15.65	18.52	17.99	23.29
16	金属制品业	0.85	0.90	0.86	1.11	1.17
17	通用、专用设备制造业	3.52	3.04	2.37	1.61	1.67
18	交通运输设备制造业	1.40	1.31	1.19	1.22	0.97
19	电气、机械及器材制造业	0.74	0.64	0.55	0.55	0.60
20	通信设备、计算机及其他电子设备制造业	0.38	0.38	0.28	0.60	0.79
21	仪器仪表及文化办公用机械制造业	0.18	0.15	0.12	0.13	0.10
22	其他制造业	1.36	1.42	1.07	0.97	0.61
23	建筑业	1.79	1.53	1.16	1.89	1.68
24	交通邮电业	5.86	5.57	5.08	8.32	8.41
25	商业餐饮业	1.29	1.57	1.75	2.62	2.50
26	公用事业及居民服务业	0.78	1.24	1.33	1.69	1.64
27	文教卫生科研事业	1.59	1.37	1.17	1.43	1.13
28	金融保险业	0.65	1.03	0.64	0.69	0.68
29	公共管理和社会组织	0.89	1.15	0.78	0.91	0.86

资料来源：根据《中国能源统计年鉴》数据计算得出。

（二）各行业能源利用效率的变动

接下来，我们仍选取上述 5 个时点，分别测算出 29 个行业的能源利用效率，测算结果见表 8 - 3。

从表 8 - 3 可以看到，1987 年，能源利用效率的前 5 名依次是商业餐饮业，建筑业，通信设备、计算机及其他电子设备制造业，金融保险业，服装皮革业。其中，两个行业是服务业，两个行业是制造业。后 5 名依次是金属矿采选业、金属冶炼及压延加工业、其他制造业、煤炭开采和洗选业、非金属矿物制品业，全部属于工业，有 3 个属于采掘业。1987 年的能源利用效率的平均水平是 0.42 万元/吨标准煤，其中 18 个行业的能源利用效率大于平均水平。

1992 年，能源利用效率的前 5 名依次是商业餐饮业，建筑业，通信设备、计算机及其他电子设备制造业，服装皮革业，电气、机械及器材制造业。其中，有 3 个行业是制造业，电气、机械及器材制造业从 1987 年的第 9 名升至第 5 名。后 5 名依次是非金属矿物制品业，金属冶炼及压延加工业，石油和天然气开采业，电力、热力业，煤炭开采和洗选业。这 5 个行业也全部属于工业，其中 3 个行业属于能源业。1992 年的能源利用效率的平均水平是 0.57 万元/吨标准煤，其中 20 个行业的能源利用效率大于平均水平，好于 1987 年。

表 8 - 3　各行业的能源利用效率（1990 年不变价）

单位：万元/吨标准煤

代码	行　业	1987 年	1992 年	1997 年	2002 年	2006 年
1	农业	1.477	1.683	2.109	2.068	2.347
2	煤炭开采和洗选业	0.118	0.128	0.190	0.442	0.412
3	石油和天然气开采业	0.221	0.199	0.196	0.168	0.265
4	金属矿采选业	0.175	0.233	0.986	1.350	0.883
5	非金属矿采选业	0.354	0.596	1.788	1.641	0.891
6	食品加工业	0.840	1.034	2.092	3.136	4.548
7	纺织业	0.861	1.145	2.206	2.804	2.831
8	服装皮革业	1.510	2.952	8.031	10.529	11.395
9	木材及家具业	0.949	1.483	4.069	8.583	5.088
10	造纸及文教用品业	0.573	0.919	1.519	2.475	2.363
11	电力、热力业	0.198	0.195	0.234	0.260	0.499
12	石油炼焦业	0.238	0.237	0.239	0.355	0.364

续表

代码	行　业	1987 年	1992 年	1997 年	2002 年	2006 年
13	化学工业	0.213	0.275	0.717	1.214	1.375
14	非金属矿物制品业	0.109	0.233	0.532	0.485	0.609
15	金属冶炼及压延加工业	0.126	0.210	0.234	0.509	0.571
16	金属制品业	1.239	1.452	4.249	3.843	3.359
17	通用、专用设备制造业	0.721	1.446	3.034	5.903	6.602
18	交通运输设备制造业	0.454	1.226	3.584	6.267	12.837
19	电气、机械及器材制造业	1.311	2.355	8.934	10.985	16.811
20	通信设备、计算机及其他电子设备制造业	1.786	2.977	23.108	23.423	40.237
21	仪器仪表及文化办公用机械制造业	0.698	1.626	6.268	10.570	21.254
22	其他制造业	0.120	0.604	2.087	2.054	2.049
23	建筑业	2.108	3.743	5.169	4.038	3.811
24	交通邮电业	0.278	0.425	0.785	1.040	1.098
25	商业餐饮业	4.510	4.111	2.496	2.757	3.046
26	公用事业及居民服务业	1.308	1.118	2.022	2.674	3.428
27	文教卫生科研事业	1.312	1.533	2.544	3.262	4.877
28	金融保险业	1.561	1.553	2.260	3.692	4.088
29	公共管理和社会组织	1.328	1.525	2.612	3.841	5.062

资料来源：根据《中国能源统计年鉴》和《中国投入产出表》的数据计算得到。

1997 年，能源利用效率的前 5 名依次是通信设备、计算机及其他电子设备制造业，电气、机械及器材制造业，服装皮革业，仪器仪表及文化办公用机械制造业，建筑业。全部是制造业，其中有 4 个行业属于装备制造业。后 5 名依次是非金属矿物制品业，石油炼焦业，电力、热力业，石油和天然气开采业，煤炭开采和洗选业。其中 3 个行业属于能源业。1997 年的能源利用效率的平均水平是 1.02 万元/吨标准煤，其中 20 个行业的能源利用效率大于平均水平。

2002 年，能源利用效率的前 5 名依次是通信设备、计算机及其他电子设备制造业，电气、机械及器材制造业，仪器仪表及文化办公用机械制造业，服装皮革业，木材及家具业。全部是制造业，有 3 个行业属于装备制造业。后 5 名依次是非金属矿物制品业，煤炭开采和洗选业，石油炼焦业，电力、热力业，石油和天然气开采业。其中 3 个行业属于能源行业。2002 年的能源利用效率的平均水平是 1.41 万元/吨标准煤，其中 20 个行业的能源利用效率大于平均水平。

2006 年，能源利用效率的前 5 名依次是通信设备、计算机及其他电子设备制造业，仪器仪表及文化办公用机械制造业，电气、机械及器材制造业，交通运输设备制造业，服装皮革业。全部是制造业，有 4 个行业属于装备制造业。后 5 名依次是金属冶炼及压延加工业，电力、热力业，煤炭开采和洗选业，石油炼焦业，石油和天然气开采业。其中 3 个行业属于能源行业。2006 年的能源利用效率的平均水平是 1.77 万元/吨标准煤，其中 19 个行业的能源利用效率大于平均水平。

从 1997 年开始，能源利用效率最高的一直是通信设备、计算机及其他电子设备制造业，有 3 个装备制造业一直处于能源利用效率较高的行业。在这 19 年的 5 个时点中，采掘业和能源行业的能源利用效率是较低的。经过近 20 年的发展，商业餐饮业的能源效率 2006 年却低于 1987 年，不能不令人深思。

（三）各行业能源利用效率的提高对国民经济能源利用效率提高的贡献

在比较了各行业不同时点的能源利用效率后，我们来比较在不同的时段各行业能源利用效率的提高对国民经济能源利用效率提高的贡献情况。

我们使用经济增长源分析的测算方法，测算各行业能源利用效率的提高对国民经济能源利用效率提高的贡献。具体测算方法是 $\dfrac{S_{i0}\Delta\ln INDE_i}{\Delta\ln GE}\times$ 100%，即第 i 行业能源利用效率的提高对国民经济能源利用效率提高的贡献率。其中，$\Delta\ln INDE_i$ 是 i 行业能源利用效率的增长率（可比价测算的对数形式），$\Delta\ln GE$ 是国民经济能源利用效率的增长率，S_{i0} 是基期 i 行业占国民经济的比重（当年价）。测算结果见表 8 - 4。

表 8 - 4　各行业能源利用效率的提高对国民经济能源利用效率提高的贡献率

单位：%

代码	行　　业	1987 ~ 1992 年	1993 ~ 1997 年	1998 ~ 2002 年	2003 ~ 2006 年	1987 ~ 2006 年
1	农业	7.33	3.69	- 1.07	6.05	4.08
2	煤炭开采和洗选业	0.27	0.53	4.74	- 0.47	0.99
3	石油和天然气开采业	- 0.33	- 0.02	- 0.66	2.79	0.12
4	金属矿采选业	0.32	0.68	0.82	- 0.97	0.49
5	非金属矿采选业	1.39	1.38	- 0.34	- 1.48	0.50

续表

代码	行　　业	1987 ~ 1992 年	1993 ~ 1997 年	1998 ~ 2002 年	2003 ~ 2006 年	1987 ~ 2006 年
6	食品加工业	4.65	5.41	12.55	9.24	7.16
7	纺织业	5.79	4.69	4.88	0.14	3.94
8	服装皮革业	3.95	2.95	3.79	0.86	3.27
9	木材及家具业	1.19	0.96	3.88	-3.12	1.13
10	造纸及文教用品业	3.90	1.64	4.97	-0.53	2.34
11	电力、热力业	-0.08	1.16	2.70	8.50	1.90
12	石油炼焦业	-0.03	-1.95	5.31	0.48	-0.50
13	化学工业	5.70	13.33	23.83	-0.89	11.36
14	非金属矿物制品业	7.79	1.54	-7.29	0.76	1.71
15	金属冶炼及压延加工业	6.86	24.84	8.40	8.61	14.73
16	金属制品业	0.92	0.15	6.01	-1.21	0.89
17	通用、专用设备制造业	13.62	11.93	5.34	8.45	10.19
18	交通运输设备制造业	5.21	6.10	6.82	6.67	6.66
19	电气机械及器材制造业	4.37	6.69	-6.37	2.80	3.84
20	通信设备、计算机及其他电子设备制造业	2.48	7.03	8.51	24.85	9.41
21	仪器仪表及文化办公用机械制造业	0.86	-0.26	1.45	3.20	0.47
22	其他制造业	2.38	-0.80	-2.70	-1.59	0.13
23	建筑业	17.51	3.05	-9.10	-2.65	3.45
24	交通邮电业	4.37	3.07	4.42	1.80	4.03
25	商业餐饮业	-2.62	-5.31	2.90	4.02	-2.12
26	公用事业及居民服务业	-1.05	2.28	4.68	7.51	2.41
27	文教卫生科研事业	2.17	2.13	3.64	10.46	3.58
28	金融保险业	-0.03	1.17	4.03	1.24	1.39
29	公共管理和社会组织	1.08	1.91	3.86	4.49	2.43

资料来源：根据《中国能源统计年鉴》和《中国统计年鉴》的数据计算。

　　上面已经提到，2006 年石油炼焦业和商业餐饮业的能源利用效率低于 1987 年，因此，1987 ~ 2006 年，这两个行业的贡献率为负数。在 1987 ~ 2006 年的 19 年间，贡献率最大的是金属冶炼及压延加工业，达 14.73%。后面依次是化学工业，通用、专用设备制造业，通信设备、计算机及其他电子设备制造业，食品加工业。这 5 个行业全部是制造业，贡献率合计 52.85%，占了半壁江山。这说明在此期间这些行业的能源利用效率有较大提高。

分时段分析，1987～1992 年，由于石油炼焦业，金融保险业，电力、热力业，石油和天然气开采业，公用事业及居民服务业，商业餐饮业 6 个行业的能源利用效率降低，因此此期间 6 个行业的贡献率为负数。贡献率的前 5 名依次是建筑业，通用、专用设备制造业，非金属矿物制品业，农业，金属冶炼及压延加工业，贡献率合计 53.11%。

1993～1997 年，由于石油和天然气开采业、仪器仪表及文化办公用机械制造业、其他制造业、石油炼焦业、商业餐饮业 5 个行业能源利用效率降低，因此它们在此期间的贡献率为负数。贡献率的前 5 名依次是金属冶炼及压延加工业，化学工业，通用、专用设备制造业，通信设备、计算机及其他电子设备制造业，电气机械及器材制造业，贡献率合计 63.82%。

1998～2002 年，有 7 个行业（包括非金属矿采选业，石油和天然气开采业，农业，其他制造业，电气、机械及器材制造业，非金属矿物制品业，建筑业）的能源利用效率下降，因此这 7 个行业的贡献率为负数。贡献率的前 5 名依次是化学工业，食品加工业，通信设备、计算机及其他电子设备制造业，金属冶炼及压延加工业，交通运输设备制造业，贡献率合计 60.11%。

2003～2006 年，有 9 个行业（包括煤炭开采和洗选业、造纸及文教用品业、化学工业、金属矿采选业、金属制品业、非金属矿采选业、其他制造业、建筑业、木材及家具业）的能源利用效率下降，因此这 9 个行业的贡献率为负数。贡献率的前 5 名依次是通信设备、计算机及其他电子设备制造业，文教卫生科研事业，食品加工业，金属冶炼及压延加工业，电力、热力业，贡献率合计 61.66%。

三 我国各地区能源利用效率的变化

（一）各地区能源利用效率的变化

接下来测算分析各地区能源利用效率的变化。表 8-5 列出了我国各地区不同时点的能源利用效率（1978 年不变价）。

1985 年，能源利用效率最高的是上海，其次是浙江，后面依次是广东、福建和江苏。后 5 名依次是辽宁、甘肃、吉林、新疆、山西。1985 年全国平均能源利用效率是 0.0911 万元/吨标准煤，有 12 个地区高于全国平均水平。

1990 年，能源利用效率的前 5 名依次是海南、上海、广东、浙江、福建，上海退居第 2 名，浙江、福建分别跌落 2 个和 1 个名次。后 5 名依次是新疆、吉林、贵州、宁夏、山西。1990 年全国平均能源利用效率是 0.1049 万元/吨标准煤，有 13 个地区高于全国平均水平，比 1985 年多了 1 个地区。

1995 年，能源利用效率的前 5 名依次是海南、上海、福建、浙江、广东。后 5 名依次是新疆、宁夏、青海、贵州、山西。1995 年全国平均能源利用效率是 0.1430 万元/吨标准煤，有 13 个地区高于全国平均水平，与 1990 年持平。

2000 年，能源利用效率的前 5 名依次是江苏、上海、福建、海南、广东。后 5 名依次是新疆、宁夏、青海、山西、贵州。2000 年全国平均能源利用效率是 0.209 万元/吨标准煤，有 14 个地区高于全国平均水平，比 1995 年多了 1 个地区。

表 8 - 5　各地区能源利用效率（1978 年不变价）

单位：万元/吨标准煤

地　　区	1985 年	1990 年	1995 年	2000 年	2007 年
北　　京	0.091	0.113	0.153	0.208	0.352
天　　津	0.093	0.097	0.136	0.214	0.369
河　　北	0.066	0.079	0.107	0.164	0.179
山　　西	0.039	0.048	0.044	0.083	0.107
内　蒙　古	0.068	0.073	0.107	0.127	0.146
辽　　宁	0.060	0.075	0.099	0.135	0.217
吉　　林	0.058	0.065	0.094	0.163	0.228
黑　龙　江	0.063	0.073	0.095	0.140	0.223
上　　海	0.192	0.204	0.267	0.371	0.550
江　　苏	0.134	0.159	0.238	0.378	0.467
浙　　江	0.184	0.181	0.245	0.288	0.378
安　　徽	0.118	0.120	0.152	0.214	0.340
福　　建	0.148	0.169	0.260	0.340	0.376
江　　西	0.127	0.141	0.195	0.296	0.381
山　　东	0.097	0.103	0.174	0.226	0.264
河　　南	0.077	0.098	0.146	0.192	0.234
湖　　北	0.105	0.112	0.145	0.218	0.292
湖　　南	0.083	0.094	0.112	0.239	0.224
广　　东	0.164	0.182	0.241	0.307	0.400
广　　西	0.128	0.132	0.157	0.211	0.247
海　　南	0.000	0.399	0.376	0.339	0.414

续表

地　区	1985 年	1990 年	1995 年	2000 年	2007 年
四　川	0.091	0.102	0.116	0.190	0.238
贵　州	0.071	0.063	0.064	0.072	0.099
云　南	0.104	0.108	0.130	0.148	0.165
陕　西	0.089	0.108	0.120	0.214	0.241
甘　肃	0.058	0.077	0.097	0.136	0.196
青　海	0.073	0.065	0.069	0.083	0.097
宁　夏	0.068	0.059	0.081	0.086	0.087
新　疆	0.055	0.065	0.082	0.102	0.124

注：四川包括重庆，因海南 1988 年建省，故 1985 年没有数据。

资料来源：根据《中国能源统计年鉴》和《中国统计年鉴》的数据计算。

2007 年，能源利用效率的前 5 名依次是上海、江苏、海南、广东、江西。后 5 名依次是新疆、山西、贵州、青海、宁夏。2007 年全国平均能源利用效率是 0.2707 万元/吨标准煤，有 11 个地区高于全国平均水平，比 2000 年少了 3 个地区。

在这 5 个时点中，上海和广东一直居于前 5 名中，海南也在 4 个时点中名列前茅。山西和新疆一直居于能源利用效率的后 5 名中。宁夏和贵州在 4 个时点中能源利用效率也位居后 5 名之中。从这里也可以看出，经济发展越快、经济总量越大、工业发展越快的地区，能源利用效率越高。

（二）各地区能源利用效率的提高对全国能源利用效率提高的贡献

与前面产业部分的分析方法类似，我们利用各地区能源利用效率计算了 1986 ~ 1990 年、1991 ~ 1995 年、1996 ~ 2000 年、2001 ~ 2007 年、1986 ~ 2007 年 5 个时段各地区能源利用效率的提高对全国能源利用效率提高的贡献率，计算结果见表 8 - 6。

表 8 - 6　各地区能源利用效率的提高对全国能源利用效率提高的贡献率

单位：%

地　区	1986 ~ 1990 年	1991 ~ 1995 年	1996 ~ 2000 年	2001 ~ 2007 年	1986 ~ 2007 年
北　京	5.92	3.19	2.45	15.81	4.32
天　津	0.88	2.40	2.35	9.95	2.89
河　北	7.49	5.06	6.10	- 6.24	4.86
山　西	4.72	- 0.76	3.56	2.18	2.13

续表

地　　区	1986~1990 年	1991~1995 年	1996~2000 年	2001~2007 年	1986~2007 年
内　蒙　古	1.22	2.37	0.70	-2.78	0.95
辽　　宁	10.90	5.73	4.40	20.16	7.14
吉　　林	2.26	2.94	3.21	3.54	2.98
黑　龙　江	4.94	3.54	3.22	12.37	4.52
上　　海	3.52	6.09	5.76	21.76	7.01
江　　苏	11.68	12.55	13.19	1.96	11.70
浙　　江	-0.60	4.91	2.62	7.25	3.36
安　　徽	0.57	2.75	3.21	13.82	3.61
福　　建	2.62	3.75	2.31	-4.94	2.42
江　　西	2.19	2.76	2.89	2.92	2.71
山　　东	3.62	13.17	5.84	-3.77	7.30
河　　南	11.06	7.09	3.83	-0.13	5.48
湖　　北	2.32	4.05	4.97	6.67	4.46
湖　　南	4.01	2.15	7.08	-10.19	3.35
广　　东	5.21	7.29	6.22	7.05	6.44
广　　西	0.57	1.03	1.61	-1.31	0.98
海　　南	0.00	-0.10	-0.16	-0.12	0.00
四　　川	7.02	2.86	8.12	2.73	5.68
贵　　州	-1.34	0.07	0.35	1.90	0.22
云　　南	0.63	1.33	0.65	-1.53	0.63
陕　　西	3.83	0.85	3.27	-2.12	2.02
甘　　肃	3.75	1.33	1.35	3.89	1.88
青　　海	-0.36	0.07	0.13	-0.24	0.02
宁　　夏	-0.49	0.47	0.05	-0.85	0.02
新　　疆	1.84	1.07	0.75	0.25	0.93

1986~2007 年，贡献率最大的是江苏，为 11.70%，后面依次是山东、辽宁、上海、广东，5 个地区的贡献率合计 39.59%。贡献率的后 5 名依次是云南、贵州、宁夏、青海、海南。可见，经济发展快、能源利用效率高的地区，对全国能源利用效率提高的贡献就大，而经济发展慢、能源利用效率低的地区，对全国能源利用效率提高的贡献就小。

分时段分析，1986~1990 年，由于浙江、贵州、青海、宁夏 1990 年的能源利用效率低于 1985 年，所以此期间 4 个地区的贡献率小于零。贡献率最大的是江苏，后面依次是河南、辽宁、河北、四川，5 个地区的贡献率合计 48.15%。

1991～1995 年的情况比上一周期好。只有海南和山西的 1995 年能源利用效率比 1990 年低，因而只有这两个地区的贡献率为负数。从贡献率的数值来看，贡献率最大的是山东，后面依次是江苏、广东、河南、上海。但与上一周期的排序不同，山东从第 13 名一跃成为第 1 名，广东从第 7 名升至第 3 名，上海从第 14 名升至第 5 名，而江苏和河南分别跌落 1 个和 2 个名次。5 个地区的贡献率合计 46.19%，低于上一周期近 2 个百分点。

1996～2000 年的情况比上一个周期好。只有海南的能源利用效率下降，贡献率为负数。贡献率的前 5 名依次是江苏、四川、湖南、广东、河北，与上一周期有很大的不同。湖南是第一次进入前 5 名，四川、河北隔了一个周期重新进入，广东跌落 1 个名次。5 个地区的贡献率合计 40.71%，低于上一周期 4 个多百分点。

2001～2007 年，有 12 个地区 2007 年的能源利用效率低于 2000 年，因此这 12 个地区的贡献率也为负数。贡献率的前 5 名依次是上海、辽宁、北京、安徽、黑龙江，与上一周期完全不同，都是新的地区。5 个地区的贡献率合计 83.92%，是历史最高水平。

以上是从全国、各行业和地区的能源利用效率来讨论能源消耗情况，下面着重从实物量的能耗方面来看我国的能源利用情况。

四　工业企业部分产品的能耗变化分析

（一）电力企业的能耗变化情况

电力部门作为能源转换的重要部门，也是能源消耗的重点部门。表 8－7是 1980～2007 年我国重点电力企业的发电和供电煤耗的煤能耗情况。1980 年发电 1 千瓦时需耗标准煤 413 克，2007 年只需要 332 克，降低了 81 克，降幅是 19.61%。同样，供电能耗也有较大幅度的下降，1980 年供电 1 千瓦时需耗标准煤 448 克，2007 年只需要 356 克，降低了 92 克，降幅是 20.54%。从这 27 年的发电和供电煤耗的降低情况看，进一步降低的空间并不是很大，世界供电能耗最低的是日本，为 312 克标准煤/千瓦时，差距为 44 克标准煤/千瓦时，高 14.10%[①]。

---

① 《节能战略推动高耗能产业结构调整》，国都证券研究发展中心，2007 年 7 月 3 日。

表 8 - 7　发电和供电能耗

单位：克标准煤/千瓦时

项　　目	1980 年	1985 年	1990 年	1995 年	2000 年	2005 年	2007 年
发电耗标准煤	413	398	392	368	363	343	332
供电耗标准煤	448	431	427	402	392	370	356

资料来源：《中国统计年鉴》和《中国电力年鉴》（2008 年）。

2007 年，全国发电厂用电率为 5.92%（其中水电 0.40%，火电 6.75%），国际先进水平为 4%（日本），比国际先进水平高 1.92 个百分点；电网输电线路损失率为 6.85%，比 2006 年减少 0.19 个百分点，国际先进水平为 3%（意大利），比国际先进水平高 3.85 个百分点[①]。从这两方面看，我国在发电和供电方面还有一定的节能潜力。

根据中国电力企业联合会统计，2007 年全国电力行业二氧化硫排放量约为 1200 万吨，比 2006 年降低 11.1%，降幅超过全国二氧化硫排放量降幅 6.45%。电力行业二氧化硫排放量占全国二氧化硫排放总量的比例由 2006 年的 52.1% 下降到 48.6%，减少 3.5%；二氧化硫排放绩效由 2006 年的 5.7 克/千瓦时下降到 4.4 克/千瓦时，降低了 1.3 克/千瓦时（2005 年美国电力行业二氧化硫排放绩效为 5.14 克/千瓦时）。2006 年成为历史上电力行业二氧化硫排放量最高的年份，2007 年则成为历史上的转折之年[②]。

（二）钢铁行业的能耗变化情况

钢铁工业是高物耗、高能耗、高排放的传统产业。从总量来看，2007 年，钢铁工业总能耗约占全国的 17.99%，二氧化硫排放总量占工业的 8.24%，烟尘排放量占工业的 9.75%，粉尘排放量占工业的 16.02%，各指标均有不同程度的提高。2005 年，我国吨钢综合能耗是日本的 2 倍多，国内大中型钢铁企业与国外先进水平的差距大体为 10%～15%。吨钢耗新水量比世界先进水平高 8～10 吨，粉灰尘排放量则是世界先进水平的 10 倍[③]。

表 8 - 8 是我国 1980～2007 年吨钢综合能耗变化情况。由于电力折算系

---

① 王保喜、高军彦：《电力工业节能减排的形势与对策》，《电力需求侧管理》2008 年第 4 期。

② 王志轩：《电力行业节能减排现状问题及对策》，《华电技术》2008 年第 5 期。

③ http：//www.cppcc.gov.cn/rmzxb/myzkz/200512090018.htm，2005 年 12 月 9 日。

数的改变，2005 年以后的吨钢综合能耗数据出现断层，但从总的趋势上可以看出是在不断下降的。按照旧系数来计算，1980～2005 年，我国吨钢综合能耗下降了 1.293 吨标准煤，降低幅度达 63.38%，我国钢铁行业的能耗降低还是可以的。

2000～2007 年重点统计钢铁企业工序能耗变化情况见表 8-9。2000～2007 年重点统计钢铁企业各工序能耗有不同程度下降，烧结工序、炼铁工序、焦化工序、转炉工序分别下降了 19.87%、8.42%、24.02%、79.12%。

表 8-8 我国吨钢综合能耗变化情况

单位：吨标准煤/吨

项 目	1980 年	1985 年	1989 年	1995 年	2000 年	2005 年	2006 年	2007 年
旧系数	2.04	1.746	1.636	1.292	0.885	0.747	—	—
新系数	—	—	—	—	0.694	0.645	0.632

资料来源：1980～1995 年数据来自《中国钢铁工业年鉴》；2000 年以后的数据来自兰德年《钢铁行业节能减排方向及措施》，《冶金管理》2008 年第 7 期，第 25 页。

国际炼铁燃料比最低的是芬兰和瑞典，分别是 439 千克标准煤/吨和 457 千克标准煤/吨，国际先进水平在 500 千克标准煤/吨以下。2006 年，我国重点统计钢铁企业的炼铁燃料比就达到了国际先进水平。

表 8-9 重点统计钢铁企业工序能耗变化情况

单位：千克标准煤/吨

年份	烧结	炼铁	焦化	转炉
2000	68.90	466.07	160.20	28.88
2001	68.60	460.00	153.98	28.03
2002	67.07	455.13	150.32	24.01
2003	66.42	464.68	148.51	23.56
2004	66.38	466.20	142.21	26.57
2005	64.83	456.79	142.21	36.34
2006	55.61	433.08	123.11	9.09
2007	55.21	426.84	121.72	6.03

资料来源：参见兰德年《钢铁行业节能减排方向及措施》，《冶金管理》2008 年第 7 期，第 25 页。

2006 年全国大中型钢铁企业吨钢二氧化硫排放量比 2005 年下降 4.1%，吨钢烟尘排放量下降 2.99%，吨钢粉尘排放量下降 1.76%，吨钢化学需氧量排放量下降 8.43%[①]。

2005 年，全国重点钢铁企业的固体废弃物治理及资源化综合利用的情况是：焦炉煤气利用率为 98%，高炉煤气利用率为 96%，转炉煤气利用率为 85%，尘泥利用率为 98.5%，高炉渣利用率为 96%，钢渣利用率为 91%，废酸处理率为 97%。吨钢烟尘排放量已从 2000 年 1696 克降到 2005年的 710 克，降幅为 58.14%；吨钢二氧化硫排放量从 2000 年的 5563 克降到 2005 年的 3080 克；吨钢化学需氧量排放量从 2000 年的 985 克降到 2005年的 415 克[②]。

（三）有色行业部分产品的能耗变化情况

有色行业能耗主要集中在矿山、冶炼和加工三大领域，目前平均每吨有色金属综合能耗与国际先进水平相比，仍存在差距。

表 8 - 10 是我国主要有色金属能耗指标。从表中数据来看，各个指标都有不同程度的下降，下降幅度最大的是铝加工材综合能耗，从 1993 年的 1905.0 千克/吨降到 2007 年的 450.6 千克/吨，下降了 1454.4 千克/吨，降幅是 76.35%。其次是铜加工材综合能耗，从 1993 年的 1860.0 千克/吨降到 2007 年的 565.1 千克/吨，下降了 1294.9 千克/吨，降幅是 69.62%。但是，与国际先进水平相比，大部分行业还有很大的差距。值得注意的是锑冶炼综合能耗 2007 年比 2005 年上升了 434 千克/吨，升幅是 26.36%。

表 8 - 10　主要有色金属能耗指标

项　　　目	单　　　位	1993 年	1995 年	2000 年	2005 年	2007 年	2007 年与 2000 年相比 变化幅度（%）	2007 年与 1993 年相比 变化幅度（%）
铜冶炼综合能耗	千克/吨	1333.0	1184.1	1277.2	733.1	485.5	61.99	- 63.58
氧化铝综合能耗	千克/吨	—	—	1212.0	998.2	868.1	- 28.37	—
铝锭综合交流电耗	千瓦时/吨	16287.0	16600.0	15400.0	14575.0	14441.0	- 6.23	- 11.33
铅冶炼综合能耗	千克/吨	683.0	728.0	721.0	654.6	551.3	- 23.54	- 19.28

---

① 谢企华：《优化结构，转变增长方式，推进钢铁工业切实转入科学发展的轨道》，载于《中国钢铁工业年鉴 2007》，中国冶金出版社，2007，第 5 页。
② 王维兴：《钢铁企业发展循环经济的技术支撑》，《中国钢铁业》2007 年第 6 期。

项 目	单 位	1993年	1995年	2000年	2005年	2007年	2007年与2000年相比变化幅度（%）	2007年与1993年相比变化幅度（%）
电解铝综合能耗	千克/吨	—	—	2306.9	1953.1	1063.3	−53.91	—
锡冶炼综合能耗	千克/吨	—	—	2680.4	2444.6	1818.0	−32.17	—
锑冶炼综合能耗	千克/吨	—	—	3922.1	1646.3	2080.3	−46.96	—
铜加工材综合能耗	千克/吨	1860.0	1245.0	1106.8	719.9	565.1	−48.94	−69.62
铝加工材综合能耗	千克/吨	1905.0	1248.0	1139.5	746.2	450.6	−60.46	−76.35

资料来源：1994年、1996年和2008年《中国有色金属工业年鉴》。

第三节　能源消耗和污染排放的现状与问题

一　节能减排的现状

中央和地方的各项政策措施实施后，节能减排工作取得一定成效，能源利用效率有所提高。根据国家统计局发布的一季度（2009年）能源报告，重点能源消耗企业能源消耗降幅逐月缩小，单位GDP能耗同比继续降低，一季度全国单位GDP能耗同比降低2.89%。规模以上工业中的39个行业大类单位增加值能耗均下降。其中，石油石化行业降低9.80%，化学原料行业降低14.44%，建材行业降低8.24%，钢铁行业降低7.51%，有色行业降低16.58%，电力行业降低10.17%。

国家统计局、国家发改委和国家能源局2008年8月7日发布的公报显示，2008年上半年，全国单位GDP能耗同比降低2.88%，规模以上工业单位增加值能耗同比降低5.76%。从主要耗能行业单位增加值综合能耗看，煤炭行业下降6.74%，钢铁行业下降4.05%，有色行业下降3.70%，建材行业下降9.98%，石油石化行业下降1.58%，化工行业下降4.76%，纺织行业下降9.61%，电力行业下降3.79%[1]。2009年6月30日发布的公报显示，2008年，全国单位GDP能耗同比降低4.59%，工业单位增加值能耗同比降低8.43%，单位GDP电耗同比降低3.3%。

----

① 《2008年上半年全国单位GDP能耗等指标公报》，国家统计局官方网站，2008年8月7日。

2006 年重点行业主要产品单位综合能耗明显降低，火电、粗钢、水泥、石油加工、合成氨、粗铜、铜冶炼、氧化铝、铅冶炼、纯碱、乙烯、机制纸及纸板等单位产品综合能耗下降 3% ~ 10.5%。在国家有关部门在钢铁、电力、化工、煤炭、有色等九大重点耗能行业开展的"千家企业节能行动"（千家企业耗能占据了全国耗能量的 30%）中，2007 年有 92.2% 的企业完成任务，节能 3817 万吨标准煤①。

从各种能源消耗的行业结构看，2007 年全国的用电量为 32711.8 亿千瓦时，其中 75.3% 用于第二产业，而第二产业的用电量中又有 88.9% 用于重工业，轻工业只占 11.1%；全国共消费 25.86 亿吨煤炭，其中火电、钢铁、化工和建材四大行业的煤炭消费量占到全国总消费量的 72.13%；全国共消费汽油 5519 万吨和柴油 12493 万吨，交通运输、仓储和邮政业消费了其中的 50.07% 和 54.39%；全国共消费了 695 亿立方米的天然气，其中约 40% 用于城市燃气，40% 用于天然气化工。

可见，我国的主要耗能领域是工业、交通和建筑业，主要的耗能产业是第二产业中的重工业。具体到行业，则主要包括火电、钢铁、有色、化工、建材、石油加工、交通运输业、建筑等行业。2007 年，占全国工业能耗和二氧化碳排放近 70% 的电力、钢铁、有色金属、建材、石油加工、化工六大行业，其增加值只占全部工业行业增加值的 40% 左右。

高耗能必然伴随着高排放。近年我国排放总量有所降低，但总体仍处于较高水平。2007 年，全国二氧化硫排放量为 2468.1 万吨，比 2006 年下降 4.66%；化学需氧量排放量为 1383.3 万吨，比 2006 年下降 3.14%。主要污染物排放量实现双下降，首次出现了"拐点"。

污染排放与能源消费结构密切相关。我国的能源消费以煤为主体，燃烧过程中必然排放大量二氧化碳、二氧化硫（我国的煤大部分是高硫质煤）、粉尘、烟尘等污染物。1978 ~ 2006 年，煤炭消费占能源消费总量的比例一直在 66% 以上（见图 8 - 2），虽然在 21 世纪初达到 66% 的最低点，近几年又一路攀升达到 2007 年的 69.5%。2006 年，发电用煤超过 12 亿吨，排放的二氧化碳占全国排放总量的 54%，二氧化硫占工业行业排放总量的 63.3%。电力和非金属矿物制造业排放的烟尘占工业行业总排放量的 87.5%。

---

① 《发展改革委发千家企业节能目标责任评价考核公告》，中国网，http://www.china.com.cn/policy/txt/2008 - 09/04/content_ 16384862. htm，2008 年 9 月 4 日。

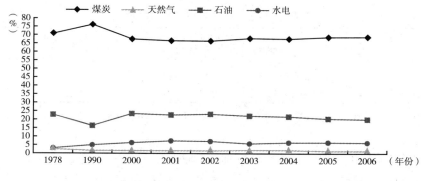

图 8 - 2 能源消费结构

二 我国节能减排存在的主要问题

据世界银行对发展中国家节能潜力的分析,技术因素约占50%。技术因素包括技术创新能力、装备水平、企业规模、原料路线、产品结构等。其中企业规模和装备水平是对能效影响最大的因素。

(一) 能耗、排放水平在下降,但还是高于国际平均水平

随着技术水平的提高和生产工艺的改进,淘汰落后产能,使高耗能产品能耗降幅加大,能耗指标下降,与国际先进水平的差距缩小。如2006年,水泥行业的能耗水平下降了5%。2005年与2003年相比,我国重点钢铁企业炼铁工序能耗降低了1.7%。

建材工业能源综合消耗比国外先进水平高20%~50%。2005年建材工业的总能耗为2.03亿吨标准煤,约占全国总能耗的9.17%(其中规模以上建材工业企业的能耗为1.55亿吨标准煤,约占全国总能耗的7%),位居我国各工业部门的第三位。在建材工业各主要行业中,水泥工业是第一能耗大户,其能源消耗占建材耗能总量的57.26%;墙体材料工业为第二耗能大户,能源消耗占建材耗能总量的23.05%,两者之和约占建材耗能总量的80%[①]。表8-11是我国2000~2005年的水泥能耗变化情况。

2005年,我国水泥熟料燃料消耗平均为155千克标准煤,而国际先进水平为107.5千克标准煤,高出44.2%。

---

① 宋赜:《自主创新,建设资源节约型建材工业》,《中国建设报》2007年9月12日第5版。

表 8 - 11　水泥产品能耗变化趋势

项　　目	单　　位	2000 年	2001 年	2002 年	2003 年	2004 年	2005 年
水泥单位产品综合能耗	千克标准煤/吨水泥	172	169	162	158	154	149
单位熟料产品热耗	千克标准煤/吨熟料	168	162	154	144	138	131
水泥单位产品电耗	度电/吨水泥	102	101	100	100	99	100

资料来源：参见曾学敏《水泥工业节能途径研究与西部水泥投资机会》，中国水泥网。

在石油化工产业，目前国际炼油综合能耗最先进水平已达 53.20 千克标准油/吨，而我国平均为 78.4 千克标准油/吨，高出 47.4%。2005 年中国石化集团炼油厂加工原油平均能耗为 68.59 千克标准油/吨，比亚太地区炼厂平均水平 61.25 千克标准油/吨（2003 年）高出 12.0%，比世界跨国公司先进水平 50 千克标准油/吨高出 37.2%。中国石化的原油统一配置率由 2000 年的 93.81% 提高到 2005 年的 95.14%，原油自用率由 1.78% 降低到 0.92%；炼油石油产品综合商品率由 92.21% 提高到 93.25%，燃料油收率由 8.44% 降低到 5.08%，石油产品综合自用率由 6.16% 降低到 5.68%。2000～2005 年，中国石化油田吨原油（气）生产用电单耗下降了 30 多度；机采系统效率提高了近 3 个百分点；炼油吨原油综合能耗降低了 10 千克标准油以上；化工乙烯燃动能耗由 742 千克标准油/吨降到 678 千克标准油/吨，但仍然高出国际先进水平 13.0%～23.3%[1]。2005 年中国石化与国际同行业先进水平的主要差距见表 8 - 12。

表 8 - 12　2005 年中国石化与国际同行业先进水平的差距

项　　目	中国石化	世界先进水平
炼油吨原油综合能耗（千克标准油）	68.59	53.20
乙烯单位产品（吨）燃动耗能（千克标准油）	678	550～600
加工原油损失率（%）	1.0	0.5
综合自用率（%）	5.68	—

资料来源：http://info. feno. cn/2007/110306/c000077941. shtml。

化学工业的能源利用效率约为 42%，其中合成氨只有 39%，烧碱为 46.5%，乙烯为 45.2%。目前引进合成氨装置能源利用率在 56% 左右，而

---

[1]　http://info. feno. cn/2007/110306/c000077941. shtml.

国外先进水平在 70% 左右，吨氨节能潜力为 280 千克标准煤。对于大中型合成氨装置而言，目前以煤、焦、油、气为原料的合成氨能耗平均为 1900 千克标准煤左右，国内先进水平为 1700 千克标准煤，吨氨节能潜力为 200 千克标准煤。2004 年我国烧碱单位能耗约为 1375 千克标准煤，其中隔膜法能耗为 1493 千克标准煤，离子膜法能耗为 1080 千克标准煤，与国外差距较大的主要是隔膜法烧碱，国际先进水平为 1250～1300 千克标准煤。当前联碱法工厂全国平均能耗为 9520 兆焦耳/吨，有的已降到 8500 兆焦耳/吨以下，与国际先进水平（日本 8200 兆焦耳/吨）接近。氨碱法工厂尽管采用了不少节能技术，但与世界先进水平相比仍有不小差距。索尔维公司纯碱能耗被公认为是当今世界最好水平，约为 10100 兆焦耳/吨，我国与其差距为 30%。国外乙烯能耗一般为 500～550 千克标准油/吨，先进水平为 440 千克标准油/吨，我国生产 1 吨乙烯比国外一般水平多耗能 150～200 千克标准油。

表 8-13 是我国部分产品能耗指标与国际先进水平的比较。从各个指标来看仍明显高于世界先进水平，有很大的下降空间。

表 8-13 主要耗能产品能耗指标

项　　目	2000 年	2005 年	2006 年	2007 年	国际先进水平	差距(%)
煤炭生产电耗(千瓦时/吨)	30.9	26.7	24.4	24.0	17.0	41.2
火电发电煤耗(克标准煤/千瓦时)	363	343	342	333	299	11.4
火电供电煤耗(克标准煤/千瓦时)	392	370	367	356	312	14.1
钢可比能耗(千克标准煤/吨,大中型企业)	784	714	676	668	610	9.5
电解铝交流电耗(千瓦时/吨)	15480	14680	14671	14488	14100	2.8
铜冶炼综合能耗(千克标准煤/吨)	1277	780	729	610	500	22.0
水泥综合能耗(千克标准煤/吨)	181	167	161	158	127	24.4
平板玻璃综合能耗(千克标准煤/重箱)	25	22	19	17	15	13.3
原油加工综合能耗(千克标准煤/吨)	118	114	112	110	73	50.7
乙烯综合能耗(千克标准煤/吨)	1125	1073	1013	984	629	56.4
合成氨综合能耗(千克标准煤/吨)	1699	1650	1581	1553	1000	55.3
烧碱综合能耗(千克标准煤/吨)	1435	1297	1248	1203	910	32.2
纯碱综合能耗(千克标准煤/吨)	406	396	370	363	310	17.1
电石电耗(千瓦时/吨)	—	3450		3418	3030	12.8
纸和纸板综合能耗(千克标准煤/吨)	1540	1380	1290	—	640	115.6

注：因为资料来源不同，与前面的数据可能略有差异。但我国的能耗指标总是低于国际水平，是事实。

资料来源：参见王庆一《中国 2007 年终端能源消费和能源效率（中）》，《节能与环保》2009 年第 3 期。

由于近年来交通运输业快速发展，其能耗也是惊人的。2006 年，仅公路和水路运输能耗就占全国总能耗的 7.6%，与 2000 年相比，年均增长率分别达到 10.8% 和 12.2%。1995 年我国交通运输、仓储及邮政业的能源消耗量占全社会能源总消耗量的 4.5%，到 2007 年这一比重达到了 7.77%。铁路运输企业单位能耗已从 1990 年的每亿人公里 1603 吨标准煤减少到 2004 年的每亿人公里 862.4 吨标准煤，民航运输单位能耗则由 1990 年的每亿人公里 7570 吨标准煤下降到 6512 吨标准煤，降幅达 14%。虽然能源利用效率在提高，但总体上仍比美国低 7.2 个百分点，比日本低近 10 个百分点[1]。比如，我国载货汽车的油耗为 6 升/100 公里，而国际先进水平为 3.4 升/100 公里，高出 76.5%[2]。我国乘用车平均油耗 2006 年为 8.06 升/100 公里，比日本的 5.40 升/100 公里高 49.3%，比欧洲的 7.05 升/100 公里高 14.3%[3]。

（二）高耗能产品出口迅速增加

近年我国经济高速发展，其中工业发展更为迅速，而高耗能产业也是飞速发展。从主要产品看，高耗能产品出口增长率更是惊人。水泥的产量 2003～2007 年增长了 57.89%，但是出口增长了 5.19 倍，2003 年是 533 万吨，2007 年达到了 3301 万吨。平板玻璃的产量在此期间增长了 94.63%，出口增加了 1.49 倍。

2003～2007 年钢坯和钢材产量分别增长了 1.29 倍和 1.54 倍，出口分别增长了 3.37 倍和 8 倍。2006 年，为控制高耗能、高污染、低附加值资源性产品出口，国家两次调整钢坯等初级钢铁产品的出口关税，但钢坯出口仍然增长了 27.9%。2003～2007 年铜材和铝材出口分别增长了 1.15 倍和 5.77 倍。

（三）企业集中度低，存在大量规模偏小企业和落后产能

2006 年，我国国有和规模以上工业企业中，中小企业占的比例是 89.1%，六大高耗能行业中有 89.9% 的小企业。每个行业中，企业集中度远远低于国外的同行业水平。我国水泥产量已占全球总产量的 40%，平均规模却只有 20 万吨左右，工艺技术普遍落后，能耗高，环境污染严重。国

---

① 《交通运输行业单位能耗下降但能耗总量仍然较大》，http://news.xinhuanet.com/fortune/2006-12/07/content_5451489.htm，2006 年 12 月 7 日。

② 祝平：《略论我国的节能降耗减排任务问题》，《山西能源与节能》2008 年第 1 期。

③ 王庆一：《中国 2007 年终端能源消费和能源效率（下）》，《节能与环保》2009 年第 4 期。

内十大水泥集团产能仅占总产能的 14%，远远低于国际水平。

但是，各个行业还在扩建新项目。2007 年，在全国城镇固定资产投资中，非金属矿物制品业投资额为 2806 亿元，同比增长 48.92%；石油加工、炼焦及核燃料加工业投资额为 1415 亿元，同比增长 48.5%；化学原料及化学制品制造业投资额为 3534 亿元，同比增长 37.1%；有色金属冶炼及压延加工业投资额为 1296 亿元，同比增长 32.6%。高耗能产业的盲目扩张除了加剧能源紧张和带来环境污染之外，还会导致巨大的产能过剩。国家发改委主任张平说，截至 2008 年底，我国粗钢产能达到 6.6 亿吨，而国内需求不到 5 亿吨；水泥产能 18.7 亿吨，国内需求只有 14 亿 ~ 15 亿吨；电解铝、煤化工、平板玻璃、烧碱等产能也严重过剩①。

2008 年，我国非金属矿采选及制品业固定资产投资同比增长 46.9%，增幅虽然下降 4 个百分点，但高于制造业平均增幅 17.4 个百分点，其中水泥业同比增长 69.8%，平板玻璃业同比增长 48.1%。

（四）技术落后，能源利用效率低

我国高耗能行业工艺和技术装备落后是导致能源利用效率低的直接原因。能源利用中间环节（加工、转换和储运）损失量大，浪费严重，也导致在同等物质消耗水平下，我国的整体生产效率和经济效益比国际先进水平低 12 ~ 15 个百分点。据业界专家测算，电机的能源利用效率比国外先进水平低 20%，仅此一项就有 1000 亿千瓦时的节电潜力，比一个三峡电站的总发电量还多出 100 多亿千瓦时。目前我国燃煤工业锅炉平均运行效率为 65% 左右，比国际先进水平低 15 ~ 20 个百分点。中小电动机平均效率为 87%，机动车燃油经济性水平比欧洲低 25%，比日本低 20%，比美国整体水平低 10%。火电机组平均效率为 33.8%，比国际先进水平低 6 ~ 7 个百分点②。

技术落后使资源利用效率低下，也在一定程度上加重了资源紧张的局面。据统计，我国农业用水的有效利用率仅为 40%。目前全国煤矿资源回收率也只有 40% 左右，特别是小煤矿的回收率只有 15% 左右。1980 ~ 2000 年，全国煤炭资源浪费高达 280 亿吨。

---

① 《工业整体技术水平不高，我国产能过剩矛盾依然突出》，http://stock.hexun.com/2009 -
   08 - 26/120779472.html，2009 年 8 月 26 日。
② 王昕：《高耗能行业节能降耗势在必行》，《资源节约与环保》2007 年第 6 期。

（五）节能技术推广力度不够，自主创新能力不足

节能技术的研发推广缺乏有效组织，自主创新能力不足，具有自主知识产权的技术和产品很少。

（六）清洁能源发展慢，缺乏政策支持

我国 2006 年才颁布《可再生能源法》，远远落后于其他国家。太阳能、地热能、风能、海洋能等"绿色能源"既不污染环境又能提供经济发展的动力。

2007 年，世界总的风机发电能力超过 9000 万千瓦时，我国是 605 万千瓦时，在世界排名第五，但与排名第一的德国装机 2062 万千瓦相比还有不小的差距。我国幅员辽阔，风力资源远比德国丰富，完全有条件建设大规模的风力发电。

第四节　技术进步在节能减排中的作用

节能降耗减排有两个途径：一是调整产业结构；二是技术进步。调整三次产业结构能够有效降低单位 GDP 能耗，但从发达国家经验看，三次产业结构与人均收入、消费水平和结构、进出口结构、经济社会发展程度等因素有着密切关系，第三产业的发展不能脱离第一、第二产业而孤军奋战，应结合上述因素全面考虑。从长远来看，技术进步是我国实现节能减排的有效手段和根本途径。采用先进技术，实施节能技术改造，改进生产工艺，实现工艺、技术的升级换代，调整产品结构，提高管理水平，加强能源管理，来降低能源单耗、节约能源和减少废弃物的排放，这是产业部门挖掘节能潜力的重要途径和手段。

第一，通过节能技术调整工艺结构，可以提高能源利用效率，降低废物、废气排放。我国在合成氨的工业中有部分系统是老装置，技术落后，设备陈旧，能耗高，"三废"排放量大。采用节能工艺进行全面技术改造之后，可以有效地降低能耗，提高产量，提高废气、废渣回收利用率。同样，通过技术改造，调整产品结构，加大环保治理，可以降低能源消耗。例如，贵州开磷剑江化肥有限责任公司依托节能技术改造，强化能源管理，使吨氨能源消耗呈现逐渐下降的趋势。

第二，开发和应用节能技术，可以提高能源利用效率，降低能耗。例如，稠油开采中注汽锅炉的能耗所占的比例超过总能耗的 70%。针对注汽锅炉的热损耗现象，河南油田开展了节能降耗系列技术的研究与应用工作。通过推广应用节能降耗新技术，河南油田稠油开采注汽锅炉平均热效率由81.5%提高到了84.8%，取得了较好的节能效果①。

第三，大量应用清洁能源可以减少污染物的排放，还能满足社会经济发展的需要，可谓是一举两得。例如风力发电，它提供的电能要比太阳能和生物能等其他可再生能源要多。我国风力资源位居世界前茅，发展潜力巨大。

第五节 促进技术进步实现节能减排的主要思路

从本质上说，产业结构是各产业之间的技术关系。从广义上说，管理也是技术，管理技术，管理工程。节能减排，要结构减排、技术减排、管理减排三位一体。说到底，还是靠观念和技术。

一是切实调整高耗能、高排放行业，建立科学合理的产业结构。一个国家的产业结构受多种因素的支配和制约，既不能主观随意确定，也不可放任自流。影响产业结构的主要因素包括一个国家的经济发展阶段和水平、国土面积、人口规模、资源丰寡、环境容量、技术基础和研发能力、政策调控能力等。科学合理的产业结构，就是要使上述各种因素相互适应，才能使经济健康、可持续地发展。否则就会出问题。

我国是世界上最大的发展中国家，人口众多，人均耕地、人均资源储量相对贫瘠，全国大部分地区缺水，东部地区人口密度大，中西部地区生态环境脆弱，这是我国的基本国情。当前产业结构的突出问题，是经济的迅速发展与资源环境刚性约束的矛盾。我们正处于工业化中期，物质资料需求旺盛，第二产业迅速发展是不可避免的，也正因为如此，造成了资源环境的过度压力。我们必须正视和解决这个矛盾。调整产业结构，促进节能减排，应考虑采取以下措施。

（1）合理规划、适度控制第二产业发展规模和结构。工业发展规模和结构，首先应以基本满足国民合理需求为限。"基本满足"，是要保证国家经济安全，避免大宗民生产品过度依赖进口。"合理需求"，是在资源环境刚性约束之下，反对奢侈和浪费。最后，要保障国内基本供给，出口应服从我国经济的可持续发展大局。

---

① 方云：《稠油热采注汽锅炉节能降耗技术》，《油气田地面工程》2008 年第 3 期。

（2）坚决限制高能耗、高污染产品的出口，控制这些行业的产能。特别要限制两头在外、大进大出、污染留在国内、经济上并不划算的产品和行业。也要合理控制资源性产品特别是初级产品的出口，包括矿产资源、土地资源、水资源、环境资源等各种稀缺资源在内。

（3）鼓励高能耗资源性产品进口。择机利用国外市场增加资源储备，合理控制相应行业产能。

（4）积极发展新兴服务业、新型战略产业。鼓励一切产业和企业的研发和品牌营销活动，努力提高在国际产业分工链条中地位，实现产业和企业生产经营结构轻型化、高效化。

（5）如前所说，经济发展落后的地区，能源利用效率也低。为了提高能源利用效率，应加强这些落后地区的技术改造和结构调整。

二是调整能源结构，积极发展新能源。我国的能源消费结构中，煤占70%，石油占18%，两项合计约占90%，加之消费总量大，这就决定了高排放的基本格局。减少化石能源消费，扩大新能源比重，是解决高排放的根本之道。2009年国务院决定到2020年把我国非化石能源占一次能源消费的比重提高到15%左右。这是一个艰巨的任务。

发展新能源，要解决大量技术和政策问题。目前，新能源技术已经取得相当进展。世界再生能源委员会主席 Wolfgang Palz 博士认为新能源应用已经不存在技术难题。但是这些核心技术大都掌握在外国公司手中，并成为这些国家进行新一轮国际经济技术竞争的有力武器。我们如何突破国际技术壁垒，研发掌握核心技术，是新能源产业发展的关键所在。

新能源面临的问题依然多多。日本福岛核电站核泄漏事故说明核安全问题的严重性和现实性。福岛核事故之后，核电大国德国的执政联盟，经过12个小时的紧急磋商，宣布将于2022年前彻底放弃核能发电。废弃核电留下的25%能源空缺，由太阳能、风能和生物能等可再生能源弥补。还有水电，100年前美国到处修大坝，现在开始拆大坝，我国也发生了乱建小水电导致生态和地质环境破坏的案例。发电效益和生态环境孰重孰轻，恐怕还要讨论下去。

鼓励开发清洁能源的技术创新、应用和推广。重点发展资源潜力大、技术基本成熟的风力发电、生物质发电、生物质成型燃料、太阳能利用等可再生能源，以规模化建设带动产业化发展。拓展节能技术研发领域，开发新型能源利用技术，大力研究和开发利用太阳能、地热能、风能、海洋能、核能以及生物能等"绿色能源"的新技术和新工艺，加强节能与新能源汽车研发和应用示范，为新能源和可再生能源发展提供技术支撑。

三是积极引进先进技术，加强节能减排技术研发。技术引进，既不能依赖，也不能排斥。引进快，技术先进、适用，买得着的，经济划算的，应积极引进，从产品设计、生产加工、产品使用等各个环节实现低能耗、低污染和废弃资源的循环再利用。关键是不能不思进取，重复引进。要切实做好消化吸收，做到技术引进、消化吸收与自主开发相结合，最终实现由以技术引进为主向自主开发转变。这话说了几十年了，希望有能力有抱负的企业打开新局面。

要加强节能、降耗、减排技术攻关，研发节能、降耗、减排核心技术。这是在信息技术之后新一轮技术争夺大战。我们不能轮轮落伍。要加大技术研发力度，已经启动的项目，要认真落实。集中力量加强重点行业、重点产品的先进制造技术，节能、降耗、减排、资源回收综合利用技术和装备的攻关，以及共性、关键和前沿节能技术的科研开发，促进节能技术产业化，加快推广和应用步伐。

四是提高能耗、物耗、排污技术标准，淘汰落后设备和技术。要全面清理现有相关技术标准，加以修改、完善、补充。要提高"三高"行业的准入标准。关停规模小、物耗能耗高、污染严重的小炼油、小化工、小高炉、小水泥、小火电等装置。改进落后生产工艺，加大技术改造资金投入，鼓励支持先进工艺、先进设备的研发活动。推广使用节能的新技术、新工艺、新材料和新设备，限制使用或者禁止使用能耗高的技术、工艺、材料和设备，并制定相应的配套措施，切实整顿落实。

五是制定有效的政策措施，促进节能减排技术推广应用。鼓励节能降耗技术创新，推广节能降耗技术应用，需要政策支持。为了鼓励和支持企业研发、应用和推广节能降耗技术，在信贷与税收方面应给予一定的优惠或者一定的补贴，发挥企业在节能中的主体地位。对节能中的关键共性技术，国家要在资金、人员、重大项目立项等方面加强支持力度，力争能够有所突破。在国际间合作时，要消除技术合作中存在的政策、体制、程序、资金以及知识产权保护方面的障碍，为技术合作和技术转让提供激励措施，加强国际技术合作与转让，使全球共享技术发展在节能方面产生的惠益。

六是加强和改善各类各级管理，促进节能减排。节能减排，大多关注结构调整和技术开发应用，对管理的作用重视不够。20世纪80年代有过一阵子"管理热",后来淡化了,再后来就丢掉了。改善各级各类管理在节能减排中的作用不可小视。

例如,城市规划。"大城市病"众所周知,并且也不利于节能减排,但大城市规模还是越来越大,不可遏制。城市是人的聚居地,是为人服务的,所以居住、工作、商业、服务、休闲场所要合理布局,配套交融,最大限度地方便生活。但现在很多城市,办公区、商业区、金融区、餐饮街、医疗区集中在市中心,几万几十万人的大型住宅区离城几十上百公里,每天人流、物流交叉流动,无端增加了交通压力,增加了私车数量,增加了在途时间,降低了生活质量,也增加了能耗和排放。世博会提出"城市使生活更美好",其实规划好的城市生活是美好的,否则实在不怎么美好。

扩展开来说全国的区域布局和生产力布局。现在少数东部大城市畸形发展,几亿农民涌进大城市打工,春节几亿人交叉大位移,各种交通运力苦不堪言。农民工进城住在斗篷陋室,家里盖了楼留下老人孩子留守,只能在春节回去住上十几天团聚,造成资源的极大浪费。如果资源、城市、产业、工业化、城市化,大中小城市建设能统筹规划、合理布局、协调发展,就能既减少交通压力,减少旅途消耗,提高生活质量,又能大大降低能耗和排放。

又如,全国教育医疗资源分布不均衡,有病都到北京、上海,上学都奔北大、清华、复旦,造成的种种不便和浪费可想而知。若在各地建起若干与北京、上海相当的教育医疗中心,既减轻了病患和学子劳顿之苦,又可节能减排,两全其美。

各种不合时宜的高耗能、高排放项目,应坚决限制和制止。耗水耗能耗地的高尔夫球场屡禁不止,该痛下决心了;人工造冰、造雪的娱乐项目,可用经济办法限制;各种运动会、庆祝会开幕闭幕式过多过滥过于奢华,图热闹、显政绩、劳民伤财,早有民怨,也不符合国际惯例,该叫停了;等等。

微观方面,在机关单位、公共场所和居民家庭,节能减排的潜力很大。照明、取暖、空调、各种物料的消耗,都大有文章可做。如住房,现在房子越盖越大,不能没有限制和管理。人均多少平方米算基本需求,多少平方米属奢侈享受,可定个标准。在用电、供水、供热占地、排污等方面实行差别定价。公共场所夏天空调规定26度,领导着便装开会,效果很好,应该继续坚决贯彻,不留死角,如火车、飞机、大宾馆、电影院。另外,这个办法可否推广到冬天取暖?电视上常常看到在穿棉服的季节,会场里与会者穿着衬衫讨论科学发展、节能减排,不大协调。

再如，产业发展规划不能单打一，就事论事，而要供给、需求、能源、环境全面综合考虑。如发展汽车，不但要规划发展速度，而且要规划需求、规划各种汽车的长期和目标保有规模，更新周期和数量；不但考虑汽车自身发展，还要考虑需要多少钢铁、多少矿石，来源如何；要估算汽车保有总量需要的燃油总量，这些燃油的供给渠道，原油的来源是否可靠，原油运输通道的安全保障，以及这些安全保障措施的成本；此外还要估算这些汽车保有总量的污染排放总量，占全国排放总量的比例是否得当；在各地，也要做好车和路的统筹规划；等等。以往的很多规划单打一，造成各种规划互不协调，互相打架，都不能落实。

总之，管理节能减排，涉及面很广，潜力也很大。

七是提高全民节能减排意识，提倡绿色生产和绿色消费，建立绿色社会。最后但最重要的，是提高全民的节能减排意识，提高全民的能源、资源、环境的危机意识。因为行动受动机支配，动机为观念驱动。思想上想通了，就会主动、自觉地从点点滴滴做起。否则，就会漠不关心，口惠而实不至，消极抵抗，甚至公开抗拒。"十一五"节能减排，一些地方前松后紧，最后限制居民用电，就是一个证明。政策、规定总会有遗漏，真想通了就不会去钻空子。

提高认识首先是提高干部的认识，特别是提高官员、决策者的认识。要真把节能减排当回事，真把能源、资源、环境的约束当回事。在做规划和决策时，要真正坚持科学发展，把GDP、能源、资源、环境、社会通盘考虑，统筹兼顾。特别当GDP和其他诸项产生矛盾时，要摆正关系。宁可牺牲一点儿速度，也不能破坏环境、资源。要做到这一点，关键要修订干部考核标准，把主观能动与规制约束结合起来。

要提高企业家、技术人员和管理人员的认识，实现绿色设计、绿色生产。任何产品的设计和生产，都要考核在保证规定功能的基础上，是否做到了能源消耗、物质消耗、污染排放的最小化。在企业利益和环境资源效益发生冲突时，要以后者优先。这方面的潜力很大。比如现在的月饼包装，大多超过月饼体积的10倍以上，印刷精美，衬以丝绸，用后都扔掉了。其中的物料、能源和污染，全国累积起来，就是天文数字。这方面的例子不胜枚举。要做好产品和服务的节能减排，也要严格相应的标准、规定。

要提高全民的节能减排认识，提倡绿色生活、绿色消费、低碳生活。人人节点儿水、省点儿电、减少点儿生活垃圾，乘以13亿就是大数目。同时作为消费者，要自觉拒绝高耗能、高排放产品，从房子、大件消费品到各种小物件，倒逼生产商生产绿色产品。当然，要跟上各种管理措施，如实行水电消费的差别价格等。

全民的资源环境意识提高了，成为全民的自觉行动，节能减排才能进入良性循环。

参考文献

《交通运输行业单位能耗下降但能耗总量仍然较大》，http：//news. xinhuanet. com/fortune/2006 - 12/07/content_ 5451489. htm，2006 年 12 月 7 日。

《专家对我国铜钨铅锌资源税上调的影响分析》，http：//cna. chemnet. com，2007 年 8 月 2 日。

《自主创新，建设资源节约型建材工业——访中国建筑材料联合会副会长、中国混凝土与水泥制品协会会长徐永模》，http：//www. cnrmc. com/news/list. asp？id = 31793&Page = 1，2007 年 9 月 13 日。

白泉：《国外单位 GDP 能耗演变历史及启示》，《中国能源》2006 年第 12 期。

方云：《稠油热采注汽锅炉节能降耗技术》，《油气田地面工程》2008 年第 3 期。

宋赜：《自主创新，建设资源节约型建材工业》，《中国建设报》2007 年 9 月 12 日第 5 版。

王庆一：《中国 2007 年终端能源消费和能源效率（中）》，《节能与环保》2009 年第 3 期。王维兴：《钢铁企业发展循环经济的技术支撑》，《中国钢铁业》2007 年第 6 期。

王昕：《高耗能行业节能降耗势在必行》，《资源节约与环保》2007 年第 6 期。

张国宝：《打造"风电三峡"》，《人民日报》2008 年 2 月 4 日第 15 版。

祝平：《略论我国的节能降耗减排任务问题》，《山西能源与节能》2008 年第 1 期。

第九章
转变发展方式

——节能减排的关键

　　我国正处于工业化和城市化加速发展时期。作为一个拥有 13 亿人口，城乡差距和地区差距很大，经济发展水平还不高的大国，经济发展仍然是第一要务。2003 年以来，我国经济发展呈现持续高速增长态势，即使是受到世界金融危机的影响，2008 年我国经济增长速度依然达到 9%，2009 年达到 8.7%，2010 年达到 10.3%。只要世界经济形势不发生大的逆转，"十二五"期间我国经济仍将会保持平均 8% ~ 9% 的增长速度。为了应对高经济增长带来的能源供给短缺、环境污染加重、温室气体排放增加等不利局面，我国《"十一五"规划纲要》提出了节能减排约束性指标。但是，节能减排本身不是目的，而是要通过节能减排实现能源供给的可持续性，降低温室气体排放，减少环境污染，使经济社会发展具有可持续性。

　　经济的本义是用最小的投入获得最大的有用产出，在有限资源供给下使人生活得更幸福。经济发展的本义也应该是用有限的资源使人类获得持续的更幸福的生活。但是，人类的欲望及人类创造的不完善的制度把这一看似简单的问题变得十分复杂。由于历史的原因，我国经济发展所面临的问题的复杂性比发达国家更高。

　　由于人类对幸福的追求永无止境，而且在不加约束的欲望和不完善的制度激励下，人们把幸福与物质产品占有量或消费量的多寡紧紧地捆绑在了一起，因此，人类追求幸福就演变成为对物质产品的追求，使得经济发展必须建立在物质产品生产不断增长的基础上，即实现经济发展首先必须实现经济增长，经济发展离不开经济增长。起始于 2006 年的美国房地产"次贷危机"进而演变为全球范围的经济危机充分说明，即使是人均资源消费多到世界上最强大的美国那样的程度，经济继续发展仍然要依赖于经济增长。没有经济增长，美国社会依然会崩溃。我国从 2003 年起在经济持续高速增长的情况下，把环境保护和节能减排放到了极为重要的国家战略地位，把社会发展放到了国家战略的第一位，经济增长被置于次要的位置。但 2008 年经济危机来临之后，"保增长"又重新回到国家战略的首要位置。宏观经济调控政策的中心变为"保增长、扩内需、调结构"。我们的内需规模比 1996 年经济形势最好的时候已经增长了近两倍，反而又出现了内需不足，经济反而出现了危机，还要继续通过扩内需来应对危机。美国的情况和中国的情况都说明，在现有制度模式下，经济的不断增长是社会稳定的基础。从这个意义上说，可持续发展的基础是实现可持续的经济增长。没有经济的可持续增长，就不可能实现经济社会的可持续发展。只有经济增长出现繁荣时，人们才会关注更广泛的社会发展和资源环境问题。经济增长"永远"是主题。

问题是，怎样才能实现可持续经济增长，从而实现经济可持续发展。这涉及发展模式与人类消费行为的自我约束性问题。在当前技术水平和经济发展模式不变的情况下，由于经济总量不断增长，即使是单位经济产出的资源消耗和污染与温室气体排放强度不断下降，人类对有限的不可再生资源的消耗还是会持续增长，终有一天会消耗殆尽，对环境排放的污染物和温室气体累积量仍会持续增加，总有一天会使环境崩溃。只有技术进步速度使经济增长与物质消耗总量负相关，使得污染物与温室气体排放与经济增长达到负相关，并不断发现新的替代资源，才能避免这样的后果发生。而在可预见的将来，技术进步速度似乎还没有达到这样的程度。因此，我们必须找到一种经济增长的物质消耗与污染排放和温室气体排放弱相关的经济发展模式，即充分节能减排的发展模式，才能延续更长时间的经济增长。

第一节　不同经济发展模式背景下的节能减排

所谓经济发展模式是一个十分复杂的概念，它包括经济增长模式、消费模式和产业结构优化模式，以及利益分配模式所决定的社会发展模式等。消费模式、产业结构优化模式、利益分配模式等对能源消费和环境都会产生影响，但相比之下，经济增长模式对能源消费效率和污染排放影响最大。尤其是对于处在工业化和城市化过程中的我国而言，经济增长是矛盾的主要方面。因此，我们主要研究经济增长模式对节能减排的影响。

所谓经济增长模式是指以何种方式实现经济增长。不同经济增长模式下的节能减排侧重点不同。

一　两种经济增长模式下的节能

在以增加物质消耗为基础的低效率、外延扩大再生产为主导的粗放型经济增长模式下，技术进步缓慢，管理效率低，单位产出的能源消耗高，污染和温室气体排放强度大，经济增长主要靠增加物质投入和人力资源投入来实现，资源消耗强度往往具有刚性，虽然节能潜力巨大，但在实践中却难以实现。对于这种发展模式，节能的重点首先是提高生产过程的资源与能源利用效率，实现单位产出的资源与能源消耗减量化，提高单位资源与能源消耗的产出率。资源总体利用效率是决定一个经济系统能源利用效率的基础。能源仅仅是资源中的一种。世界上不可能存在一种其他资源利用效率都很低，唯有能源利用效率很高的国家。节能是一个经济系统资源效率提高的一个环节，转变经济增长模式不可能单纯靠节能来实现。事实上，没有哪一个国家在主观上实施以增加物质消耗为基础的、低效率外延扩大再生产为主导的粗放型经济增长模式。一个国家的经济增长模式往往取决于国家经济发展制度、经济发展所处阶段、资源禀赋条件、科学技术发展水平、在国际经济分工体系中的地位等多种因素。对于经济增长模式较为粗放的国家来说，转变经济增长模式是从根本上节能。但转变经济增长模式并非容易的事，需要从制度创新入手进行长时间的努力。

在以资源高效率利用为基础、内涵扩大再生产为主导的集约型经济增长模式下，经济增长主要依靠技术进步、提高管理水平、优化产业结构等途径来实现。节能并不仅仅指直接节约能源物质，而是包括节约所有资源产品。因为所有资源产品都是消耗能源生产出来的。在市场经济体制下，价格体系中不同商品的价格反映了生产这些产品所需要的生产要素的相对稀缺程度，技术进步主要指向价格昂贵、对企业利润影响大的资源。如果能源资源稀缺程度高，则其价格也将会高，节能就变为优先选择。

能源仅仅是经济活动的要素之一，它只有和其他要素进行有效组合时，才能实现经济活动的目的。经济学研究表明，所谓节能有两个层次的内涵：一是指使用价值层次的节约，二是指价值层次的节约。在使用价值层次，节能的内涵是提高能源物质的利用效率，实现单位有用产出的使用价值消耗最小化。节能就是指能源作为使用价值的节约。在价值层次上，节能的内涵是在一定价格体系下，实现单位有用产出的能源价值投入最小化，或价值增值最大化。因此，在价值层次上，节能是一个系统的概念，是在同一价值尺度上，在节约能源使用价值的同时，实现包括其他资源在内经济要素总投入产出效率的提高。否则，如果节约了作为使用价值的能源而增加了其他资源价值投入，使得在总价值水平上投入产出效率下降，那么节能是没有经济意义的。这样追求节能既不科学，也不可持续。例如，在一项经济活动中需要投入能源（电力、煤炭或天然气）、原材料、水、厂房、机器设备、劳动力、信息采集与处理设备等。在经济学看来，在取得一定的产出时，节能的价值应该大于其他资源投入上升的价值才有意义。如果为了节约 100 度电而多消耗了 50 吨水，则要看 100 度电和 50 吨水的价值比较。如果 100 度电的市场价值比 50 吨水的市场价值低，则这种节电行为在价值尺度上实际是浪费了资源，提高了成本，企业不会为之，个人也不会为之。由于不同资源往往不具有完全可替代性，它们之间在使用价值特性上无法进行比较，只能在同一价值尺度上才能谈节约问题。因此，在市场经济条件下，对于价值节约而言，使用价值是否节约并不重要。只有当使用价值的节约与价值节约具有一致性时，使用价值节约才会有经济意义。

上述分析表明，不同发展模式下节能的方式和重点是不同的。很多学者对转变经济增长模式进行了大量研究，结果表明，决定经济增长模式的主导因素是经济体制。在传统的计划经济体制下，科技与经济脱节，经济系统缺乏竞争机制，经济管理粗放，资源配置主要靠行政命令的长官意志决定，经济增长主要靠增加投入来实现，节能往往以使用价值量来衡量，指标多用节约多少实物量来表示，常常为了实物节能而不计成本。最终结果常常是局部直接能源消耗强度降低了，而总的资源消耗增加了，经济系统的能耗并没有降低。而在集约型经济增长模式下，节能应该是一种系统优化过程，即不单纯追求能源使用价值上的节约，而是追求经济系统的整体价值投入产出效率最大化的广义节能。在技术上，生产任何产品都要耗能，因此，节约任何一个单位的产品，都是节能。如果能源更短缺，能源产品的相对比价就会更高，直接节约能源的动力就会更大。因此，在集约型经济增长模式下，通过价格调整实现节能的效果会更好。

二　两种经济增长模式下的减排

节能主要是效率问题，而减排既涉及效率问题，又涉及人类健康和经济社会活动的可持续发展问题。在科学技术迅速进步的情况下，传统能源的可替代性不断增大，即能源对人类可持续发展的约束是可以得到解决的。也可以说，节能具有更大的相对性，它更侧重于效率的提高，而能源供给总量可以随着技术进步而增加。而减排的含义主要是绝对性地减少污染物质的排放量。所谓污染物是指经济活动和人类生活消费产生的会导致生态环境发生改变，并对人类健康和生物多样性产生负面影响的物质。它包括废水、废气、固体废弃物、温室气体等。污染减排，是指在绝对量上将超过环境承受能力而排放的废弃物减少至环境承受能力以内，以保持地球环境适于人类与各种生物生存。

上述分析表明，污染减排包含了两个层面的含义：一是在污染物排放总量低于自然环境的自净化能力或消纳能力的情况下，提高排放效率，即减少单位产出的污染物排放和生活废弃物排放，以便在自然环境允许的范围内生产和消费更多的有用产品。这是一个排放效率概念。二是当污染物排放总量达到或超过自然环境的自净化能力或消纳能力时，实现生产和生活污染排放的负增长，即在生产和消费总量上升的同时，使排放总量下降。这是基于效率的绝对减排概念。这两个层面的含义都需要降低单位产出的污染排放强度。减排的命题是基于自然环境对污染物的自净化能力或消纳能力是一个有限的量这一事实提出来的。由于自然环境是不可替代的，因此，随着人类社会经济活动规模不断扩展，自然环境的利用效率必须不断提高，并保持在经济增长的情况下降低至少是不增加污染排放的总量。否则，人类就会面临环境崩溃的威胁。

在传统的粗放型经济增长模式下，人类经济活动是按照线性技术经济范式进行的。这种范式的基本特征是从自然界中大量获取资源，进行大量生产和消费，然后大量向环境排放废弃物，并已经超过自然界的自净化能力。从产品生命周期角度看，这种模式是"资源开发 – 产品生产 – 消费 – 污染排放"单向线性开放式模式（见图9 – 1）。这种模式对自然环境产生了极大的破坏，甚至威胁了人类发展的可持续性。正是在这种模式下，人类向环境排放的废弃物超过了环境承载能力的极限。

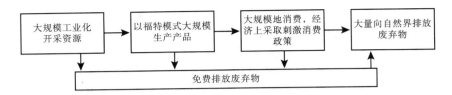

图 9-1 工业化国家粗放型经济增长模式下的第一代技术经济范式

在经济增长模式由粗放型向集约型转变过程中，针对污染排放日益增长引起的大量环境事件，发达国家开始实施末端治理的技术经济范式，对生产和生活排放的污染物进行安全处理。这一阶段被称为先污染后治理的模式（见图 9-2）。这种模式的成本极高，有些环境破坏已经无法恢复。

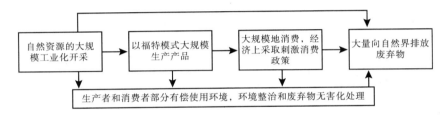

图 9-2 工业化国家粗放型经济增长模式下的末端治理的第二代技术经济范式

无论是不治理，还是末端治理，在粗放型增长阶段，污染减排都是在末端采取措施，试图降低排放废弃物的有害性。

在集约型经济增长模式下，污染减排转向了污染物产生的源头。与此相对应的是，对污染物治理的技术经济范式从末端前移至产品全寿命周期管理，即对产品实施"从摇篮到坟墓"的管理。这种技术经济范式的特征是从污染源头预防污染产生和避免废弃物排放，从资源开采开始即强调提高回收率、降低物质消耗、减少废弃物排放。第一，其经济特征是把环境要素转变为经济要素，迫使生产者在减少成本的市场动力基础上以减少污染排放为目标，减少资源消耗；第二，要通过清洁生产的途径减少废弃物的产生与排放；第三，对生产过程和消费之后产生的废弃物进行再生资源化循环利用；第四，可经过简单修复或再次加工制造可以重复利用的产品或零部件，通过再制造进行循环使用，减少经济发展对原始资源的消耗；第五，要对没有经济利用价值的废弃物进行无害化处理后再返还自然界。这种模式被称为循环经济模式，是集约型经济增长模式下的新技术经济范式，也是实现资源与环境可持续发展的技术经济范式。其正常运行需要制度创新、技术创新和循环经济伦理与文化建设三个条件（见图9-3）。

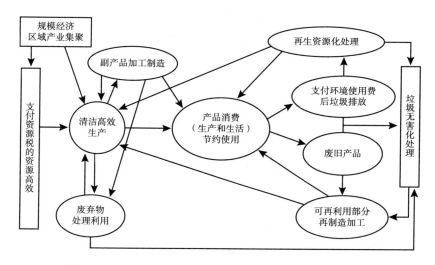

图9-3　集约型经济增长模式下的循环经济技术经济范式

在集约型经济增长模式下，产业布局和基础设施建设要按照循环经济模式要求进行设计，按照产业生态学和产业链原理，构建循环型工业园区，通过产业集聚使废弃物和副产品形成规模，上游企业的废弃物和副产品作为下游企业的原材料，使得生产过程废弃物排放量达到最小化。园区共同收集、分类处理最终没有利用价值的废弃物，实现环境保护的规模化、高效化。

第二节　发达国家的传统发展模式（生产方式和消费方式）批判

一　发达国家传统的生产模式把人类引入了不可持续发展的道路

工业化起源于西方发达国家。到目前为止，全世界发达国家总人口约占世界人口的20%。由于在发达国家工业化发展时期，其余80%的人口还处于农业经济时代，因此，发达国家运用低价能源实现了工业化。20世纪70年代以前，世界资源和能源处于供过于求的时代，各种资源价格都处于很低的水平，因此，发达国家在工业化过程中走的是高消耗、高污染排放之路。到1973年危机时，世界能源消耗总量中，北美国家占35.1%，欧洲地区

（主要是西欧）占42.8%，两个地区人口不到世界总人口的18%，消耗的能源总量却占了世界消耗总量的78%，人均消费是世界平均水平的4倍以上。发达国家的大规模生产、大规模消费、大规模排放废弃物的模式，为发展中国家树立了坏榜样。

马克思从生产关系分析出发，曾把资本主义生产社会化与资本主义私人占有之间的矛盾看成是导致资本主义走向灭亡的基本矛盾。马克思在分析英国工人阶级的生活状况时，曾经描述过工人生产条件的恶劣情形。但是，马克思以后的资本主义制度通过内部的改良，解决了生产的社会化与生产资料私人占有的矛盾，通过工会对资本家阶级的制约、国家民主制度的发展和社会保障体系的建立，改善了劳动者阶级的社会经济地位，缩小了贫富差距，缓解了阶级矛盾，使得现代资本主义制度仍然具有生机。但是，资本主义制度没有解决资本的扩张性与贪婪的本质，没有改变人类消费贪婪的恶习。为了保持资本主义的社会稳定，必须实现资本的持续扩张，因此，必须无限地扩大再生产，社会必须无限地扩大消费，才能使扩大再生产的过程得以持续。无限扩大再生产和无限扩大消费的结果必然是无限地产生并排放废弃物，把人类引入了资源短缺、环境破坏的不可持续发展的轨道。

在传统的市场经济制度下，维系市场机制正常运行的核心机制是等价交换，等价交换的前提是具有明确的产权体系。没有产权的物品无法参与交换，只能作为社会公共物品，由社会成员共同享有，共同消费。在传统的市场机制下，环境、河流、地下水等资源都是没有产权的自然物品，属于社会公共物品。因此，在20世纪70年代以前的传统发展模式下，发达国家的技术经济范式属于图9－1所示的第一代工业化技术经济范式，认为大自然具有无限的纳污和自净化能力，向环境排放废弃物是免费的。其结果是，到20世纪50～70年代，发达国家的生态环境事件频发，环境污染加重。之后，发达国家才开始基于庇古税理论的制度创新，对排放污染物进行征税，由政府出面对环境进行治理。

从经济学角度看，环境问题的产生在于传统市场经济制度的失灵，它不能解决经济的"外部性"问题。因为环境作为没有产权的要素进入市场运行机制，无法在市场中对环境的排污使用权进行等价交换，因而环境污染的代价也就不能完全计入生产成本之中，造成经济体系的环境成本缺位，使得经济增长与环境保护失去了平衡。经济增长与环境保护的失衡，在物理层面上，就是自然界的生态体系失去平衡，生物多样性遭到破坏，物质的自然循环过程被打乱，气候发生变迁。在人与自然的关系上，是人类利用自然与自然的稳定性之间失去平衡，使得自然界发生了过快演变，超过了人类适应的程度，进而对人类健康和人类的生产条件产生了不利影响，降低了人类的生产效率和自然福利。

20 世纪 70 年代以后，发达国家普遍开始重视环境问题。在过去污染排放失控的情况下，逐步通过制度创新，征收废弃物排放费或税，抑制污染排放。同时加强了末端处理，对已经排放的废弃物进行以填埋和焚烧为主的安全处理。但这种模式仍然属于末端处理，成本高且效率较低。为了彻底解决他们国内的污染减排问题，在技术方面，全面提高了污染排放标准，并逐步推广清洁生产，这使得企业生产的环境成本大幅度提高，迫使发达国家内部进行了大规模的产业结构调整。一方面，对高附加值的制造产业进行技术升级和产业组织结构升级；另一方面，将资源消耗高、污染排放多、附加值较低的产业向发展中国家转移。表面上看，发达国家通过生产模式转变和结构调整解决了其国内污染减排问题。但是，由于其消费模式没有发生本质性的转变，高消费仍然需要大规模产品供给来满足，只不过是这些产品由过去自己生产转变为由发展中国家生产，然后通过国际贸易进口来供给。这就发生了污染转移。发达国家的减排大部分是靠发展中国家"增排"来实现的。

二　发达国家的消费方式批判

消费是人类生产的终点，生产的目的是为了消费。但怎样消费、消费多少、消费后形成的废弃物如何处理，对生产和环境产生直接影响。

2008 年按购买力计算的美国人均 GDP 是 1950 年的 4 倍多。但是，根据美国农业部 2009 年 11 月发布的一项报告，2008 年有 4900 多万人面临不同程度的食品短缺，挨饿人数占总人口的 14.69%。美国是世界上最强大的国家，人均收入是中国的 12 倍以上。在如此高的经济发展水平下，仍然有如此高的比例的人口吃不饱肚子，并非美国经济没有能力保障全民吃饱饭，而是其消费模式和分配模式决定的。

第二次世界大战以前，美国人的储蓄率为 25%，1960～1980 年降低到 10%，1990 年以后居民总储蓄率为零（见图 9-4）。2003 年以后，居民储蓄率最高的时候为 2.7%。2005～2006 年全体居民储蓄率为负数，即全体美国人没有储蓄，居民收入全部用于消费和投资（见图 9-5）。

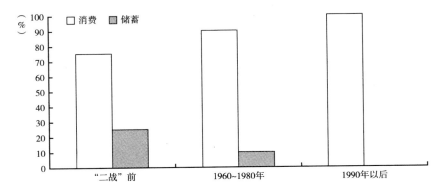

图 9 - 4　美国储蓄率与消费率变化

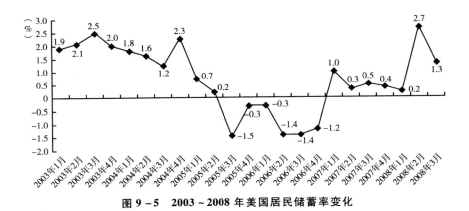

图 9 - 5　2003 ~ 2008 年美国居民储蓄率变化

　　政府也是一样。1990 ~ 2008 年，除 1997 ~ 2002 年美国联邦财政预算有少许盈余以外，其余年份均是大规模赤字（见图 9 - 6），2005 年和 2008 年财政赤字都超过 4000 亿美元，2009 年财政赤字将超过 14000 亿美元（见图 9 - 6、图 9 - 7）。

　　一个消费型的美国社会，离开了高消费，经济增长就会停滞，经济就会发生危机。美国的大量消费是建立在强势美元作为国际货币基础上的。长期以来，美国的高消费就像行驶在无摩擦阻力的高速公路上的汽车，并且把全世界都拴在了这辆汽车之上。美国消费，其他国家生产，美国金融危机导致消费增长速度下降了，其他国家就发生生产过剩，进入经济危机。

　　以美国为首的生产模式和消费模式，都为世界发展中国家树立了一个很糟糕的榜样。据有关专家分析，如果全世界都达到美国人的消费水平，我们需要 5 个地球的资源。因此，实现科学发展的根本出路在于改变资本主义制

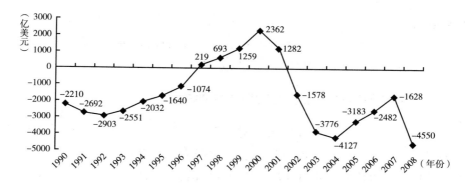

图 9-6 美国财政预算盈余情况

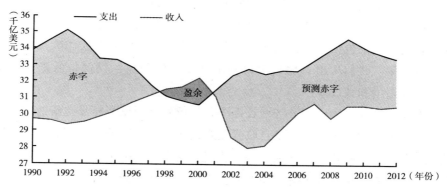

图 9-7 1990~2012 美国财政预算盈余实际情况与预测

度所决定的发展模式。这种模式所决定的利益分配模式及其所决定的消费模式，逼迫人类在物质产品已经相对过剩的条件下，仍然必须不断扩大再生产，不断增加消费，否则就会发生经济危机。其结果是，资源消耗不断增加，废弃物生产量不断上升，温室气体排放不断增长，导致资源枯竭、环境破坏、气候变暖，最终将人类推向灾难。

第三节 协调短期增长与长期可持续发展的关系

改革开放 30 多年来，我国经济发展已经取得了巨大进步。但是，我们面临的问题与压力似乎更多了。我国也走入了类似发达国家经历过的经济增长怪圈，即经济规模越大，物质产品越丰富，内需反而越不足，越需要进一步加快需求增长，以便拉动经济更快增长。因此，我们面临的资源与环境压力就越大。

走出这个怪圈需要我们重新审视经济增长的目的，协调短期增长与长期可持续发展的关系，彻底转变经济发展方式。

一 协调短期经济增长与出口依赖的关系

2005 年以来，我国的经济增长对出口的依赖很大。我们迷失了增加出口的目的。一方面，大量出口导致大量贸易顺差，外汇储备急剧增长。但是，我们不知道该如何使用日益增加的外汇储备。因为我们并不需要那么多的外汇储备。最终我们用来购买美国国债和次贷，存入外国银行，借给外国人去消费。也就是说，我们的外汇储备没有经济效率。但是另一方面，为了解决国内就业，我们必须增加出口生产，为了把产品卖出去，我们的企业之间自相竞争，把价格压得很低，没有利润，于是，国家财政实施大规模的出口退税政策。我们从出口增长中得到了什么经济利益？仅仅是低工资的就业、环境污染和被反倾销。

事实上，我国国内的经济增长需求并不像发达国家那样没有新的投资领域。国内需求的不足，主要来自收入差距过大、社会保障体系不健全、居民就业和创业机会不均等，导致消费率太低。如果调整好国内收入分配政策，加快经济体制改革，我国有可能主要依靠国内市场均衡实现经济的持续快速增长。

因此，应该调整通过鼓励出口实现经济增长和就业增加的目的。将用于出口退税的大量支出用于健全国内社会保障体系，扩大国内需求，既可以防止出口价格过低，减少对外国人的消费补贴，又可以通过扩大国内需求扩大生产和增加就业，实现内需型的经济增长，增强经济增长的可持续性。

二 协调短期经济增长与物价稳定的关系

一个时期以来，我国的宏观调控政策过分关注通货膨胀。为了控制物价的上涨，采取了很多不符合经济规律的措施。其原因来自两个方面：一是对物价与经济增长的关系认识不清。发达国家长期以来的经济增长与物价上涨之间数量比例在 2 左右，而近年来我国一直控制在 5 以上。二是担心低收入阶层对物价上涨的承受能力低而过度控制物价。

1998 年以来，我国经济年均增长速度接近 9.76%，而以 CPI 表征的消费者物价年均上涨率仅为 1.69%，两者之比为 5.78。这显然严重违背了市场经济的一般统计规律。即使考虑房价上升较快，这一比例也是过高的。与经济增长速度相对应的低通货膨胀主要体现为资源税（费）过低，导致初级产品价格较低，不利于激励资源节约。因此，宏观经济调控政策不应该把重点放在控制物价总水平上，而应该放在促进短期经济增长与物价上涨相协调上来。

至于对低收入居民对物价上涨的承受能力的担心，则应换一种思路来思考。可以把通货膨胀与低收入群体的物价补贴相结合。因为适度合理的通货膨胀有利于经济结构优化，有利于经济快速增长，有利于财政税收的增长。反过来，国家财政增收有利于增加对低收入阶层的补贴。

三　协调短期经济增长与产业结构优化的关系

经济增长本质上是产业结构优化和升级的结果。目前我国宏观调控过度关注微观产业的供求关系，试图用行政命令的办法优化产业结构。从 2003 年起，国家调控的重点一直聚焦于钢铁、电解铝、火力发电、水泥、石化化工等产业的生产能力过剩和项目审批。实践证明，这种宏观调控往往因为对经济形势判断的失误而发生错误。例如，2002 年我国钢产量 18236 万吨，2003 年达到 24108 万吨，1 年增长 32.2%。当时的在建生产能力有 8000 万吨。而根据国家发改委等单位的预测，到 2010 年我国的钢材需求量为 3 亿吨。于是，认为钢铁生产能力严重过剩，因此，近几年国家一直采取对钢铁产业新上项目严格限批的政策。而实际上，到 2007 年我国年钢材消耗量就超过了 5 亿吨。限批的结果是技术先进的规模化大型钢铁项目没能上马，由于市场需求激增拉动大量落后产能的小型项目飞速发展，导致钢铁产业技术结构劣化，生产集中度下降。最终，短期经济增长速度没能降下来，产业结构优化的目标也没有实现。

2008 年以来，为应对国际金融危机对我国的冲击，我们又以保经济增长为目标实施了大力度的扩大内需的政策。一些资源消耗高、污染排放高，生产成本高的落后企业本来可以在经济降速过程中被淘汰，但由于政府救助扩内需，为他们创造了市场生存空间，落后产能并没有通过危机机制退出市场，使我们失去了一次通过市场机制优化产业结构的机会。

因此，未来的宏观调控与产业结构优化，应该更多地依靠市场的力量，运用市场经济的竞争机制，通过环境标准、技术标准等手段，实现优胜劣汰，达到在经济增长中优化产业结构，通过产业结构优化促进经济增长的目的。

第四节 大力发展循环经济，走新型工业化道路

一 新型工业化与转变发展方式

新型工业化是党的十六大提出的转变经济增长方式的重要途径。但在实践中，对于什么是新型工业化，怎样推进新型工业化，存在着诸多模糊认识和争议。因此，有必要对工业化概念进行厘清，以便对新型工业化有一个清晰的认识。

党的十六大报告提出，我国的工业化要"坚持以信息化带动工业化，以工业化促进信息化，走出一条科技含量高、经济效益好、资源消耗低、环境污染少、人力资源优势得到充分发挥的新型工业化路子"。党的文件提出的新型工业化包括两部分内容：一是要用信息化带动工业化，以工业化促进信息化。这实质上是要求把信息化与工业化紧密结合起来。二是为新型工业化提出了 5 个目标。

目前国内对新型工业化的诠释和论述已经很多，在实践中落实新型工业化却面临诸多困难。例如，信息化与工业化到底如何结合？5 个目标是发展产业的选择标准，还是对国民经济的整体要求？如果是作为产业选择的标准，则几乎没有任何一个产业同时符合这 5 条标准。笼统地说发展哪些产业是旧工业化，发展哪些产业是新型工业化是没有任何意义的。那些认为新型工业化是对旧工业化的彻底否定的观点，是对新型工业化的误解。新型工业化不是"新兴工业化"，它也包括传统产业的高技术化和循环经济化。

很多人认为，发达国家工业化初期和中期经济增长是以高投资发展重工业和化学工业来推动的，是旧工业化模式。到工业化后期，经济增长转向以高新技术产业和服务业为主导，是新型工业化模式。认为中国要走新型工业化道路，就是要彻底放弃重化工业化，集中精力发展高科技产业和服务业，用信息化带动工业化。我们认为，这是对发达国家工业化的极大误解，也是对中国工业化道路的误导。

高技术产业是典型的高投入、高风险产业，并非是具有投资少、资源消耗少、污染少、效益高等一大堆优点的产业。任何一个高技术产业领域都有一定的经济规模和成本界限，达到经济规模后，企业才能具备滚动投入研

与开发的能力。工业革命以来的经济发展历史已经证明了这一点。以英国为例。在 1830～1845 年的产业革命时期，铁路被作为"高技术"或知识密集度高的产业，与 20 世纪 80 年代的美国硅谷一样是投资热点，仅仅 10 年之内英国建立了 100 多家铁路公司，50 年之后绝大多数公司倒闭或被兼并，只剩下五六家了。铁路之后的电器设备、汽车等时代性的"高技术"产业都经历了同样的命运。例如汽车产业，1910 年美国汽车生产企业达到 200 多家，50 年后的 1960 年就仅剩下 4 家了[①]。更加值得注意的是，几乎所有的高技术产业，发展初期都要经历长时期的高研究与开发投入和亏损期，经过行业内激烈的竞争，最终优胜劣汰，剩下的少数公司才能成为行业的霸主，进入高赢利期。因此，划时代性质的高技术产业都具有相当高的技术研究与开发失败风险、市场开发失败风险。电子计算机产业在 1947～1948 年创始，到 20 世纪 80 年代初期全行业才达到收支平衡，此前不知倒闭了多少家计算机公司。当年小型机的市场霸主王安电脑早已经被市场吞没，在个人电脑市场上曾经风光一时的康柏公司也被惠普兼并了。一些经济学家只知道高技术产业的高收益特点，却忽视了高技术产业的高风险、高投入特点。现代生物产业发展已经超过 30 年了，但即使是生物技术最先进的美国，目前仍然处于全行业"亏损"状态，只有少数企业赢利。

我们必须从把新型工业化道路错误地认为是抛弃重化工业化的误区中解脱出来。要做到这一点，必须对我国现阶段所处的工业化发展阶段有一个清醒、准确的认识。新型工业化不是"去重工业化"，绝不能把新型工业化与重化工业发展对立起来，而是应该把重化工业发展纳入新的轨道，作为新型工业化的重要内涵。我国无法跳跃重化工业高速发展这一阶段。

事实上，资源消耗高、污染排放强度大、经济效益低，不是重化工产业的天然特性。在今天的技术条件下，用新的现代循环经济生产组织模式发展重化工产业，用高技术改造已有重化工产业，可以使重化工产业成为自动化、信息化的载体，成为现代服务业的支撑基础，成为高效率、少污染的现代产业。重化工产业的现代化与循环经济化是新型工业化道路不可或缺的组成部分。转变发展方式不是要脱离经济发展阶段的市场需求，抑制重工业和化学工业发展，而是要用最小的代价满足工业化的市场需求。

---

① 〔美〕彼得·德鲁克：《创新和企业家精神》，企业管理出版社，1989，第 126～132 页。

二 用循环经济模式改造重工业

在循环经济模式下推进节能减排，不在于生产什么，而在于怎样生产。循环经济的目标是从源头预防污染产生和保护环境。其基本手段是通过生产技术与资源节约技术相结合，减少单位产出的资源消耗；通过生产技术与废弃物再生利用技术相结合，减少生产过程的废弃物生产和排放；通过研究开发各种废旧产品和废弃物循环利用技术，减少全社会的废弃物产生和排放；通过对各种最终无法再生利用的终极废弃物进行无害化处理，实现经济社会发展的环境友好模式。只要建立起全社会范围内的循环经济体系和网络，把经济发展和各种经济社会活动与居民消费都纳入循环经济模式之中，我们就可以建成资源高效率利用，废弃物排放最小化和无害化，环境得到有效保护的资源节约型与环境友好型社会。在循环经济模式下，我们就可以实现经济快速增长、就业机会不断增加、生态环境得以保护多方共赢的可持续发展目标。

重工业发展快是我国资源供给紧张和环境污染严重的重要原因之一。我国重化工产业资源消耗效率较低、污染排放强度较大，关键在于我国经济体制和发展重化工产业的产业组织结构和技术体系不符合循环经济模式要求，重化工产业布局过于分散，单个企业的规模偏小，产业集中度差，技术体系落后，资源循环利用率低。在我国能源消费总量中，工业消费约占70%，其中非金属矿物制品业、黑色金属冶炼及压延加工业、有色金属冶炼及压延加工业、金属制品业、通用设备制造业、交通运输设备制造业、电力煤气生产及热水供应业、化纤制造业、石油加工与炼焦业、化学工业10个重化工行业约占全国能源消费总量的41%。电力煤气生产及热水供应业、化纤制造业、交通运输设备制造业、黑色金属冶炼及压延加工业、有色金属冶炼及压延加工业、非金属矿物制品业、化学工业、造纸业、煤炭开采与洗选业、有色金属矿开采与洗选业10个重化工行业排放的污水总量占全部工业排放废水的67%。

用循环经济模式发展重化工产业完全可以克服当前重化工业存在的问题。正如马克思讲过的一句话，区分不同时代的标准不是生产什么，而是怎样生产。同样，区分新型工业化道路和传统工业化道路的标准也不在于生产什么，而在于用什么方式生产。如果我国的钢铁工业都像上海宝钢和山东济钢那样，用循环经济模式组织生产，吨钢综合能耗可以再降低20%以上，排放的污染可以减少50%以上。

我国典型的重化工业基地内蒙古的包头市，通过贯彻落实科学发展观，把传统的重化工产业纳入到新型工业化轨道，用高科技改造和武装传统产业，用规模化和循环经济模式发展传统重化工产业，做到从源头预防污染产生，实现了产业快速发展，资源充分利用，环境得到保护，生态得到恢复和改善的多赢局面。过去，在包头市辖区内的黄河段沿岸有很多小型污染型重化工企业，对环境的污染十分严重。2000年前后，包头市大气质量极差，每年达到和好于2级的天数只有50几天。2003年以来，包头市关闭了大量污染严重、资源利用效率低下的小型重化工企业，代之而起的是在工业区内建立了一批技术先进、用循环经济模式连接起来的大型工业企业。这使得经济总量大幅度上升，而排放的污染总量大幅度下降，解决了经济增长与环境保护之间的矛盾。因此，黄河在进入内蒙古时的V类水，在出内蒙古时变成了III类水。2005年以来，包头市的大气质量达到和好于2级的天数达到257天。这一事例说明，一个地区通过规模经济、产业集聚、循环经济三位一体的发展模式，可以实现资源高效率利用，在改善生态环境的情况下推进重化工业的发展。重化工业化并不必然走传统工业化道路。

三 循环经济是新型工业化的最高形式

科技含量高、经济效益好、资源消耗低、环境污染少、人力资源优势得到充分发挥，是新型工业化的五大指标。这五大指标是对工业化的总体要求。新型工业化与传统工业化一样，需要各种产业以相互匹配的比例共同发展。高技术产业也需要钢筋水泥建成的建筑，信息化社会是依靠在钢铁、化工、水泥、机械、能源工业大发展建立起来的完善的基础设施、通畅的高速公路系统、发达的航空运输体系、家庭汽车普及、家用电器普及、办公电子机器设备普及等基础上的。

表面光泽亮丽的电子产品是高技术产品，但这些产品并不像人们想象的那样低污染。高技术产品的生产应用了大量新材料、重金属材料、生物质材料等，这些产品在生产过程中会产生大量新的污染物。这些新的污染物对环境的影响不容易被觉察，对其产生的某些负面影响我们还没有充分认识。电子产品在使用过后形成的废弃物如果处理不当，其产生的污染对人的身体健康的危害会比传统产业的污染更加严重和久远。所以，高技术产业更应该遵循循环经济原理，对所产生的废弃物进行全面回收和循环利用，不使其排放到环境中去。

循环经济的技术经济特征之一是减量化，通过技术创新，提高资源利用效率，减少生产过程的资源和能源消耗。这是提高经济效益的重要基础，也是污染排放减量化的前提。

循环经济的技术经济特征之二是延长和拓宽生产技术链条，将污染尽可能地在生产企业内进行处理，减少生产过程的污染排放。

循环经济的技术经济特征之三是对生产和生活使用过的废旧产品进行全面回收，可以重复利用的废弃物通过技术处理进行多次循环利用。这将最大限度地减少初次资源的开采，最大限度地利用不可再生资源，最大限度地减少污染排放。

循环经济的技术经济特征之四是对生产企业无法处理的废弃物集中回收、处理，扩大环保产业和资源再生产业的规模，扩大就业。

上述四大特征要求大力开发废旧物资回收与处理的适用技术；要求高新技术向污染处理和资源再生产业扩散。它们的最终要求是使利用废旧资源的经济效益高于利用有限的初次资源的经济效益。这对科学技术发展提出了新的方向和强大需求，必将改变科学技术发展方向，带来新的技术革命。

通过上面的讨论和分析，我们可以认识到，循环经济不是针对某些产业的，新型工业化也不是针对某些产业的，两者都是针对整体经济发展方式或经济增长方式而言的。循环经济可以做到资源节约、环境友好、增加就业、拉动创新、提高效益。因此，循环经济模式就是要使所有产业发展符合新型工业化的五大指标要求。

循环经济作为一种新的技术经济范式、一种新的生产力发展方式，为新型工业化开辟出了新的道路。如果按照传统的"单程式"的技术经济范式，即使是以信息化带动工业化，发展高新技术产业，用高新技术改造传统制造业，也仍然不能解决环境友好的问题。循环经济要求在这一切的基础上，通过制度创新进行技术经济范式的革命，是新型工业化的最高形式。

四　把循环经济确立为中国经济实现低碳化的发展模式

气候变化是全人类共同面对的挑战，我国有义务做出与自身责任相当的贡献。我国应该根据自己的国情，通过走具有中国特色的循环经济之路，提高资源利用效率，循环利用资源，实现经济增长的"减物质化"，从而实现广义节能，达到降低经济增长的碳排放强度的目的。《"十一五"规划纲要》在《建立资源节约型、环境友好型社会》的篇章中，把发展循环经济作为专门一章（第22章）进行了规划。发展循环经济的试点工作在全国已经大规模展开。虽然循环经济试点工作已经取得很大进展，但当前我国循环经济发展还处于试点和模式探索阶段。从已经取得的成果来看，我国有可能通过发展循环经济模式，为发展中国家创造出一种新的经济发展模式，解决经济增长与资源和环境压力之间的矛盾，大幅度降低经济增长的碳排放强度，实现资源与环境可持续发展，为应对全球气候变化做出独特的贡献。

从目前循环经济试点工作的实践来看，我国循环经济发展存在的主要阻碍体现在制度层面上。例如，环境保护标准偏低，环境执法不严格，导致企业违法成本和污染排放成本过低；环境保护法中关于污染排放控制和企业责任得不到贯彻落实，降低了企业循环利用废物的动力；一些废弃物处理领域还存在人为设置的市场准入门槛，制约了社会资本对循环经济的投入；原始资源价格体系扭曲，资源开采成本过低导致资源价格水平脱离资源短缺的现实，造成一些资源循环利用的比较效益不高，甚至亏损，影响企业发展循环经济的积极性；国家对循环利用废弃物的补贴政策不落实，使得废旧轮胎、废旧家电等大宗废弃物循环利用经济效益不高，甚至亏损。因此，"十二五"期间要在经济管理体制和制度建设领域进行创新，为发展循环经济、促进低碳经济创造良好的基础条件。

循环经济是全面降低包括能源在内的物质消耗强度，实现经济增长减物质化，降低碳排放强度的经济发展方式。由于循环经济发展涉及资源配置方式、产业布局方式与产业组织方式、资源和制成品价格体系、废弃物排放技术标准与排放成本、消费模式、废弃物再生利用与资源循环利用技术支撑体系、替代资源开发等方方面面，目前的统计体系还没有涵盖对循环经济进行正确评价所需要的全部指标，因此，对循环经济发展进程、运行机制中存在的问题进行科学考核和评估存在着很大的困难，制约着循环经济政策的制定和业绩考核。建议加大对循环经济模式、运行机制中存在问题的研究力度，总结各领域循环经济发展的成功模式，制订循环经济国家标准体系，尽快研究和完善循环经济统计体系。

在"十二五"规划中，应增加对循环经济发展的约束性考核指标，并把碳循环和碳利用效率与碳排放效率纳入循环经济考核指标体系之中。具体指标可请有关管理部门尽快研究制定。我们建议，在"十二五"规划中把资源循环利用效率（可用资源生产率提高比例表述）、碳排放效率（可用单位 GDP 二氧化碳排放强度降低比例表述）、绿色能源占能源生产总量的比重、最终固体废弃物排放率（可用固体废弃物最终排放量与产生量之比降低的百分点来表述）、水资源循环利用指数（可用用水总量与新取水量之比提高的比例来表述）等指标一并纳入"十二五"规划的约束性指标。

第十章
对能源消耗强度指标的若干思考

中国正处于经济快速增长的工业化阶段。面对着全球气候变暖及巨大的资源环境压力，中国近几年来，加大了对节能减排的规制力度。"十一五"规划之后，能源消耗强度的大幅度下降又继续在"十二五"规划中被作为约束性指标。在世界主要国家中，中国对节能减排的态度显然是积极的。然而，应该清醒地看到，尽管中国在节能减排上做出了巨大的努力，而且取得了显著成绩，但不论在认识上还是在实践上都存在着不少值得思考和改进的地方。正视这些问题，加深对节能减排目标及其规律性的认识，无疑将有利于中国节能减排的健康开展和可持续发展战略的实现。

第一节　能源消耗强度作为效率指标存在明显缺陷

中国使用能源消耗强度作为节能的指标。显然，能源消耗强度在这里是作为能源效率指标使用的。节能减排的基本途径是提高能源效率。人们希望用较小的能源消耗实现 GDP 增长，显然是合乎逻辑的。况且，能源消耗强度也确实可在一定程度上反映一个经济体能源消耗的宏观效率，并在国内外被广为使用。但是，当我们深入考察一下，便可发现能源消耗强度作为能源效率的度量存在着明显缺陷。能源消耗强度并不能很好地反映全社会能源的节约程度，因而，简单地将其作为节能考核指标、将其下降作为节能率使用存在明显弊端。

一 能源消耗强度不适合作为节能考核指标

能源消耗强度反映的只是经济活动对当期能源消耗的依赖程度，并不适合作为节能考核指标。考察一下能源消耗强度的定义表达式，很容易看到这一点。能源消耗强度的定义表达式是当期能源消耗与当期 GDP 之比。显然，此指标中的投入与产出之间不具有一致性。因为，当期能源消耗并非代表全部的能源投入，当期 GDP 也不等于当期能源消耗的全部产出。因而，能源消耗强度不能全面反映能源消耗的效率。准确地讲，能源消耗强度反映的只是经济活动对当期能源消耗的依赖程度。

能源消耗强度之所以容易被当作效率指标来使用，主要是人们往往忽视经济活动的产出流相对其投入流存在着滞后性，当期投入和当期产出并非完全对应。以下两个基本事实有必要引起人们注意。

（一）当期能源消耗不仅是当期 GDP 的来源而且也是未来 GDP 的来源

对于当期能源消耗来讲，其不但对当期 GDP 做出贡献，而且还会对未来 GDP 做出贡献。这样，当期 GDP 仅反映了当期能源消耗的部分贡献，当期能源消耗对未来 GDP 的贡献没有包括在内。

比如，基础设施建设和其他固定资产投资所消耗的能源除了对当期 GDP 做出贡献外，还通过凝结在固定资产中在以后相当长的时期里持续对未来 GDP 做出贡献。忽视当期能源消耗对未来 GDP 的贡献是对产出具有时滞性缺乏认识的表现。

显然，用当期能源消耗与当期 GDP 之比所反映的能源效率是不全面的。能源消耗强度无法反映当期能源消耗对未来 GDP 贡献的局限，会使人们高估生产当期单位 GDP 的能源消耗。一般来讲，对于越是具有长期效益的经济活动或对于那些经济增长主要靠能源密集的投资活动拉动的发展中经济体，其单位 GDP 的实际能源消耗越会被高估。

对于处在原始积累阶段的中国，投资率较高是阶段性特征①。而原始积累是一个能源密集的过程，因此，能源消耗强度较高属正常现象。目前，我国经济发展的主要问题不是投资率高，而是投资的有效性较低，由于管理不善，存在着相当严重的投资结构不合理（过度与不足并存）、决策失误较

---

① 在我国，普遍把我国经济增长主要靠投资拉动作为我国经济增长质量不高或增长不可持续的依据。这是一种对经济增长的阶段性规律缺乏认识的表现。

多、工程质量不高、经济效益较差等问题。例如，我国城市规划水平较低，城市建设追求华而不实，喜欢做表面文章，搞大拆大建；同时，诸如城市的环保设施、公共交通、地下工程等公共设施以及水利设施等发展明显滞后；大量的建筑物质量不高、节能差、寿命短[①]；我国生产能力淘汰过快；表面看来，GDP 增长很快，但积累起来的财富相当有限。毫无疑问，改变这些是提高我国能源效率、减少浪费的最重要的方面[②]。

改变这种状况的前提之一是要求我们有更多的长远观点。应该在一个更长的时间跨度里考察当期投资和当期能源消耗的效益。能源消耗强度指标的这一局限的直接弊端是使人们容易过度注重短期效益，而忽视能源消耗的长期效益。实际上，处于原始积累阶段的我国，当期能源消耗中为当期服务的只有一少部分，当期能源消耗的大部分是为以后的长期提供服务。目前我国采取的硬性规定大幅度降低当期能源消耗强度的做法，很容易造成对投资的长期效果及其有效性的忽视，客观上在助长短期行为，为降低建设标准（包括节能标准、环保标准）、偷工减料制造机会。其结果不但不利于我国投资有效性较低、结构不合理问题的解决，而且很可能会加剧这一态势。表面上看，当期的能源消耗强度暂时降下来了，但从长远和总体上看会耗费更多的能源。为此，我们的后代要被迫付出更多的代价，包括能源消耗的代价。实际上只要想一想，英国伦敦 150 多年前建的排水系统现在仍然很好地在发挥作用，而我国大多数城市经常会因大雨而交通瘫痪。这个道理就很清楚了。

（二）当期 GDP 中不仅有当期能源消耗的贡献也有以往能源消耗的贡献

与前面讲的当期 GDP 不能反映当期能源消耗的全部产出的情况类似，当期能源消耗并不能反映当期 GDP 的全部能源消耗。实际上，当期 GDP 的创造不仅要依靠当期能源消耗，而且还要依靠过去能源消耗。过去的能源消耗是通过凝结在基础设施和其他固定资产中对当期 GDP 做出贡献的。因而实际投入到当期生产过程中的能源不仅包括当期的能源消耗，还应该包括凝结在固定资产中累积的能源消耗。当然，二者（当期的能源消耗和累积的

---

① 我国建筑物的寿命平均只有 25～30 年，而发达国家建筑物的平均寿命，英国为 132 年，法国为 85 年，美国为 80 年（见 http：//news.sina.com.cn/c/2010－04－05/231820011742.shtml）。

② 对减小我国金融风险的意义同样不能忽视。

能源消耗）投入到生产过程中的方式不同，如何核算与当期 GDP 相对应的能源投入的服务流是相当复杂的问题，在此不做赘述。

发展中国家与发达国家的一个根本性的差别在于发展中国家是资本存量小国，而发达国家是资本存量大国。这意味着，和发展中国家相比，发达国家的 GDP 中来自凝结在资本存量中的能源和其他资源消耗的贡献要大得多。而且，不仅仅是在发达国家所拥有的巨大的资本存量中，实际上，他们拥有的所有现代文明，包括科技优势、较高的教育水平、良好的环境等中都凝结着大量过去的能源消耗。发达国家目前较低的能源消耗强度是建立在历史上大量能源消耗的基础上的。所以，使用忽视过去能源消耗的贡献、只反映当期能源消耗的能源消耗强度指标来考察创造当期 GDP 的能源效率，必定使发达国家的能源效率被高估，而发展中国家的能源效率被低估。显然，能源消耗强度不能正确地反映所处不同发展阶段国家之间能源效率的差别。

在中国，常常把中国能源消耗强度比主要发达国家能源消耗强度高多少多少倍①当作中国能源效率低、中国经济在过度消耗能源的依据，并据此过高估计中国节能的潜力。这种判断显然是片面的，存在很大的盲目性。

二 能源消耗强度的区域比较缺乏合理性

不同区域和不同经济体的能源消耗强度之间缺乏可比性，做简单比较缺乏合理性。从空间维度上对不同局部的能源消耗强度所定义的投入产出关系进行跨域分析，很容易发现，能源消耗强度指标无法正确反映不同局部之间的能源消耗与产出的联系。实际上，每个地区的能源消耗不仅是本地区 GDP 的来源，而且也是其他地区 GDP 的来源。某个地区的能源消耗强度指标既无法反映该地区的能源消耗对其他地区 GDP 的贡献，也无法反映其他地区的能源消耗对该地区 GDP 的贡献。所以，简单地用这样一个指标去考核某地区的能源效率和不同地区的能源消耗水平是片面的，缺乏合理性。毫无疑问，用此指标进行调控不利于资源在全国的合理配置。实际上，经济活动的复杂性也使我们无法准确地判断各个地区能源消耗强度的合理数值应该是多少。这种调控存在很大的盲目性。

在我国不同地区之间，能源消耗强度存在着巨大的差距，但决不意味着不同地区在能源效率上存在的差距同样巨大。能源消耗强度在地区之间的差

---

① 中国能源消耗强度 2006 年是美国的 4.3 倍，是日本的 9.0 倍（根据国际能源署数据）。

距，与发展水平和技术上的差距有关，但主要还是产业结构的不同决定的。一个地区的产业结构偏重一些还是偏轻一些以及能源密集与否是资源在全国进行配置的结果，与地区的区位特点、资源禀赋以及全国的产业布局密切相关。所以，不同地区的能源消耗强度不具有可比性。

在经济全球化的今天，被喻为"世界工厂"的中国，大量产品销往国外，同时也有大量进口。在全球产业链条中，中国总体上处于末端。这造成中国的出口中高耗能、低附加值产品居多，而进口中低耗能、高附加值产品居多，凝结在出口中的能源消耗远大于凝结在进口中的能源消耗，致使中国能源消耗中相当部分最终为海外消费者所消费。显然，中国对外贸易的迅速发展有着扩大中国能源消耗强度与发达国家之间差距的效果。这种国际分工格局及其带来的能源消耗强度的差距，在相当大的程度上与生产要素价格、投资环境、比较优势和跨国公司在全球优化资源配置的努力有关。不能简单据此得出中国能源效率低的结论。

为了消除国际之间价值量不可比的因素，人们在国际比较时常常使用购买力平价（PPP）的方法对各国的 GDP 进行调整。由于 PPP 方法仅对可贸易产品部分意义较大，对其他部分的调整显得较为随意，因而只能作为极粗略的参考。当我们使用 PPP 方法进行能源消耗强度计算时，便可看到，各国之间存在的差距会大大缩小。由表 10-1 可以看到，按常规 GDP 计算，美国的能源消耗强度为 0.21，中国为 0.90。按 PPP 方法以美国为基准转换后，美国的能源消耗强度为 0.21，中国仅为 0.22，可以看出两国没有多大差别。用这样一个结果来说明中美能源效率的差距，其合理性同样令人心存疑惑。这进一步说明用价值量的能源消耗强度作为评价能源效率的指标或节能指标所具有的不可比的缺陷。

表 10-1　中日美主要能源指标（2006 年）

项　目	中国	美国	日本
人均初次能源供给(吨标准油/人)	1.43	7.43	4.13
单位 GDP 初次能源供给(吨标准油/2000 年价格计算的千美元)	0.90	0.21	0.10
单位 GDP(PPP)初次能源供给(吨标准油/2000 年价格购买力平价计算的千美元)	0.22	0.21	0.15

注：PPP 为购买力平价。

资料来源：国际能源署网站（http://www.iea.org/stats/index.asp）。

三　考核能源效率或节能效果的合理办法

考核能源效率或节能效果宜使用实物量能耗指标在产品层次上或行业层次上进行。如前面所分析，能源消耗强度反映的只是经济活动对当期能源消耗的依赖程度，不能全面反映能源消耗的效率，同时，在不同地区、不同部门之间缺乏可比性。显然，能源消耗强度不适合用来作为跨地区、跨部门的节能考核指标。

严格地讲，当作为能源效率的度量时，能源消耗强度仅在具有同质性或可替代的产品之间才具有可比意义。具有不同性能、用途的不同质的产品，其能源消耗强度常常各不相同，其差异主要是由不同产品具有的物理特征或技术性质不同造成的，不是主观能够改变的。这些用途不同、不可替代的产品，如果都是必不可少的，那么，我们很难说生产能源消耗强度低的产品就一定比生产能源消耗强度高的产品的能源效率高。如果用能源消耗强度去考核不同的产品，不分青红皂白，只要是能源消耗强度高的产品都要把能耗降下来，或不问市场需求盲目压制高耗能产品的生产，显然是不符合经济规律的。

实际上，跨地区、跨部门之间复杂的投入产出关系使人们很难准确给出具体地区或部门间能源消耗强度的相对合理数值。因此，对能源消耗强度指标在地区、部门间很难进行合理的分解。考核能源效率及对能源消耗进行管理的合理方法是在产品层次上或行业层次上使用实物量能耗指标进行。显然，这需要一系列完善的行业标准和产品的能耗标准以及良好的能源核算的基础。应大力推进能源审计制度，加紧制订和完善耗能设备国家标准，完善企业节能计量、台账和统计制度。为此，科学、规范、精细化的管理是必要的。没有这些，简单地依靠能源消耗强度以及对其层层分解，节能减排将难以取得有效合理的效果。

第二节　不宜过度追求能源消耗强度短期内大幅下降

尽管能源消耗强度作为能源效率指标存在明显缺陷，但是将其作为对能耗总量进行适当控制的指标还是具有一定意义的。当在特定范围把能源消耗强度作为能耗总量控制指标使用、进行趋势管理时，我们应该看到，能源消耗强度的变动有其自身的规律，并非越低越好，不宜过度追求能源消耗强度短期内的大幅度下降。

一　能源消耗强度并不存在短期内大幅度单调下降的确定规律

从历史资料可以看到，多数国家在实现工业化的进程中，随着经济发展，其能源消耗强度的长期变动曲线呈先升后降的"倒 U"形，而少数国家则呈"倒 W"形，即出现两个或两个以上的峰值（如韩国）。

多数发达国家能源消耗强度曲线呈"倒 U"形是容易理解的。工业化是资本原始积累和城市化的过程。在工业化初始阶段中，由于大规模的基础设施建设以及相应的高耗能产业的发展，会出现能源消耗增长比经济增长更快的现象，导致能源消耗强度升高。随着工业化的发展和资本的不断积累以及基础设施的不断完善，到一定阶段，高耗能产业在国民经济中的比重会逐步降低，而高技术和服务业的比重会逐步提高，同时伴随着技术进步、能源使用效率的改善，能源需求的增长自然会慢下来并低于经济增长的速度，导致能源消耗强度的下降。

当经济发展到更高的水平时，加工业比重进一步下降，信息化程度越来越高，能源消耗强度会进一步下降。在这里，产业结构高级化是能源消耗强度出现较迅速或大幅度下降的主要原因。而产业结构高级化是经济发展、人民收入水平提高以及与之相伴随的需求结构改变（高附加值产品的比重提高）的结果。没有人民收入水平大幅度提高的前提，实现结构转型则是无水之源。

值得注意的是，多数先行国家的能源消耗强度呈现的这种由单调上升到单调下降的"倒 U"形变动是指长期趋势而言，其短期趋势则不存在这样的规律。资料表明，各国能源消耗强度不论上升还是下降都是在频繁的波动中进行的，能源消耗强度的短期趋势规律是模糊的、不确定的。也就是说，在年度之间或某个短时段内，一般并不存在严格的单调上升和单调下降的规律。即使在工业化中后期，能源消耗强度处于明显的下降趋势中，经济活动的不确定性也常常会带来能源消耗强度的波动或阶段性的上升，一般来讲均属正常现象。

比如，从总体上看，我国自 20 世纪 70 年代后期以来能源消耗强度处于以较大幅度下降的阶段。然而，2001 ~ 2005 年能源消耗强度出现了明显的回升。此期间我国西部大开发战略全面展开、房改引发的房地产业的大发展、城市化进程加快、入世带来的外贸激增、基础设施建设规模迅速加大，推动了重化工业的快速发展。考虑到这些因素，不能简单地认为此期间能源消耗强度没有延续下降趋势而出现了阶段性上升是不正常的。

不难理解，一个经济体的能源消耗强度不是外生决定的，而是内生于所处的发展阶段和当前经济运行状况的，其变动趋势要服从经济增长的需要及客观经济规律。为了克服市场失效、实现节能减排所进行的能耗总量控制，显然不能超越按经济规律办事这样一个基本准则。特别是在短期内不留任何余地地设定一个宏观的能耗水平要求经济活动必须严格服从，似乎并不妥当。"十一五"期间为了完成规划的节能目标，一些地方不惜拉闸限电影响到正常的生产和生活的做法极具典型性。因而，从宏观上，我们应尽量避免制定具有约束性的短期节能目标，而在制定长期节能减排目标时，应对短期波动给予充分考虑。

"十一五"期间能源消耗强度下降的任务基本完成。如果能源消耗强度在"十二五"期间仍将继续大幅度下降，这意味着中国的能源消耗强度将经历连续 10 年的单调大幅度下降。我们不能讲绝对没有这个可能，但是我们有必要为能源消耗强度可能发生波动做好准备。种种因素显示，"十二五"期间能源消耗强度存在较大变数。如果一定要熨平可能的波动，采取更为严厉的行政措施，意味着我们将为此付出重大代价。这是需要认真权衡的。

二　过分追求能源消耗强度在短期内大幅度下降不利于我国的长期发展

处于资本原始积累阶段的我国和发达国家相比，最根本的差距表现在人均资本存量上。我国人均资本存量只有美国的十几分之一。我国地区之间、城乡之间也还存在很大差距。我国要完成原始资本积累的任务尚有相当长的路要走。大规模的投资是不可避免的。而固定资产投资，特别是基础设施建设一般都是能源密集的。

实际上，资本原始积累过程中消耗的能源被我们当代人享用的只是其中一小部分，其大部分都是要留给后人享用的，为未来的 GDP 做贡献。而眼下较高的能源消耗强度则是未来较低的能源消耗强度的必要前提。其实，这就是一个"前人栽树，后人乘凉"的简单道理。

这里涉及降低能源消耗强度的路径选择问题。有一点是肯定的，那就是，当我们完成了资本积累的任务、富裕起来、产业结构发展到高级阶段之后，能源消耗强度自然就会降下来。而且由于我们具有后发优势，能源消耗强度肯定比处于同样发展阶段时的发达国家还要低。对于低能源消耗强度的实现，至少可以有如下两种选择。

一种选择是，能源消耗强度暂时下降得慢一些，相应的资本积累快一点（我国的高储蓄率为此提供了条件），在投资有效性较高的前提下，原始积累的任务则会较快地完成。这意味着能源消耗强度最终会较快达到发达国家的水平，实现能源消耗强度的大幅度下降。

另一种选择是，要求能源消耗强度在短期出现较大幅度下降。那么，这无疑会影响到我国资本积累的速度，延缓我国能源消耗强度的进一步下降，即延缓最终达到发达国家能源消耗强度水平的时间。我国工业化进程也会因此被拉长。

从全球资源供给的长期走势看，能源和原材料趋紧、其价格趋涨在相当长的时期内不会改变。应该看到，在资本积累的道路上的任何拖延，都会加大我们工业化的成本。到20世纪末已有近50亿人口的发展中国家陆续进入工业化阶段。在大多数发展中国家尚未走上经济增长快速路的阶段以及发达国家暂时尚未完全走出经济危机、能源和原材料价格相对较低的情况下，在保证投资有效性的前提下，努力保持住我国资本积累呈高速进行的势头，使能源密集、资源密集的基础设施建设适当超前，无疑对我国的长远发展是有利的。我国正处于劳动力最为丰富时期的尾声阶段，因而，从享受快要成为历史的人口红利的角度，这样做也是必要的。机不可失，时不再来。我们常说要抓住机遇，应该把这一重要的机遇包括在内。

总之，我国的原始积累远未完成，从抓住机遇角度，以及从长远更快地完成原始积累、实现工业化、实现能源消耗强度下降的角度，不应过度追求能源消耗强度在短期的大幅度下降。其实，如果人们到印度去看一看其基础设施与中国的差距，就不会简单地羡慕其较低的能源消耗强度了。

三　从温室气体减排角度看，也不应过度追求能源消耗强度短期内的大幅度下降

按照《京都议定书》的规定，发展中国家暂不承担温室气体减排的义务。这样的规定实际上是考虑到了发达国家的实际情况以及上面我们讲的一些道理。美国参议院的提案也没有要求中国立即开始承担减排义务。说明美国人也是明白这样的道理的。

显然，我们应该利用这段时间，抓住机遇，把那些耗能高又可以提前做

的事情先做了，并积极为以后的低能耗做准备。因为节能技术的采用、低能耗的实现都是需要前期投入的，包括能源的投入。能源消耗强度暂时的高是为了以后的低，暂时下降得慢是为了长远下降得快。采取"急刹车"的方法而作茧自缚是不明智的。

从长远看，人类的能源问题根本上要靠新能源的发展来解决。靠节约并不能根本解决问题，因为传统的煤炭和石油早晚有用完的一天，而且已是非常现实的问题。说到底，对能源进行强制性节约的根本意义在于，要通过节能努力使得剩下的传统能源能够使用足够长的时间，以保证人类有较充裕的时间顺利完成由传统能源系统向新能源系统的转变。

显然，我们讲的节能一般指的是对化石能源的节约。可以设想，如果我们的能源都是绿色的，而且是可持续的，那么，节能的意义大概就只剩下降低生产成本了。这样的问题市场机制是可以解决的。这时候的节能对温室气体减排也就没有什么意义了。所以，随着新能源、可再生能源或绿色能源在能源消耗中的比重不断提高，政府对能耗总量控制的力度无疑会不断放松，能耗指标（包括能源消耗强度指标）受关注程度也必然会随之不断下降。

世界能源系统正处于由传统能源为主向非化石能源为主转变的初级阶段。当前，全球的新能源技术的发展只能算初显成效。但按照现在的发展趋势，世界普遍对新能源在 20～30 年内实现大幅度增长持比较乐观的态度。在一份联合国的预测报告中，"最具雄心的构想"是到 2050 年可再生能源占能源消费的比重将达到 3/4①。纵观全球，人们在节能上的行动并没有表现出像其所宣称的那样积极，或许与这种对新能源前景所持的乐观态度有关。从长远看，随着新能源的发展，节能和温室气体减排的压力会随之下降。

四　不应盲目追寻发达国家传统的实现低能源消耗强度之路

在中国，由于人们常常缺乏分析地把能源消耗强度和能源效率等同起来，并简单地把降低能源消耗强度与节能等同起来，因而，向能源消耗强度低的发达国家看齐似乎成了顺理成章的事。显然这里存在着误解和误判。

（一）发达国家传统发展之路难以为继

诚然，发达国家的能源消耗强度远低于发展中国家。但从节约资源角度

---

① 《2050 年可再生能源将成为世界能源主角》，中国科学院国家科学图书馆《科学研究动态监测快报——气候变化科学专辑》2011 年第 11 期，第 9 页。

看，发达国家的生活方式远没有发展中国家那样绿色。美国国家地理协会自2008 年开始对 14 个国家进行绿色消费调查，并发布《全球消费绿色指数报告》①。在 2008 ~ 2010 年连续 3 年的报告中，中国消费方式的绿色指数都是排名第三（2008 年印度和巴西并列第一，2010 年印度排名第一），而美国都是排在最后一位，尽管美国的能源消耗强度远远低于这些国家。所以能源消耗强度低并不等同于能源消费的有效、合理。这一调查也从一个侧面说明中国的消费方式还远没有实现美国化，中国在消费方式上尚有很大的选择空间。

发达国家的能源消耗强度远低于发展中国家的主要原因是发达国家已经完成了能源密集的原始积累任务，伴随着技术进步和收入水平的提高，实现了产业高级化。发达国家较低的能源消耗强度的背后确实有较高的能源生产率的一面，但并不比发展中国家高多少。例如，按照实物量计算，中国主要工业产品的单位产品能耗比国际先进水平充其量高出 10% ~ 25%，而中国的能源消耗强度却是美国的 4.3 倍，是日本的 9.0 倍（2006 年）。这意味着，我们还必须同时看到发达国家较低能源消耗强度背后的另一面，那就是发达国家拥有长期以来依靠大量资源（包括能源）消耗而积累起来的巨额资产以及相应的高收入。高收入使发达国家得以有比发展中国家高得多的购买力去消费附加值高（能源消耗强度低）的产品。消费主义使发达国家奢侈性、炫耀性、攀比性、浪费性消费盛行。而发展中国家由于收入低，只能消费满足基本需求、低附加值（能源消耗强度高）的产品。这是发展中国家和发达国家之间能源消耗强度存在巨大差距的重要因素。

人类在发展的过程中已经越来越认识到，在地球有限的资源面前，发达国家的生产方式和消费方式及其派生的发展之路是不可持续的。对此，至今尚没有更好的经济制度能够替代之。而拥有巨大人口基数的发展中国家仍正沿着发达国家的老路迅速追赶，致使地球的资源和环境容量无法承受。这是当前全球资源环境问题变得日趋尖锐的根本症结所在，也是发达国家与发展中国家之间的最主要的利益冲突所在。当今世界很不太平，军事冲突不断，其背后都有深刻的资源背景。中国作为世界上最大的发展中国家，如果没有足够的资源以及相应的战略保障，中国的工业化将难以顺利实现。

---

① 《美国国家地理学会公布绿色指数排行中国列第三》，http://news.sina.com.cn/w/2010 - 06 - 06/141920421744.shtml。

（二）中国的节能减排仍在沿袭发达国家的老路

节能减排是中国努力转变发展方式的一部分。然而，只要对中国上下正在为实现"节能减排"目标所做的努力稍加分析，便可以看到这些努力基本上还是沿着向发达国家看齐这样一条道路在走。一方面，我们的"节能减排"工作主要把努力放在生产领域，放在淘汰落后产能、"上大压小"、提高技术准入门槛、提高能源效率以及抑制高耗能产业发展等方面；另一方面，在消费领域则不假思索地全面模仿发达国家的生活方式。在中国，人们虽然也承认发达国家的消费方式、生活方式不应是中国的方向，但行为上仍亦步亦趋地汇入这个潮流，高耗能的生活方式大行其道，在奢华方面甚至比发达国家有过之而无不及。只是我们的总体收入水平远低于发达国家，消费规模相对较小而已。

从中国所追求的节能目标来看，中国将会按照发达国家的方式使中国的能源消耗强度达到发达国家的水平。而且作为后行国家，中国的能源消耗强度肯定会比处于同样发展水平的发达国家还要低。但并不能改变这是一条能源高消费、高浪费的发展之路。因而，这样一条在发达国家后面追赶的道路并无法避免重蹈美国和其他发达国家遭遇能源困境的覆辙。

实际上，我们已经有了这方面的教训。中国汽车业的发展是最典型的例子。因为居住的逆城市化，美国每个家庭几乎都必须有车。在利益集团的控制下，为了给汽车发展铺平道路，美国公共交通比"二战"前大大衰落。美国成了一个被石油高度绑架的国家，因而美国频频为了石油而发动战争。这条道路已走到尽头。其实，我们与美国情况不同。我们完全可以走另一条道路，美国走过的弯路我们完全可以避免。然而，为了追求短期快速增长，我们一方面在生产领域大搞节能减排，另一方面却不顾石油短缺、油价高涨，大力鼓励汽车消费，大搞一厢情愿的"以市场换技术"，压制民族品牌，大力引进外资，搞井喷式的增长。中国在短短的几年内汽车产量跃居世界第一，其结果是，一方面，中国迅速地陷入到过度依赖石油以及城市交通拥堵的困境，另一方面，中国汽车市场基本为外资主导，中国汽车企业大多是外国汽车的组装车间。可以讲，中国汽车业的发展实在是存在着太多的盲目性。

（三）消费模式应成为节能减排更重要的领域

在经济全球化条件下，如何削弱发达国家消费方式对中国中高收入群体消费行为的持续的、无止境的引导所产生的影响，是我们应对严峻的能源环境形势、建设节约型社会的最大的挑战。因而，为了可持续发展，必须改变一手硬一手软的状况，把消费领域的节能作为"节能减排"一个更重要的内容，并采取更有力的措施。

对于中国，尽管存在能耗的合理上升空间，但将消费简单地归于个人权利而放任自流是不可取的。加强需求侧管理、对消费予以适当的引导和控制是绝对必要的。大力提倡节能低碳的消费行为，对于正当的消费予以鼓励，对于非理性消费应予以抑制，对于浪费现象应坚决斗争。特别要大力抑制政府搞特权、讲排场的恶习，克服对公权力使用公共资源缺少有效监管的顽症；要鼓励物质生活简朴、精神生活充实的生活方式，制定消费引导政策，谨防陷进消费主义轨道而难以自拔。

第三节 结论

从以上讨论可以看到，能源消耗强度仅是一个反映经济活动对当期能源消耗依赖程度的指标，不能全面反映能源消耗的效率，而且不同地区、不同国家之间缺乏可比性。因而，把能源消耗强度作为对不同地区和部门的能源效率进行考核的指标，理论上存在明显缺陷，实践上存在明显弊端。

因此，对各地区能源效率及对能源消耗进行考核与管理必须改变按能源消耗强度在不同地区进行分解的做法，而应在产品层次上和行业层次上以实物量能耗指标为依据进行。只有这样，才有可能使我国宝贵的能源得到有效、合理的使用，使节能减排有序、健康地开展。

要实行在产品层次上和行业层次上以实物量能耗指标进行能源管理，除了需要一系列完善的行业标准和产品标准，还必须改变传统的粗放式的管理模式，实行科学、规范、精细化的管理。我国转变发展方式的关键就在于改变长期以来形成的粗放的管理方式。管理方式不转变，不合理的结构便难于转变，总量调控的结果会使结构矛盾更加突出。

为了更好地实现我国节能减排的目标必须加深对能源消耗强度的内涵与变动规律的理解。由于能源消耗强度的短期趋势的不确定性，应避免制定具有约束性的短期能源消耗目标，在制定长期节能减排目标时，应对短期波动给予充分考虑。过分追求能源消耗强度在短期内大幅度下降的"急刹车"式做法存在种种弊端，对能源消耗强度的长期下降不利，对我国的长远发展不利。

为了真正有效地缓解我国面对的资源环境压力，我国"节能减排"应多一些战略思考。从落实科学发展观、实现可持续发展的角度来看，我国的节能减排举措应由生产领域向消费领域大大拓展，在节能减排长效机制的建立上、在更广泛的建设资源节约和环境友好型社会的广义节能减排领域应有更扎实的努力。在全球一体化的背景下，中国应发挥社会主义制度的优势，在创新发展模式上，在形成物质生活简朴、精神生活充实的生活方式与消费模式上，有更积极的探索。

图书在版编目（CIP）数据

实现节能减排目标的经济分析与政策选择/郑玉歆等著. —北京：
社会科学文献出版社，2013.6
ISBN 978 - 7 - 5097 - 4375 - 1

Ⅰ.①实…　Ⅱ.①郑…　Ⅲ.①节能 - 经济分析 - 中国 ②节能 -
政策选择 - 中国　Ⅳ.①TK01

中国版本图书馆 CIP 数据核字（2013）第 045160 号

中国社会科学院文库·经济研究系列
实现节能减排目标的经济分析与政策选择

著　　者／郑玉歆　齐建国 等

出 版 人／谢寿光
出 版 者／社会科学文献出版社
地　　址／北京市西城区北三环中路甲 29 号院 3 号楼华龙大厦
邮政编码／100029

责任部门／经济与管理出版中心（010）59367226　　责任编辑／冯咏梅
电子信箱／caijingbu@ ssap. cn　　　　　　　　　　责任校对／师敏革
项目统筹／恽　薇　　　　　　　　　　　　　　　　责任印制／岳　阳
经　　销／社会科学文献出版社市场营销中心（010）59367081　59367089
读者服务／读者服务中心（010）59367028

印　　装／北京季蜂印刷有限公司
开　　本／787mm×1092mm　1/16　　　　　　　　印　　张／21
版　　次／2013 年 6 月第 1 版　　　　　　　　　　字　　数／360 千字
印　　次／2013 年 6 月第 1 次印刷
书　　号／ISBN 978 - 7 - 5097 - 4375 - 1
定　　价／69.00 元